托木尔峰

国家级自然保护区

陆生脊椎动物图集

任道全　郑　昕　主编

U0306514

中国农业科学技术出版社

图书在版编目（CIP）数据

托木尔峰国家级自然保护区陆生脊椎动物图集 / 任道全，郑昕
主编 . -- 北京：中国农业科学技术出版社，2024.1
　ISBN 978-7-5116-6600-0

　Ⅰ.①托…　Ⅱ.①任…②郑…　Ⅲ.①托木尔峰－自然保护区－
陆栖－脊椎动物门－图集　Ⅳ.① Q959.308-64

中国国家版本馆 CIP 数据核字（2023）第 250071 号

责任编辑　张国锋　张雪飞
责任校对　李向荣　贾若妍
责任印制　姜义伟　王思文

出 版 者　中国农业科学技术出版社
　　　　　北京市中关村南大街 12 号　　邮编：100081
电　　话　（010）82109705（编辑室）（010）82109702（发行部）
　　　　　（010）82109709（读者服务部）
传　　真　（010）82106625
网　　址　https:// castp.caas.cn
经 销 者　各地新华书店
印 刷 者　北京地大彩印有限公司
开　　本　170 mm×240 mm　1/16
印　　张　18.75
字　　数　332 千字
版　　次　2024 年 1 月第 1 版　2024 年 1 月第 1 次印刷
定　　价　198.00 元

《托木尔峰国家级自然保护区陆生脊椎动物图集》

编写指导委员会

名誉主任　马建章

主　　任　任道全　　刘　宁

副 主 任　杨　纯　　郑　昕　　孟　克　　马步信

委　　员　陶大勇　　宗　诚　　吴庆明　　齐　萌

蒋　涛　　吐尔洪·努尔东　　王智超

吴东升　　万　燕　　朱红祥　　李　佳

王国庆　　周　浩

《托木尔峰国家级自然保护区陆生脊椎动物图集》

编写委员会

名誉主编　马建章

主　　编　任道全　　郑听

副主编　刘宁　杨纯　马步信　孟克

编　　委　（排名不分先后）

陶大勇	宗诚	吴庆明	齐萌
蒋涛	吐尔洪·努尔东		吴东升
朱红祥	万燕	李佳	王国庆
周浩	包衡	程勇	王槐
王智超	李艳慧	Romaan	王碧
李维平	向天翼	孙禹	马玉莹

我国西北国境边缘新疆的天山是我国众多名山之一，与欧亚众多国家接壤，其较高的海拔是阻断外族入侵和大洋气流的天然屏障。许多文人墨客、学者讴歌赞美天山的雄伟壮丽，给后世留下了不朽的文学艺术珍品。1977 年至 1978 年，中国科学院登山科学考察队对天山进行了较为全面的考察，填补了新中国成立后这一地区的许多空白，开展了较为系统的科学研究，在进一步了解认识天山山脉的形成、发展、演变，以及合理开发利用天山的自然资源，促进社会主义现代化建设方面，产生了广泛而深远的影响。

托木尔峰国家级自然保护区经过几十年的演变和保护，调研其核心区需要花费更多人力物力，需要专门的分类专项调查。联合科研小组通过本次实地的、一年四季度的调研，切实把从保护区建立开始到现在，保护前、后生物的种类、数量、分布规律和生态的变化进行研究，把现阶段托木尔峰的各类本底资源查清楚，为每 10~20 年的变化积累资料和经验。通过对这些变化的认识和研究，根据国家对保护区的法律法规，时时微调保护区的管理政策。

例如，以前是三有动物的野猪，在保护区小范围内无天敌，加之其在保护区的适应能力强，取食范围广泛，食物来源相对丰富，繁殖能力得到充分发挥，所以保护区的野猪已经成为破坏保护区生态的严重隐患，希望保护区向上级及时反映实际情况，在辖区内有序引导物种多样性，调整保护策略。例如，雪豹是保护区的明星动物，要有更加积极的保护策略，甚至冬季大雪封山时，雪豹觅食困难，保护区要定点、定时、定量投喂雪豹食物，保障雪豹度过严寒的冬季。在雪豹繁殖的季节，为保障母雪豹哺育幼年雪豹，可以选择投放部分食物，为雪豹幼崽成活提供支援。

本次科考活动，由塔里木大学主持，东北林业大学、中国科学院新疆分院的部分专家参与其中，加强了对彼此的了解，增进了相互的友谊，把先进的技术用于本地实际考察工作中，为本次科考活动提供了智力支持，为将来共同推进野生动物调查、联合申报项目打下了坚实的基础。希望通过这样的联合科学研究，为国家提供政策咨询机会和增强保护动物能力，让中国的野生动物事业走向世界前列，与中国在国际上的地位相匹配。

东北林业大学　马建章

　　我国西北边陲的托木尔峰国家级自然保护区海拔相对较高，在 1977—1978 年中国科学院登山科学考察队对托木尔峰进行全面科学考察后，到 2012 年再次进行较为全面的科学考察，两次科考均留下了学习、研究、参阅的宝贵成果和资料。期间，保护区管理部门聘请相关科研专家，专项地对托木尔峰国家级自然保护区本底资源做了不同类别的调查，得到了相关生物的中间种群、数量、分布结果，出版了专著，为托木尔峰国家级自然保护区制定决策，实施高质量保护该区的生物和地质地貌做出了积极贡献。

　　托木尔峰国家级自然保护区作为新疆天山生态和生物多样性的重要保护区，其中生存的国家规定保护的一类动物和植物及保护区独特的地质地貌，具有突出的代表性。有的动物如国家一级保护动物雪豹，在托木尔峰国家级自然保护区的数量占现存野生个体比例较多，为研究雪豹奠定了良好的基础。只要是研究雪豹的项目，托木尔峰国家级自然保护区是其重要的考察研究地。

　　在 2020 年，经过托木尔峰国家级自然保护区管理部门申报专项，调查植物、动物、微生物的种群、数量、分布情况，比较经过几十年的演变，保护区的生物种群、数量、分布情况是否发生了变化，生物多样性在本地区凸显的作用是否得到加强。塔里木大学获批项目后，联合东北林业大学、中国科学院新疆分院、保护区的工作人员，聘请相关科研专家，对托木尔峰国家级自然保护区本底资源做了专项调查，得到了相关生物的中间种群、数量、分布结果，出版专项著作，对托木尔峰国家级自然保护区的决策制定，实施高质量保护该区的生物和地质地貌有重要的指导作用和参考价值。

托木尔峰国家级自然保护区经过几十年的保护，与新中国成立初期比较，该区呈现了一定程度的变化，无论是生物种类，还是地质地貌，延续了较良好自然的状态，但也有一些因子发生了明显变化。如在裸露的山坡，人工种植了一定面积的乔木（雪杉为主），对保持地质地貌、防水土流失、提高植被率、增加降雨降雪、改善生态、提供野生动物乐园，起到积极的作用。新疆的地表水资源，决定着干旱大陆性气候的新疆其生物资源保存、扩大繁衍能力。又如调查时，红外相机拍摄到雪豹的次数增多，分布面积增大，周边生活的居民发现率增加。而生活于该地区、天敌较少的野猪出现泛滥，对局部生态破坏明显。通过本次调查，参阅本项目之前的调查，总和已有的考察记录，共记录到野生陆生脊椎动物 25 目 58 科 183 种。其中，两栖类有 1 目 1 科 1 种、爬行类有 1 目 1 科 2 种、鸟类 17 目 40 科 144 种、兽类 6 目 16 科 36 种。从该结果看，鸟类占分布种类的绝对优势，鸟类可飞行通过而分布到保护区的各地；峰峦叠嶂的山区，山体的落差大、坡度陡峭，增加了陆行动物扩大领域和连片分布的难度，因此兽类数量和分布受限于局部存在的食物源数量及获取难度；气温低影响了两栖类、爬行类的分布与扩散。

相对而言，保护区的植物和微生物的种类和数量都可能在较短的时间段发生变化，局部偏远的、人迹罕至的地方甚至可能发现新的物种。昆虫也容易发生种类和数量的变化。而陆生脊椎动物在 10~20 年间不易发生变迁，种类数也不易变化，但野生动物的数量和分布可能会发生较为明显的变化。

项目在 2021—2022 的春、夏、秋、冬四季，按照野生动物调查的常规标准，使用现代先进的调查方式和技术，结合传统的调查方法，查阅已有的资料，对托木尔峰国家级自然保护区野生陆生脊椎动物进行了调查，统计结果，得到误差较小的结果，出具有关专项报告，出版专项著作。本次项目由塔里木大学、东北林业大学、中国科学院新疆生态与地理研究所的相关专家合作开展调查工作，对他们在艰辛环境中开展所有的工作表示感谢！特别是东北林业大学的中国工程院院士马建章教授对开展此项工作给出的指导和意见，对我们完成项目、培养科研团队起到关键性作用。他对我们的亲自指点、谆谆教导仍铭记在心！对此次调查团队成员的成长起到巨大的推动作用。在此对托木尔峰国家级自然保护区的领导和工作人员一并表示感谢，他们的辛勤劳动、一线的经验积累，给我们完成项目提供直接的帮助，他们长年累月地在一线执行保护工作，为新疆乃至中国野生动物植物保护区工作，写下了光辉的一页，向他们致敬！向在该区从事研究和保护的科学工作者们致敬！

在本次科学考察中，塔里木大学、东北林业大学、中国科学院新疆生态与地理研究所、保护区的工作人员作出了各自的贡献。值此《图集》由中国农业科学技术出版社出版之际，我们谨向参加这次托木尔峰科学考察的各方面的专家、教授和所有关心这次考察工作的同志们，致以衷心的感谢！

由于项目执行时间较短，任务完成仓促，部分野生陆生脊椎动物未全面获得有质量的照片，部分野生陆生脊椎动物照片摘自于包图网站。书中叙述有不妥之处，请大家给以斧正！

作　者

2023 年 9 月

目　录

Chapter 1

第一章

自然概况

新疆托木尔峰国家级自然保护区（简称"托木尔峰保护区"），地处我国与吉尔吉斯斯坦、哈萨克斯坦交界处的天山山脉，位于我国新疆维吾尔自治区（以下简称"自治区"）阿克苏地区温宿县境内，与拜城县、乌什县、阿合奇县和兵团第一师四团、五团接壤，地理坐标为东经 $79°50'24.9'' \sim 80°53'37.9''$，北纬 $41°40'0.3'' \sim 42°21'56.3''$，总面积 38.05×10^4 hm^2。托木尔峰保护区是我国分布海拔最高的自然保护区之一，是以保护高山冰川及其下部的森林和野生动植物及其生境为主，兼具科学研究、自然保护教育、生态旅游和可持续利用等多项公益事业于一体的超大型、综合性的国家级自然保护区，对局部的气候调控特别是水资源补给起到不可替代的作用。托木尔峰保护区属于"自然生态系统类别""森林生态系统类型"的国家级自然保护区，保护对象主要有高山冰川、森林生态系统及其珍稀濒危野生动植物，其地理意义、特殊生物群落保存意义和社会效益明显。

托木尔峰保护区位于天山山脉南部的托木尔峰交汇区，保护区的山系组成略呈"王"形，其中保护区的南天山，系由哈拉周里哈山（北）、八汉腾格里山（中）、科克莎尔山（南）三条东西走向的山系及一条南北走向的子午岭构成。有各类现代冰川 500 余条，冰川面积达 2 700 多 km^2；另还有到处可见古冰川遗迹。托木尔峰位于科克莎尔山与子午岭相汇的山结处，海拔 4 000 m 以上的山地约占 60%，平均海拔约 6 000 m，其中 6 000 m 以上的高峰有 15 座，6 800 m 以上的高峰有 5 座，与南北两侧盆地边缘高差达 5 000 m。山地北坡雪线在 3 600 m 左右，南坡由于坡向及降水较少，雪线上升至 4 000 m 左右。托木尔峰保护区属半干旱山区气候，是我国稀有的高山自然保护区，天山的最高峰托木尔峰坐落于自然保护区最北端，海拔 7 435.38 m，保护区平均海拔高度4 000 多米，海拔 4 000 m 发现有规模巨大的冰川资源，留有第四纪以来中富的古冰川遗迹，具有十分重要的保护价值和科研价值，对当地的气候和生态有着决定性的影响。

托木尔峰保护区内的自然生态系统是干旱区生物物种的基因库，丰富的森林植被是维持保护区生态平衡的重要因素，拥有天山南坡最完整的教科书般的垂直自然带谱，自然保护区内珍稀野生动植物种类相对十分丰富，是世界上雪豹（*Panthera uncia*）重要的天然栖息地之一和中亚分布中心。据统计，托木尔峰国家级自然保护区分布有国家一级重点保护动物 9 种，国家二级重点保护动物 42 种；分布有国家一级重点保护植物 1 种，国家二级重点保护植物有 10 种。托木尔峰国家级自然保护区是天山雪岭云杉（*Picea schrenkiana*）、雪豹（*Panthera uncia*）等重要物种的主要分布地，具有重要的全球保护的意义，也体现了保护区的重要性和国家支持力度。

托木尔峰国家级自然保护区是 1980 年经新疆维吾尔自治区人民政府（新政发〔1980〕167 号文）批准建立的自治区级自然保护区。2003 年经国务院批准（国办发〔2003〕05 号文件），晋升为国家级自然保护区。2010 年，自治区人民政府启动了"新疆天山"世界自然遗产申报工作，根据《关于做好调整托木尔峰、西天山等国家级自然保护区范围工作的函》（新申遗办字〔2010〕13 号）和自治区林业厅《关于进一步贯彻落实新疆天山申遗工作的通知》（新林传发〔2012〕56 号）的要求，保护区面积调整后由原来的 23.76×10^4 hm^2 增加至 38.05×10^4 hm^2。2010 年，自治区人民政府启动了"新疆天山"世界自然遗产申报工作。根据专家组实地勘查，将托木尔峰国家级自然保护区确定为"新疆天山"申遗提名地之一。自建立以来在自治区人民政府和阿克苏地委、行署的关心支持下，托木尔峰国家级自然保护区的工作人员坚持依法治林，落实国家重点公益林管护任务，加大宣传执法力度，打击破坏森林资源犯罪行为，开展更新造林、护林防火、珍稀和濒危物种的保护等工作，提高保护野生动植物的意识，乱砍滥伐、盗猎及乱征占用林地的案件逐年减少，提高森林覆盖率，维护保护区的生态平衡，改善生态环境，有效保护生物多样性资源。通过保护区的建立，用法律的手段保护了该局部地区的生物多样性，同时，提高了关注环境、保护野生动物植物的意识，提升了周边群众保护生态的自觉性，坚决地履行"绿水青山就是金山银山"的生态理念。

作为新疆天山山脉的一个国家级保护区，承担了很多艰巨的任务。首先是局部的地质地貌、冰川、野生动植物保护；其次是动物迁移地的重要驿站；第三是保存欧亚大陆动物分布特征特貌；第四是地理、生物研究的重要基地。

Chapter 2

第二章

生物的多样性
和稀有性

托木尔峰地区在天山山脉的中段，也是天山的最高部分，主峰海拔高度达七千多米，其地质构造属于天山地槽褶皱带西段。保护区内山峰交错，山峦起伏，垂直落差明显。随海拔高度的变化，植被垂直分布明显，其中包括高山石堆稀疏植物、高山草甸带、亚高山草甸带、山地森林带、山地真草原、荒漠草原带、荒漠带等，从而引起野生动物分布也有垂直分布现象。保护区山体由于分水岭偏北，所以山体两侧不对称，北坡较南坡更陡，北坡面积亦小于南坡。在整个地区内多数山势陡峭，再加以浸蚀、剥蚀和冰蚀作用强烈，以及现代冰川的巨大补给作用，故河流比降大，河谷切割深，下切可达 1 000 m 以上，水流湍急，水流和山峰对野生陆生脊椎动物产生隔离作用明显。河谷中冰碛地形十分常见，各种类型冰碛物布满河谷及两侧，且洪积、坡积地形广泛存在，这些现象在南坡比北坡更强烈。各种植被类型呈现出明显的垂直带谱。根据垂直自然带的变化，野生动物的生活环境可以划分为高山裸岩、高山垫状植被 – 高山草甸、山地针叶林 – 针阔混交林、河谷阔叶林、山地灌丛、山前荒漠 6 种类型。天山地处欧亚大陆中心，是气候上极端干旱的地区，但受地貌限制作用，其南坡因受到塔里木盆地干旱气候的直接影响，属于半干旱类型；北坡因有中、北天山与准格尔盆地相隔，有少量的暖洋气流被吹至此，所以降水量较南坡充沛，形成局部特殊的半温润类型气候。年降水量在两坡差别较大，南坡约在 300 mm 左右，北坡则可达 600 ～ 700 mm。由于托木尔峰地区地势较高，受到一定程度的北冰洋气团影响，气候远较东天山湿润，据当地观测及邻近地区气象资料推算，本区海拔 2 200 ～ 2 900 m，年平均气温约为几摄氏度；受气流、山势等诸多因素影响，南坡年平均气温比北坡偏高。

托木尔峰地区的植被，具有典型的亚洲荒漠植被带结构。由于南北两坡水、热条件差异较大，其植被的垂直带谱亦产生较大的区别。在南坡，自下而上可划分为荒漠带、山地荒漠草原带、山地草原带、高山草甸带及高山垫状植被地衣带；其植被特点是，灌木和半灌木荒漠及山地草原广泛，植物区系贫乏，局部半阴坡有森林，植被带谱破碎且不完整。在北坡，自下而上划分为山地草原带、山地草甸带、山地森林带、亚高山草甸带、高山草甸带及高山垫状植被地衣带；其植被特点是各植被带发育良好，植物区系丰富，植被带谱完整。

正是由于托木尔峰地区在地貌、植被、气候等方面具有上述自然地理特征，因而对该地区的兽类区系及垂直分布，也产生了十分深刻的影响。据调查，有维管束植物、大型真菌、地衣、昆虫等，与天山其他部分比较，丰富度要高出很多。植物种类中典型的中亚区系成分多，说明地理、气候、动物地缘均有密切联系。野生陆生脊椎动物25目58科183种。其中，两栖类有1目1科1种、爬行类有1目1科2种、鸟类17目40科144种、兽类6目16科36种。保护区具有较为独特的气候特征，垂直分布仿佛是四季的更替，因此决定了它的生态系统的多样性和生物物种的多样性，也决定其局部生态系统的特殊性和物种的稀有性。

托木尔峰在地理位置上正处于中亚和亚洲中部的衔接地区，是北部西伯利亚、阿尔泰山地与南部帕米尔、昆仑山地与羌塘高原间的过渡地带，在气候上是温带与暖温带的交界处。在脊椎动物的地理分布上，它是某些种类分布的阻限，也是某些种类交流的桥梁。在动物地理区划上，托木尔峰地区属古北界、中亚亚界，蒙新区、天山山地亚区（郑作新 等，1959）。托木尔峰保护区的兽类其种类均属古北界，部分为广布种。有些是欧亚大陆北方森林的种类，具有混杂的过渡性质并缺乏由该地区特有种所组成的兽类集群，与其周围的中亚荒漠及塔里木盆地的物种形成鲜明的对比。

保护区栖息有大量珍稀濒危动植物，托木尔峰国家级自然保护区分布有国家重点保护野生动物51种，占该地野生脊椎动物的27.9%，被列入《世界自然保护联盟（IUCN）濒危物种红色目录》的有6种，被《中国生物多样性红色名录》列入濒危物种的有19种。如此高比例的保护种类，一是说明该区陆生脊椎动物种类分布具有独特特点和丰富性；二是证明保护区的动物种类的稀有性；三是反证保护区设立的重要性和必要性。

其中属国家Ⅰ级重点保护动物的有雪豹（*Panthera uncia*）、黑鹳（*Ciconia nigra*）、胡兀鹫（*Gypaetus barbatus*）、秃鹫（*Aegypius monachus*）、草原雕（*Aquila nipalensis*）、白肩雕（*Aquila heliaca*）、金雕（*Aquila chrysaetos*）、玉带海雕（*Haliaeetus leucoryphus*）、猎隼（*Falco cherrug*）等9种，属国家Ⅱ级重点保护动物的有暗腹雪鸡（*Tetraogallus himalayensis*）、黑颈鸊鷉（*Podiceps nigricollis*）、灰鹤（*Grus grus*）、高山兀鹫（*Gyps himalayensis*）、靴隼雕（*Hieraaetus pennat-*

7

us）、雀鹰（*Accipiter nisus*）、苍鹰（*Accipiter gentilis*）、白尾鹞（*Circus cyaneus*）、黑鸢（*Milvus migrans*）、大𫛭（*Buteo hemilasius*）、普通𫛭（*Buteo japonicus*）、棕尾𫛭（*Buteo rufinus*）、雕鸮（*Bubo bubo*）、纵纹腹小鸮（*Athene noctua*）、三趾啄木鸟（*Picoides tridactylus*）、白翅啄木鸟（*Dendrocopos leucopterus*）、红隼（*Falco tinnunculus*）、灰背隼（*Falco columbarius*）、燕隼（*Falco subbuteo*）、游隼（*Falco peregrinus*）、云雀（*Alauda arvensis*）、蓝喉歌鸲（*Luscinia svecica*）、狼（*Canis lupus*）、赤狐（*Vulpes vulpes*）、棕熊（*Ursus arctos*）、石貂（*Martes foina*）、野猫（*Felis silvestris*）、兔狲（*Felis manul*）、猞猁（*Lynx lynx*）、马鹿（*ervus elaphus*）、北山羊（*Capra ibex*）、盘羊（*Ovis ammon*）和东方蝰（*Vipera renardi*）、黑熊、豺等 42 种。

托木尔峰国家级自然保护区有 4 种野生动物（雪豹、玉带海雕、猎隼和草原雕）被世界自然保护联盟（IUCN）列入濒危物种红色名录，濒危级别为濒危（EN）物种；另有欧斑鸠（*Streptopelia turtur*）和白肩雕的濒危级别为易危（VU）。被《中国生物多样性红色名录》列入濒危（EN）物种的有石貂、白鼬（*Mustela erminea*）、野猫、兔狲、猞猁、雪豹、马鹿、盘羊、玉带海雕、猎隼和白肩雕共计 11 种，易危（VU）物种包括狼、棕熊、艾鼬、草原雕、金雕、黑鹳、大𫛭和靴隼雕 8 种。

天山山系绵亘于新疆维吾尔自治区中部，是亚洲最大的山系之一。托木尔峰自然保护区位于南天山，因受到塔里木盆地干旱气候的直接影响，气候属中干旱类型，由于托木尔峰地区地势较高，受到北冰洋气团的一定程度影响，气候较为湿润，这在我国干旱荒漠区乃至亚洲荒漠区是极为稀有的，也形成了局部的特殊小气候。保护区内广泛分布着灌木、半灌木、山地草原和针叶林带，在我国干旱荒漠区都是稀有的，也是独特的局部小生态系统，是设立保护区的重要原因，对局部物种资源库保护具有充分性和必要性。

托木尔峰国家级自然保护区地处南天山的科克莎尔山与子午岭相会的山结处，区内山峰海拔高度平均 4 000 m 以上，其上发育有规模巨大的现代冰川和古冰川遗迹，因其地势险峻，垂直高差 5 400 m 以上，雪线以上几乎无人到达，所以保护区内的自然生态系统几乎没有受到人类活动的任何干扰，保存了完好的原生状态，体现了托木尔峰国家级自然保护区的自然性。

托木尔峰国家级自然保护区生态典型，这也是成立国家级保护区的最重要理由。托木尔山峰，是整个天山山脉的最高部分，许多山峰都在海拔 5 000 m 以上，天山的最高峰托木尔峰和次高峰汗腾格里峰在保护区界内，从第四纪以来，由于地壳运动和气候变化，曾发生过多次冰期与间冰期，留下了丰富的冰川作用遗迹，对局部的水土涵养起到基础性作用，对该地区水量补给具有不可替代的作用。托木尔峰地区不仅是天山最大的现代冰川作用中心，也是古冰川遗迹保存最完整的地方，尤其以保护区内的木扎尔特河流域和台兰河流域的冰川更为典型，近年来鲜有人来此进行冰川科学考察。该地区是温带干旱区山地生态系统的最典型代表，拥有温带干旱区典型的垂直自然带谱，是研究全球气候变化下干旱区山地生态系统生物群落演替的杰出范例，拥有众多冰川和多条河流，成为干旱区中的巨大水塔，支撑着人类赖以生存的绿洲生态系统和众多野生动植物赖以生存的荒漠生态系统，保护区内山基线海拔 1 800～1 900 m，区内有规模巨大的现代冰川及古冰川遗迹，剥蚀及侵蚀作用地貌特别明显，基岩裸露，河谷深切，河床比降大。因受塔里木干旱气候的影响，降水较少，气候干旱，土壤土质较差，森林仅局部生长在峡谷的土壤相对较厚的阴坡和次阴坡，由于山体在 2 200 m 开始突然抬升，草原发育受到挤压和限制，水土保持能力较差，植被一旦遭到破坏，造成水土流失，则很难恢复，所以其生态系统极为脆弱，也是被保护的必要且充分的理由。

Chapter 3

第三章

地质地貌

一、地质

托木尔峰国家级自然保护区北边与北天山的地槽褶皱带毗连，南边与塔里木地区相邻。保护区位于天山地槽褶皱带中，属南天山冒地槽褶皱带的哈里克套复背斜的西段。托木尔峰褶皱轴呈东西走向，主体为一复背斜构造，背斜核部位于汗腾格里山，称为汗腾格里山复背斜。

托木尔峰地区的地层是以下古生界的志留系变质岩为主，分布于区域内的中部高山地区，即托木尔山、汗腾格里山、哈拉周里哈山等地。上古生界和中、新生界沉积岩层主要分布于南、北坡中低山和山前地带。

（1）先寒武系。分布于南坡木扎尔特河破城子北，求阿伯、塔列克阔坦一带。

（2）志留系。志留系为变质岩系，是保护区内分布最广的地层。构成保护区的最高山峰，如托木尔山、汗腾格里山、哈拉周里哈山等。志留系地层走向与山脉走向一致，为近东西向展布。

（3）泥盆系。分布于保护区木扎尔特河塔列克阔坦附近，出露面积很小，呈东西向窄条带状展布。

（4）石炭系。分布于保护区近山前地带。主要为碎屑岩和碳酸盐建造。

（5）二叠系。仅见于琼台兰河中游河谷两侧山顶上，不整合覆盖于上石炭统之上，为一套陆相中酸性火山熔岩，如肉红色流纹岩、紫色安山岩和杂色石英粗安岩等。

（6）三叠系。仅见于木扎尔特河山口地带破城子附近，为一套紫红色以灰岩为砾石的砾岩层，夹少量砂岩、粉砂岩。

（7）侏罗系。分布于保护区山口地带，如塔格拉克煤矿、破城子一带。

（8）第三系和第四系。第三系广泛分布于保护区山前地带。第四系分布于琼台兰河和木扎尔特河谷及山前地区。为冰碛层，有漂砾、砾石和砂，以及风成的黄土等。

托木尔峰地区主要为变质岩，其次为沉积岩和岩浆岩。变质岩主要为片麻岩、片岩和大理岩，主要属于志留-泥盆系地层，沉积岩主要分布于山前地带，有上古生界的石炭系和二叠系、中、新生界三叠系、侏罗系和第三系。在石炭系地层中含有极丰富的珊瑚、腕足、蜓类、植物化石。二叠系仅见少量的火山岩零星出露于南坡，中、新生界主要为上三叠统的砾岩、下侏罗纪的煤系，中上侏罗纪和第三纪均为砂砾岩红层。

（1）花岗岩。在托木尔峰地区分布广泛，有深成的闪长花岗岩和花岗岩侵入体，在冰川积雪的最高山带和高、中山地区都有分布；木扎尔特河、台兰河及昆马力克河上游，都为花岗岩组成。

（2）变质岩。在冰川积雪的最高山带和高、中山地区，广泛出露以古生代为主的一系列强度变质的地层，如石英岩、大理岩、片麻岩等。木扎尔特河上游现代冰川附近，主要是大理岩。南木扎尔特中游变质岩系，主要是千枚岩和片岩，受构造运动影响，岩层大都直立或近于直立，组成的中山特别陡峭。

（3）砂岩。中生代和新生代的砂岩地层，主要分布在托木尔峰低山区或组成山前丘陵。

（4）泥岩砾岩。低山和山前丘陵，由第三纪红色、绿色、杂色等岩系组成，这些岩系主要为泥岩、砾岩和砂岩等薄层相间。

（5）石灰岩。古生代石灰岩地层主要分布在高、中山一带。

二、土壤

（一）成土母质

托木尔峰地区，高山多为古生代变质岩系，主要有片岩（云母石英片岩，绿泥石片岩），大理岩、片麻岩以及少量上古生代的灰岩等。南坡前山以中生代和新生代砾岩、砂岩、粉砂岩等沉积岩为主。经长期风化和受不同外动力的地质作用，成为山区形成土壤的基础。大理岩、石灰岩及其他含钙质岩石的广泛存在，为土壤和水所富含的碳酸钙提供了重要的来源。

以第四纪松散沉积物为母质的，主要包括山前的洪积-冲积砾石层，黄土及黄土状物质等以及山区内部的残积物、各类重力堆积物及泥石流、坡积物、冰碛物和冰水沉积物等。

受冰川的地质作用，冰碛物不仅是山地成土的重要母质，而且直至山麓并构成山麓平原和成土母质的情况也是存在的。

冰水沉积物在南坡山麓温宿－扎木台一带亦有分布。北坡的北木扎尔特河出山所形成的冲积阶地，也是冰水沉积物。当今河流深切于冰水沉积物之下，形成四级阶地，其上覆黄土。最高阶地面积大而土层厚，植被茂密，发育着黑钙土等。

保护区低山（前山）有第三纪含盐地层，其岩层为浅红棕色泥岩、粉砂岩夹有盐岩或与石膏互层。盐岩层位中部和底部，厚达数米，含盐 80% 以上，以氯化钠为主（已建盐场）。石膏聚集处，为纯石膏与细粒石膏胶结的砂岩互层，厚达数十米。其对下部土壤形成影响特大，致使山麓以下土壤都具有一定量的石膏和易溶盐类。

（二）土壤类型

由生物气候条件等成土因素对土壤发生所赋予的主要成土过程和对土壤垂直分布的影响，托木尔峰国家级自然保护区的土壤类型较多，主要有以下类型。

1. 高山寒漠土

分布于现代雪线以下（海拔 3 600 m），以寒冻风化占优势，多陡崖峭壁，光秃露岩及其风化产物块岩碎屑遍布。

2. 高山草甸土

分布在海拔 3 000 m 以上，植被为耐冷湿的多年生铺地植物蒿草、苔草等。

3. 亚高山草甸土

广泛存在于托木尔峰亚高山带阳坡。残积－坡积物、冰碛物。深受干旱的荒漠气候影响，草原化在各垂直带加强，草甸和森林在亚高山带仅分布于阴坡。土壤表层有机质的矿化作用虽强，但仍有厚 20 cm 左右的腐殖质层，表层碳酸钙含量一般在 20% 以上，且由表层向底层递增，淀积层可高达 45.5%。因保水能力较弱，阳坡植被明显少于阴坡，甚至裸露。

4. 山地灰褐色森林土

多发育在冰碛物和残积－坡积物上。见于森林（阴坡）海拔 2 400（2 500）～3 000（3 100）m。受母质和生物气候条件支配，土壤自表层起有碳酸钙，腐殖层以下出现假菌丝，向下逐渐增多。

5. 栗钙土

见于森林带以下及与森林带相对的阳坡下部。母质有黄土状坡积物和冰碛物等。植被由较耐旱的克氏针茅、羊茅、蒿属及少量优若菠等组成。在山地栗钙土中有大量的根系，其根系的存在，为土壤提供了有机质，成为土壤钙积的条件，使土壤理化性质得到改善。

6. 棕钙土

分布于山地垂直带下部半荒漠地区，紧连基带荒漠及其土类棕漠土。其分布主要取决于湿润条件。所以，在托木尔峰国家级自然保护区各地分布界线不一，其上限在较干旱的西部和东部略高于较湿润的中部地区。一般多分布于低山分水岭缓坡地及山麓丘陵。其母质主要为第三纪砾岩和砂岩风化而成的砂质、砂壤质和砂砾质的残积 – 坡积物或洪积 – 坡积物。

（三）土壤垂直分布特征

托木尔峰国家级自然保护区主要为干旱 – 半干旱区，土壤垂直地带谱是随各基带生物气候的不同，自下向上呈有规律变化。保护区以荒漠棕漠土带为基带（海拔低于 1 950 m 以下），依次为棕钙土带（1 950～2 200 m）、栗钙土带（2 200～2 600 m）、亚高山草甸土带（2 600～2 900 m 或 3 000 m）、高山草甸土带（2 000 m 或 3 000～3 600 m）、高山寒漠土（3 600 m 以上）。

三、地貌

托木尔峰国家级自然保护区位于天山中部主峰带。总体地势北高南低，最高海拔 7 443 m，最低海拔 1 900 m，相对高差 5 543 m，由北向南海拔逐渐下降。海拔 4 000 m 以上的山地面积占 60%，6 000 m 以上山峰有 15 座，6 800 m 以上的山峰有 5 座，最高峰为托木尔峰，海拔 7 443 m，其次为汗腾格里峰，海拔 6 995 m，第三为台兰峰，海拔 6 934 m。这种地貌和地质土壤造成各沟壑间相对平坦的面积分布极不均匀，植物群落和种类分布略有差异，对动物的分布有直接影响。

区域北部分布有三条东西走向的山脉，由南向北依次为托木尔山、汗腾格里山和哈拉周里哈山。其中哈拉周里哈山全长约 70 km，一般高度 5 km 左右。汗腾格里山东西长约 70 km，一般高度 6 km 左右，汗腾格里峰即位于汗腾格里山。托木尔山，东西长约 60 km，6 km 以上山峰较多，托木尔峰即位于此山东段。形成如此地貌的原因，与地壳运动有关，也与降雨雪、冰川融水的流蚀作用有关。

保护区地貌垂直带十分明显，从山顶到山麓涵盖了 12 种地貌类型：冰川积雪覆盖的高山和极高山、高山、中山、低山、丘陵、冰碛平原、冰水平原、山前洪积倾斜平原、山前洪积-冲积扇倾斜平原、河流冲积平原、沼泽平原和风沙地貌。地貌垂直带分布，与土壤、气候共同直接决定了植物种类和群落分布，而植物种类和群落分布、气候共同直接决定了动物种类和群落分布。

第一，山地荒漠草原带。本带分布于海拔 1 900～2 200 m 的低山带，其下部为山前的荒漠带。由于本带处于干旱荒漠气候条件的直接控制之下，因此极为干旱，机械风化作用强烈，风速高，基岩裸露，植被稀疏，空气中水汽含量低。本带处于河谷的下部，一般河谷较宽，阶地分级的谷坡较缓，相对高差 250～300 m。在靠近山地外部的第三纪地层，土壤盐分极高，几乎是不毛之地，部分土层较厚的阶地开垦为农田。

本地带的植被主要由若干荒漠种类所组成，包括有霸王（*Zygophyllum fabago*）、齿叶白刺（*Hraria roborowskii*）、琵琶（*Lieaumuria soogorica*）、合头草（*Smpegma regezii*）、无叶假木贼（*Ewaiasis aphylla*）、麻黄（*Ephedra intermedia*）、盐爪爪（*Kalidium schrenkianum*）、中亚锦鸡儿（*Caragana tragacanthoides*）、芨芨草（*Achnatherum splendens*）等灌木及半灌木，以及针茅（*Sopa cajiafa*）、中亚紫菀木（*Asierotkamnus centraliasiaticus*）、驼绒藜（*Orafoideg latens*）、木地（*Kochia prostrala*）、刺旋花（*Convolvulus iragacantkoides*）、冷蒿（*Artemisia frigida*）等草类所组成。

本地带由于气候干旱，植被稀疏，食物来源和气温等因素制约动物扩散，故兽类种类贫乏，仅有少数啮齿类分布于此，捕获率较低，有草兔、灰仓鼠及林姬鼠（*Apodemus sylvaticuf*），草兔普遍栖息于河谷阶地、坡麓灌丛草地及河流两侧的灌丛内，部分植被生长较好地段动物数量相对较多，每千米遇见率可达十余只，林姬鼠分布于本带上部海拔 2 100 m 以上的灌丛下，数量很少，夹日捕获率为 1.5%，甚至更低；灰仓鼠栖息于河谷阶地及山坡岩隙，夹日捕获率为 2.2%；此外在居民点附近有小家鼠（*Mus musculus*）栖居。

第二，亚高山草原带。本地带分布于海拔 2 200～3 100 m 的中山及亚高山地带，处于河谷的中部，因土壤保水能力不足，无规律的降雨水流及积雪融水具有明显的流蚀切割作用，河谷下切可达数百米，谷坡陡峻，局部谷坡可近垂直，谷底大多为冰碛物所布满。本带的上限已接近冰川的冰舌末端，这里气候寒冷但降水降雪较充沛，有较多的积雪，土壤质地尚可，故植被生长良好，在次阴坡局部生长着茂密的雪岭云杉（*Picea schrenkiana*），林下伴生有鸢尾（*Iis halophila*）、鬼箭锦鸡儿（*Caragana saza*）、蔷薇（*Rwa iaxa*）、忍冬（*Lonicera hispida*）等，在个别阴湿地段则下生较厚的苔藓，阳坡是以克氏针茅（*Stipa krylomi*）、羊茅（*Festuca omna*）、野燕麦（*Avena fatua*）、报春花属（*Pitmida* sp.）、马先蒿（*Pedicularis oerferi*）、老鹳草（*Geranium pratense*）、青兰（*DTacocephttliim integrilolium*）、虎耳草（*Saxifra ga sibirica*）等组成的亚高山草原。

由于本地带的植被良好，生境也较复杂，故也是南坡兽类分布最丰富的地带。在啮齿类中以高山鼠及林姬鼠为主，高山鼬分布于除云杉纯林及无植被的裸岩以外的各个生境，其分布下限不超过 2 300 m，林姬鼠与高山鼬共同生活于林下，植物主要有灌木、草类及云杉林，林缘草地和灌丛草原或草甸内数量亦较高（森林灌丛）。在局部土层较厚、植被茂密的亚高山草甸中，除上述两者外尚出现有群居的狭颅田鼠，本带的下部仍有少量的灰仓鼠，但其分布的上限不超过海拔 2 500 m。此外，在啮齿类中尚有鼠兔栖息于岩隙，其栖息地在低海拔处（不低于 2 500 m）为山的上部，至海拔 3 000 m 以上则可出现于河谷底部。食肉类中常见的有香鼬，多在树木相对较少的林中或林缘；草原斑猫见于灌丛及草原，棕熊栖于云杉林内。同时，在本带的各生境内都有犬科的狼、狐的踪迹。有蹄类中常见者有北山羊，常 5 ~ 10 只成群活动于河谷两侧的悬崖峭壁上，早晨和黄昏下到河谷中取食饮水；野猪（*Sus scrofa*）栖息于云杉林内，在本地带的下部较多，其拱食的痕迹随处可见，近年对局部草坪造成严重影响。翼手类仅发现有一种大耳蝠（*Plecotus auritus*）于木扎尔特河谷海拔 2 340 m 的沿河杨、柳灌丛林内，数量极其稀少。

第三，高山草甸及垫状植被带。本地带分布于海拔 3 100 ~ 4 000 m 的高山地带，其上为终年积雪的高山冰雪带。地带内为现代冰川活动地区，强烈的剥蚀和冰蚀作用致使基岩大部裸露，谷地深切可达 1 000 余米，谷坡极其陡峭。在山谷冰川上表碛普遍，下部较厚，向上逐渐减薄，侧碛规模很大。这里气候更加寒冷严酷，降水较大但多为降雪，即使在每年最热的 7 月，植物花期正盛时，纷飞的大雪顷刻能将植被全部覆盖，甚至有冰雹出现。具有可供植物生长的土壤大部分不发育，仅在冰川侧碛的外侧以及局部缓坡地上有土壤覆盖，在 3 600 m 以下为高山草甸土，以上为高山原始土。植被是以线叶蒿草（*Kobresia capillifolia*），红景天（*Rhodiola quadrifida*）马先蒿（*Pedicularis rkinanthoides*）、虎耳草（*Saxifraga hirculus*）、网叶大黄（*Rheum Teiiculatum*）、风毛菊（*Saussurea gnaphalodes*）报春花为主的高山草甸，或是以山莓草（*Sibbaldia ieirardra*）、委陵菜（*Potentilla bifzora*）等组成的垫状植被，以应对呼啸而过的寒风。

本地带范围内兽类种类很少，只有那些能适应高山寒冷严酷环境的种类，才能在这里得以生存。啮齿类中有大耳鼠兔栖息于岩隙或冰碛石堆中；在高山草甸或垫状植被中的碎石坡及石堆中生活着高山鼬，呈点或块状分布。这里的大型兽类以北山羊为主，夏季它们随着雪线的上升而来此活动一段时间，冬季则下降到海拔较低的地段，此外还偶尔能见到追踪北山羊而来的雪豹足迹。

四、水文

托木尔峰国家级自然保护区属于塔里木河流域，发育有 5 条较大的近南北向河流，分别为托木尔苏河、柯柯牙尔河（阿特奥依拉克河）、台兰河、喀啦玉尔滚河和木札尔特河。河流的主要特征：河床比降大，水流湍急。河流自冰川末端出水洞流出后进入"U"形冰川槽谷，水流时而在布满大冰漂砾的河槽中翻滚呼啸，时而又流入狭窄的石槽中轰鸣，较远距离还能听到这些声音。流经一定距离后，河谷加宽，两岸洪积、冲积扇极多，迫使河道呈"之"字形。河流进入出山口附近，两岸一般都有 2～3 级阶地，是河水流蚀与土壤质地作用后的结果。河流出山后，坡降变缓，形成规模宏大的洪积、冲积扇，河道变动一般较大，河道面宽阔。

台兰河发源于海拔 7 443 m 的天山最高峰——托木尔峰南坡的西琼台兰冰川。它沿河谷地由北向南而下，至海拔 1 820 m 附近有克其克台兰河汇入，至海拔 1 750 m，又有塔格拉克河汇入出山口，水流量比较可观。台兰河流域面积 1 338 km^2，流域内冰川面积 446.8 km^2，冰川融水比重 50.7%。

木札尔特河是保护区内冰川融水比重最高的河流。其位于托木尔峰地区东部和哈雷克套山之间，除哈达木孜以东的小段谷地为东西走向外，上游基本为南北向，河流出山口进入拜城盆地，折向东流，木札尔特河是天山几条最大的现代冰川所在地。包括木札尔特冰川、喀拉古勒冰川、吐盖别里齐冰川。木札尔特河谷是古冰川汇注的归宿，形成巨大的树枝状山谷冰川。木札尔特河流域面积

2 870 km^2，流域内冰川面积 1 266.6 km^2。在其流域内生活着数量不少的人、畜。

喀拉玉尔滚河位于台兰河与木扎尔特河之间，是一条南北向的河流。该域的古冰川遗迹可与木扎尔特河互相补充，在喀拉玉尔滚河上游堤坝库如克附近，汇合了 3 条发源于现代冰川的河流，这 3 条河流自西向东为克其克库孜巴依河、琼库孜巴依河及库尔会洛克河，以琼库孜巴依河水量最大。

托木尔苏河源于托木尔苏冰川，东南流入库木艾日克河。全长 28 km，平均宽约 40 m，径流量 8 ～ 30 m^3/s。有古尔克苏河、阿克其格苏河等支流。

阿特奥依纳克河源于科其喀尔、依希塔拉格山谷等 3 条冰川，由北流向南。全长 40 余千米，平均宽约 20 m。流量 3 ～ 10 m^3/s。

保护区河流的径流深度在 450 mm 以上，是径流相对集中的地区。保护区内较干旱，非冰雪覆盖区的年降水量大都在 500 mm 以下，但木扎尔特河的径流深度却高达 500 mm，这与河水的补给来源有关，托木尔峰地区南坡河流年平均径流量 50% ～ 60% 由冰雪补给，地下水补给占 20% ～ 30%，雨水补给约占 20%。

保护区内河流的径流模比系数在 0.79 ～ 0.94，这是以冰雪补给为主河流的共同特点之一，径流的多寡与降水多少关系不大，主要决定于冰雪区辐射平衡、气流交换和气温的高低等因素。木扎尔特河的径流模比系数为 0.94，较其他河流为高，这种依赖关系更为明显。

以冰雪补给为主的河流另一特点：径流年际变化的幅度小，径流相对稳定，河流径流的变差系数在 0.3 以下。天山南坡冰雪补给已经成为塔里木河上游水源补给的主要来源。

托木尔峰国家级自然保护区河流水文另一共同特点：汛期较迟，持续期较长，径流的月际变化和日变化明显汛期出现在夏季，其径流量占年总量的 65% ～ 75%，最大月（7 月）径流量占年总量的 24.3% ～ 38.9%，洪汛水期相当集中。对于此种水流量的特征，城市用水、农业用水、牲畜用水要提前谋划，修建水利设施，以确保各方面的用水安全。

五、气候

托木尔峰国家级自然保护区位于天山南坡，毗邻塔克拉玛干大沙漠，属温带大陆性气候，保护区南坡和山前地带分属于暖温带半干旱和干旱地区，主要特征是具有强烈的大陆性和高山气候，地理距离上的温差现象明显，气温的年较差和日较差大。

海拔 2 900 ～ 3 600（3 700）m 地区，最热月均气温 5 ～ 10 ℃，最冷月均气温 –21 ～ –19 ℃。4 300 m 以上全年基本处于负温状态。保护区内极端最高气温，海拔 2 000 m 处为 34.5 ℃，海拔 2 650 m 处为 35.0 ℃；极端最低气温分别为 –24.4 ℃和 –23.0 ℃。随着海拔高度的增加，气温年较差逐渐减少，海拔 2 000 m 为 31.6 ℃，海拔 2 650 m 为 26.3 ℃。大于等于 0 ℃持续日数 239 ～ 248 d，积温 2 580.3 ～ 3 333.6 ℃；大于等于 5 ℃持续日数 204 ～ 215 d，积温 2 464.9 ～ 3 236.8 ℃；大于等于 10 ℃持续日数 133 ～ 173 d，积温 1 874.6 ～ 2 919.9 ℃；大于等于 15 ℃持续日数 52 ～ 123 d，积温 818.2 ～ 2 266.2 ℃。

托木尔峰国家级自然保护区地处天山最大降水中心区，降水主要靠来自大西洋和北冰洋的潮湿气流补给，降水量主要集中在夏季和冬季，春秋两季降水量相对较少。其中 6—8 月降水量占全年的 50% 左右，而 5—9 月占 70% 左右，冷季降水量约占 30%。保护区前山地带受塔里木荒漠气候影响较大，平均降水不足 80 mm，气候由相对湿润变为干燥的沙漠性气候。随海拔的增加，荒漠气候影响逐渐减弱，降水梯度为 30 ～ 100 mm，在海拔 2 400 ～ 2 900 m 和 4 200 m 以上存在两个较大的降水带，年降水量在 700 mm 以上，局部地区年总降水量可达 1 000 mm 左右。

保护区年均风速不大，年平均风速为 2.18 m/s，风速暖季大于冷季。暖季平均风速达 2.0 ～ 3.9 m/s。秋季风速逐渐减小。冬季天气晴稳，风速最小，平均风速仅 0 ～ 1.7 m/s。月平均风速为 2.18 m/s，风能资源在 50 W/cm² 以下。风向多为西风、西北风，暖季略多于冷季。

托木尔峰国家级自然保护区海拔 1 600 ～ 2 000 m 地区，夏季仅 30 d 左右。海拔 2 000 m 以上，无四季之分，只有冷暖之别。核心区在夏天极其凉爽。

六、冰川

托木尔峰国家级自然保护区不仅是天山最大的现代冰川作用中心，也是古冰川遗迹保存最完整的地方，尤其以托木尔峰地区南坡更为典型。从第四纪以来，由于地壳运动和气候变化，曾发生过多次冰期与间冰期，留下了丰富的冰川作用遗迹。分布在托木尔峰国家级自然保护区的各大河流，如木扎尔特河、台兰河、喀拉玉尔滚河、阿恃奥依纳克河，以及托木尔河等，源头都分布着长大的树枝状的托木尔型山谷冰川。而现代冰川以下的河谷中或谷地两侧的山坡，以及河口山麓带，都分布有丰富的古冰川。因此，天山的托木尔峰国家级自然保护区是考察研究冰川者的必到之地。

托木尔峰国家级自然保护区范围涵盖了托木尔峰地区高山山汇区东部、南部的大部分区域以及西部的我国境内区域。根据流域初步统计有冰川 312 条，占托木尔峰地区冰川 49.60%。冰川面积 2 273.38 km^2，占该地区总面积 3 849.47 km^2 的 59.06%。根据研究资料测算，保护区内冰川总储水量 3 109.58 亿 m^3，占全区冰川总储水量 4 959.29 亿 m^3 的 62.70%。

托木尔峰国家级自然保护区相对丰富的冰川资源，为局部水资源提供了可靠的保障，随着世界气温有升高迹象，冰川资源有退减迹象。该地区为野生植物、动物、真菌提供了相对优良的环境，要加强对冰川的保护，减少人为的破坏，不要错误地认为是仅受世界气温升高的影响。

Chapter 4

第四章

植物资源与植被

托木耳峰国家级自然保护区内，因地形、地质和地貌影响的局部独特气候，形成了多种多样独特的植被类型，是影响野生陆生脊椎动物分布的决定性因素。

一、植物物种

自然保护区地质、地形条件复杂，南、北坡气候差异显著，水热条件的垂直变化明显，给多种多样植被类型的形成创造了极有利的条件，温带荒漠、山地草原和森林是本地区的主要自然景观。保护区植物种类丰富，有众多维管束植物（蕨类植物，裸子植物，被子植物）和大型真菌。

二、植物区系特征

（一）植物种类丰富

天山复杂的自然地理环境、特殊的气候和历史条件造就了该区域植物区系的复杂性和丰富性的特点。

（二）区系起源古老

保护区内起源古老的植物科数较多，有第三纪就已存在的藜科和麻黄科，还包括渐新世就有分布的蒺藜科、白花菜科、柽柳科、蓝雪科、唇形科、菊科、蝶形花科等。还有一些种属如藜科中的假木贼、节节木、梭梭、猪毛菜等属的一些种，均发生于第三纪。

（三）地理成分复杂多样

根据《世界种子植物科的分布区类型系统》及《世界种子植物科的分布区类

型系统的修订》（吴征镒，2003）科分布型划分原则，自然保护区种子植物科的分布型可划分为多种分布型和亚型。按照吴征镒划分的中国种子植物属的 15 大分布类型中，有 12 种分布型、19 个亚型在自然保护区中有分布，而在属的各大分布类型中还包括大量的变型和间断分布类型；地衣植物 49 属也可分为 11 个分布型。这充分说明了该植物区系成分的复杂性。

（四）植物区系具有温带性质

保护区植物区系在科级别上以温带植物成分占主导，热带分布科仍占一定比例。属级别以北温带和旧世界温带占优势，在属的分布型中，温带性质的属占总属数的 95.7%。热带成分与温带成分的比值，即 R/T 值为 0.05，由此可见，自然保护区植物区系中，温带成分占优势，植物区系具有温带性质。另外以菊科、禾本科、蝶形花科、蔷薇科等典型北温带科为优势科，从侧面也说明本区系具有典型的温带性质。

（五）植物区系是典型的中亚西部山地成分

托木尔峰国家级自然保护区植物区系是典型的中亚西部山地成分，南坡面区系种类相对贫乏，北坡较丰富。属的区系成分以北温带为主，占全部属数的 47.16%。其次为旧世界温带分布，地中海、西亚至中亚分布，中亚分布三个类型。还有少量的亚洲温带分布成分、东亚成分、泛热带成分、旧世界热带成分及热带亚洲至热带大洋洲分布类型。说明区内植物以中亚西部山地的温带成分及中亚成分占显著地位，与所处地理区域相符。但与相近的阿尔泰区系、蒙古区系、喜马拉雅山区，及相对远离的华中植物区系仍有一定的联系。

（六）植物区系成分海拔差异较大

南坡中下部为典型的中亚植物区系成分，如：蒺藜科、柽柳科、胡颓子科、藜科等科植物，随海拔的升高中亚成分减少，温带成分的科属相对增多，科属的组成也相对复杂。到达中上部南北坡植物区系成分较接近，是随海拔攀升自然条件差异缩小，区系成分趋同的结果。

（七）特有植物丰富

托木尔峰国家级自然保护区西北有托木尔峰、汗腾格里峰、台兰峰的高峰群和托木耳冰川、台兰冰川等聚集，不仅挡住西风带输送的大量水汽，造成托木尔峰西北和东南两侧生境极大的差异，同时大面积的冰川群也形成了天然屏障，造成物种隔离。东南侧则因干旱环境的胁迫使得本区植物物种的隔离进一步加剧，在区内形成了大量新疆特有植物，本区内的特有植物有很多种，还有欧洲山杨（*Populus tremula*）和石刁柏（*Asparagus officinalis*）等残遗种。

（八）珍稀濒危植物与国家重点保护植物丰富

托木尔峰国家级自然保护区境内植物受 IUCN 物种红色名录（2010）保护植物 3 种，包括帕米尔红景天（*Rhodiola pamiro-alaica*）、伊犁花（*Ikonnikovia kaufmanniana*）、新疆郁金香（*Tulipa sinkiangensis*）；受 CITES 附录（2010）保护植物 10 种，如堪察加鸟巢兰（*Neottia camtschatea*）、珊瑚兰（*Corallorhiza trifida*）、紫点叶红门兰（*Orchis cruenta*）等；属于国家级重点保护植物共 10 种，全为兰科植物，均为国家 II 级重点保护植物。

三、植被区划与分类

根据吴征镒主编的《中国植被》（1980）中"中国植被区划图"，以及《新疆植被及其利用》的划分，保护区所在地在植被区划上属VII温带荒漠区域→VII B 东部荒漠亚区域→VII Bii 暖温带灌木、半灌木荒漠地带→VII Bii-3 天山南坡 – 西昆仑山山地半灌木荒漠、草原区。根据《新疆植被及其利用》划分，自然保护区属新疆荒漠区→B. 东疆 – 南疆荒漠亚区→VI天山南坡山地草原区。

采用"群落学 – 生态学"原则，依据对保护区植被的群落种类组成、外貌结构、生活型、建群种类、生态地理特征和动态特征调查统计分析，调整后的新疆托木尔峰国家级自然保护区的自然植被可分为 8 个植被型、14 个植被亚型和 27 个植物群系。

四、植被特征

（一）群落类型多样，垂直分布明显

自然保护区植被型、植被亚型和植物群系均丰富，具有独自的明显特征，也

是独特的局部丰水所决定的。自然保护区最高海拔 7 443 m，植被垂直分布明显，其中包括荒漠带、荒漠草原带、山地真草原、山地森林带、亚高山草甸带、高山草甸带、高山石堆稀疏植物等，各种植被类型呈现出明显的垂直带谱，也是新疆天山南坡垂直自然带的最典型代表。

（二）植被对涵养水源的作用巨大

自然保护区分布有大面积的雪岭云杉林，是重要水源涵养林区，直接影响托木尔河流域的木扎特河、台兰河、北木扎特河、阿克苏河和卡因特木扎特河等河流，以及保护区周边的牧场。因此保护这里的植被，对保障流域范围内人们的生产、生活需要，促进社会经济发展具有重要意义。

（三）植被丰富度影响食草动物分布，吸引食肉动物

自然保护区因冰川和积雪多而丰水，植物种类相对丰富，多种植物的根、茎、叶，甚至有些果实，给食草动物提供了丰富的食物，且动物取食迁移直线距离小，甚至不用翻越较高的山梁，野生动物繁衍的基本条件相对较好，带来的结果是食草动物相对丰富。食草动物和有些果实给食肉动物或杂食动物带来食物源，决定了食肉动物的分布也是可观的，种群和数量稳中有增。

Chapter 5

第五章

陆生脊椎动物

托木尔峰国家级自然保护区位于南天山中部，地处中国、吉尔吉斯斯坦、哈萨克斯坦三国交界区，我国境内天山的西南部，新疆维吾尔自治区阿克苏地区温宿县境内。保护区东起木扎尔特河西侧第一重山脊，西至阿依那苏冰川东侧，南临库尔干（破城子）西侧、塔克拉克北侧、科契卡拉巴西冰川、铁米尔苏冰川西侧、喀拉阿尔恰以北，北抵托木尔峰、汗腾格里峰、哈尔克他乌山，并分别与吉尔吉斯斯坦、哈萨克斯坦、昭苏县相接，其地理坐标为介于东经 $79°50'24.9'' \sim 80°53'37.9''$，北纬 $41°40'0.3'' \sim 42°21'56.3''$ 之间，调整后保护区总面积 380 480.00 hm^2，其中核心区面积 216 646.37 hm^2，缓冲区面积 86 642.55 hm^2，实验区面积 77 191.08 hm^2。

保护区内的主峰托木尔峰海拔 7 443 m，为天山山脉的最高峰。托木尔山岳冰川区，不仅是天山最大的冰川作用中心，而且也是世界上著名的山岳冰川区之一。作为我国少有的高山保护区，其在冰川和干旱区野生动物及其生境、生物多样性的形成、高寒区水土涵养和保持，与演变的历史研究中都极具科研价值，地壳运动对世界地理的影响也是不可忽略的资料和佐证。同时，为响应自治区天山申报世界自然遗产的号召，更好地对世界自然遗产提名地进行保护，将原托木尔峰国家级自然保护区西侧托木尔冰川区域以及台兰峰、土格别里奇冰川以北至县界的广大区域一起纳入托木尔峰国家级自然保护区进行保护。因此，对托木尔峰国家级自然保护区进行全面的本底资源调查非常必要，特别是调查难度系数最大的陆生脊椎动物资源调查尤显得其重要性和不可或缺性。

托木尔峰地区是天山山地高峰和冰川较为集中的区域，除托木尔峰（7 443 m）外，汗腾格里峰（6 995 m）、台兰峰（6 873 m）、科其喀尔峰（6 342 m）、雪莲峰（6 627 m）等均在此区域内，因其独特的地理位置和较集中的高峰群及冰川，从 20 世纪 60 年代起一直是冰川和地质学研究的热点区域，对托木尔峰地区动植物资源较完整的考察，最早见于中国科学院托木尔峰登山科学考察队对该区域的地质及古生物、冰川与气候、生物、自然地理各个专项进行了深入调查，各项专题的考察报告于 1985 年出版。其后有中国科学院生态与地理研究所等研究单位对区内的雪豹等珍稀濒危动物资源进行调查（2006 年）。2012 年，为了科学地对托木尔峰国家级自然保护区范围和功能区进行调整，国家林业局（现"国家林业和草原局"）中南林业调查规划设计院组织专家对托木尔峰国家级自然保护区进行了野生脊椎动物专项调查，初步掌握了保护区范围内野生脊椎动物资源现状。历时近十年后，2021—2022 年塔里木大学联合东北林业大学部分专家开展了新疆托木尔峰国家级自然保护区陆生脊椎动物本底资源专项调查。与其前期的调查结果出现了一些变化，虽然脊椎动物种类无明显变化，但动物数量、种群分布因设立保护区后出现了变化，野猪、北山羊、雪豹、棕熊等物种的数量均有增加，特别是在该区无天敌的野猪，已经严重破坏草甸草坪。几只雪豹同框出现在照片或视频中的频次较高。棕熊被拍到的次数增加。在合适的时间和地点，可以肉眼观察到北山羊活动。

一、调查方法

新疆托木尔峰国家级自然保护区陆生脊椎动物本底资源专项调查项目组成员于 2021 年 6 月至 2022 年 5 月对新疆托木尔峰国家级自然保护区及周边地区进行了野生动物资源调查。考察前期，先是集中课题组所有成员进行野外安保的专门培训，让经常从事野外作业的专家分享野外作业经验，设想可能出现的各种突发情况，讲授根据实地情况出现问题的解决方法和思路，预防可能发生的事故，提高野外作业的安全性，确保课题组成员无意外伤亡事故出现。

本次考察，专项调查项目组成员主要采用样线调查法、访问调查法和红外相机定点拍摄法，并借助无人机观察等手段。

在样线调查过程中以观察记录和收集痕迹为主。野外路线调查时手持双筒和单筒高倍望远镜，及时记录动物出现的时间、地点、种类、性别、年龄（成幼）、数量、截距、栖息地及行为等。并对动物遗留物（羽毛、尸体）、痕迹、鸣声、粪便、巢穴等进行分析和记录。应用手持卫星定位仪（GPS）确定观察位置和估测海拔高度，并借助高倍数码相机和工具书，辅助个体与年龄的辨识和统计。考察期间还对林场内的工作人员，以及牧民、旅游和探险人员等进行调查和访问，了解该地区动物状况。同时，阅读和参考以往本地区的考察报告及文献，完善本次调查报告。

（一）路线调查法

这是最经典的野生动物调查方法，也是行之有效并广泛使用的方法。

本次调查中，联合考察小组成员对保护区的地图进行了多次讨论所要经过的样线。结合安全因素、队员外业经验，老中青结合分组。由于保护区是山峰加峡谷形势，加之考虑每条样线的难度系数，最终确定所走样线分为三个小组，分别由有丰富野外考察经验的教授担任样线调查小组组长，负责调查期间的全盘工作，包括行进方向，行进速度，对野生动物痕迹的识别，野外露营的地点和时间选择。对避让攻击能力强的野生动物相遇可能性的预判，对相遇野生动物攻击的防范策略和措施，负责考虑是否跨越山涧等安全问题。两名组员负责收集动物遗体、粪便，记录样本采集地，并记录地理坐标，最后对样本保存，带回实验室备用。对野生动物痕迹拍照，协助保障物资的管理。向导负责前进道路选择，并负责马匹、保障物资的管理。

如果条件允许的情况下，去时走河谷，返回时走山梁或山腰。按照规定的样线范围，尽可能扩大观察面积。如果情况复杂，结合实际情况调整行进实际路线，确保安全和调查结果的有效性。

在经典样线法调查中，一定注意防雨雪，防止出现失温事故。因这样的调查野外作业多在山区，而山区的气候变化无常，可能正在行进的时候，突然天降大雨、冰雹甚至雨夹雪，如果防雨雪措施不到位，而山中无躲雨雪之处，特别容易出现失温事故。

（二）访问调查法

对保护区的工作人员和保护区周边居民进行问卷调查。先设计好调查问卷的内容，再询问不同类型的人群，主要以辖区工作人员和长期居民为主要对象，记录好真实询问结果，带回统计备用。访问人员对被访问者要仔细解释需要调查的动物，最好出示清晰的动物照片（有动物幼体照片，调查效果会更好），耐心地等待回忆和回答，不能着急，更不能以其文凭低、理解慢、解释不理想而草草结束访问过程。

（三）红外相机法

购买自动感应拍摄、拍摄效果好的红外相机，用模拟环境覆盖伪装，降低野生动物经过时被拍照的敏感性。

在安装前对安装者进行集中培训。首先，是红外相机安装者学习红外相机的各种参数设置，并熟悉其含义。其次，是根据实地需要调整设置参数数值和情况，特别是海拔、坡度、生境类型。根据拍摄不同动物的需要设置红外相机的安装高度。安装者在野生动物必经的道路旁的树上、石穴石缝中固定红外相机，选择好镜头对准的方向，避免树影晃动、太阳直射而影响相机拍摄。所以安装固定相机时，要预判是否有树影、草影晃动而启动拍摄，其结果一是没有拍到理想的画面或影像。二是让电池有效使用的时间缩短。最后，不能过高过低。

临时聘用保护区管理局的走巡人员，每月收回红外相机储存卡一次，并安装固定新的红外相机储存卡。检查电池使用情况，电池正常的红外相机，只换储存卡；发现电池电量异常的红外相机，检查原因是漏电、短路、频频启动（查看影像情况）、进水等的哪种情况，并进行相应调整。

返回管护站后，立即把收回的红外相机储存卡交予站长，由站长或站长指定人员读取卡中影像，保存于站内的电脑中备用。

（四）无人机调查法

由于有的山谷狭深，坡势陡峭，托木尔峰国家级自然保护区的80%山谷、山峰处及部分山区森林茂密，造成发送和接收信号效果不佳，不易控制无人机，山区深部无法使用无人机调查。项目组成员只在保护区相对平缓的地方使用，但效果不理想。

二、动物生境类型划分

随着垂直气候带水热条件的变化以及植被、土壤、地形地貌等的变化，天山山脉从高海拔到低海拔，从冰川裸岩到山前荒漠草原呈现不同的自然景观带，野生动物的种类与数量也发生着相应的变化。根据垂直自然带的变化，野生动物的生活环境可以划分为高山裸岩（冰雪带）、高山垫状植被 – 高山草甸、山地针叶林 – 针阔混交林、河谷阔叶林、山地灌丛、山前荒漠6种类型。

1.高山裸岩

此类型在山区永久雪线以上，遍布裸露的岩石，几乎没有裸露的土质地面。局部地区终年积雪覆盖，甚至形成冰川。这里自然条件恶劣，风较大，气温较低，紫外线强烈，动植物资源均较贫乏。鸟类中仅有一些猛禽和暗腹雪鸡（*Tetraogallus himalayensis*）在这里活动，兽类中雪豹（*Panthera uncia*）、盘羊（*Ovis ammon*）和北山羊（*Capra ibex*）在此有生存。

2. 高山垫状植被－高山草甸

此类型接近永久雪线，出现了苔藓、地衣以及垫状植被，海拔稍低些也会出现草甸草原。鸟类以高地型为主，猛禽活动频繁，暗腹雪鸡主要在这里觅食，褐岩鹨（*Prunella fulvescens*）、高山岭雀（*Leucosticte brandti*）和白斑翅雪雀（*Montifringilla nivalis*）等也经常在这里活动。兽类中盘羊和北山羊主要在这里活动，雪豹（*Uncia uncia*）、棕熊（*Ursus arctos*）、狼（*Canis lupus*）、赤狐（*Vulpes vulpes*）、猞猁（*Lynx lynx*）、石貂（*Martes foina*）和灰旱獭（*Marmota bobac*）等也逐渐增多。

3. 山地针叶林－针阔混交林

该部分地区几乎全部由雪岭云杉组成，混杂着少量的欧洲山杨等，生态环境优越，因野生动物的食物源丰富，此类型是天山野生动物种群最丰富的自然景观带。鸟类中雀鹰（*Accipiter nisus*）、雕鸮（*Bubo bubo*）、三趾啄木鸟（*Picoides tridactylus*）、星鸦（*Nucifraga caryocatactes*）、喜鹊（*Pica pica*）、旋木雀（*Certhia familiaris*）、戴菊（*Regulus regulus*）、槲鸫（*Turdus viscivorus*）等比较常见，大部分雀形目鸟类在森林中都可以看到，尤其以山雀（*Parus* spp.）和柳莺（*Phylloscopus* spp.）最多。此外，在森林带的水域中，雁鸭类和鸻鹬类鸟类也可看到。兽类中马鹿（*Cervus elaphus*）和狍（*Capreolus capreolus*）是典型的森林动物，数量较多。野猪（*Sus scrofa*）、石貂（*Martes foina*）、香鼬（*Mustela altaica*）、艾鼬（*Mustela eversmanni*）、狗獾（*Meles meles*）、狼（*Canis lupus*）、赤狐（*Vulpes vulpes*）、猞猁（*Lynx lynx*）、兔狲（*Felis manul*）等也经常出没，北山羊（*Capra ibex*）和盘羊（*Ovis ammon*）冬季也常到森林带活动。啮齿目的兽类常在林间草地出现，成为食肉类的捕食目标。爬行类中的中介蝮（*Agkistrodon intermedius*）在该带有分布。昆虫数量也十分庞大。

4. 河谷阔叶林

此类型在海拔相对较低的河谷内，分布着少量阔叶林，以欧洲山杨为主。河谷内气候湿润，在冬季也相对温暖，是大多数动物活动的理想场所，动物种类也相当丰富。鸟类中尤其以雀形目鸟类为多，此外，大杜鹃（*Cuculus canorus*）、戴胜（*Upupa upupa*）以及猛禽中的鵟类（*Buteo* spp.）也经常出现。绝大多数的兽类都会到水源地饮水，可以在河谷内看到。鱼类也主要在该带的河流中生存，调查鱼类优先选择此类型地带。

5. 山地灌丛

此类型地带在低海拔山地，分布着主要由锦鸡儿、忍冬、蔷薇等组成的灌丛。由于气候适宜、食物丰富，这里也是动物分布十分丰富的地区。很多雀形目鸟类向喜欢以这些灌木的果实为食，鸫科 Turdidae、燕雀科 Fringillidae 和鹀科 Emberizidae 的鸟类十分丰富。兽类中草兔（*Lepus capensis*）、鼠类也较常见，野猪在此类型地带横行繁殖、生长。石鸡也是随时随地可见。

6. 山前荒漠

山脚下荒漠地带与平原荒漠土壤相接，这里的动物也表现出温带荒漠动物的特点。鸟类中的隼科 Falconidae、鸠鸽科 Columbidae、百灵科 Alaudidae、燕科 Hirundinidae、伯劳科 Laniidae 以及鸫科 Turdidae 中的一部分鸟类主要在此分布。该地带的水域中水鸟最多，大型涉禽主要在水边活动。啮齿动物和爬行动物相对数量比高海拔地区明显丰富。

三、物种的多样性及区系分析

新疆托木尔峰国家级自然保护区及周边地区有丰富的食物和水源，动物资源相对十分丰富，是野生动物活动的主要地区。通过本次调查，参阅本项目之前的调查，总和已有的考察记录，共记录到野生陆生脊椎动物 25 目 58 科 183 种。其中，两栖类有 1 目 1 科 1 种、爬行类有 1 目 1 科 2 种、鸟类 17 目 40 科 144 种、兽类 6 目 16 科 36 种。从该结果看，鸟类占分布种类的绝对优势，与峰峦叠嶂的山区、海拔平均相对较高相关联，气温低影响了两栖类、爬行类的分布与扩散，兽类数量和分布受食物源数量及获取食物难度影响，也受山体的落差大、坡度陡峭等而增加获取食物难度。

在动物地理的区划上，新疆托木尔峰国家级自然保护区的野生动物类型属古北界、中亚亚界、蒙新区、天山山地亚区。本次调查主要对保护区的鸟类、哺乳类进行了动物区系分析，保护区内两栖类、爬行类种类稀少，暂不对其进行区系分析。托木尔峰繁殖鸟类的垂直分布，具有明显的生态景观的特点。

（1）南坡随着山地海拔高度的增高，繁殖鸟类的种类逐渐减少。

（2）北坡由于中山带山地针叶林植被发育较好，相应的林栖鸟类数量突出地集中于这带营巢，其他各带的种类相对地较为贫乏，主要是受植物分布造成食物源丰度的差异而变化。

托木尔峰南坡山势险峻而陡峭，气候较干旱，年降水量只有 200 ～ 400 mm。植被以荒漠草原和干草原为主。在山地的局部阴坡分布着雪岭云杉。南坡的干旱荒漠分布于宽阔的山谷冲积洪积扇地带，在琼台兰河谷可达海拔 2 100 m，而在水扎尔特河谷的干旱荒漠草原，上升到海拔 2 200 m 处，草原发育不甚良好，在河谷底部，局部生有小片的杨柳林。在南坡一般海拔 3 100 m 以上为现代冰雪活动带，气候寒冷，4 200 m 以上为高山冰雪带，其间是高山垫状植被和地衣带。

（一）低山 - 荒漠草原带

分布于宽阔的冲积洪积扇和山前荒漠地带，一般在海拔 2 200 m 以下，在干旱的荒漠地区，生长着琵琶柴、假木贼、麻黄，盐爪爪和天山猪毛草等，在多砾石的砂砾质河漫滩处，旱生灌丛有吐鲁番锦鸡儿，全腊梅锦鸡儿，并常有芨芨草、针茅等，是蒙古荒漠干草原植被的伸延。

此地带昆虫种类较为丰富，鸟类组成相应地反映荒漠草原典型的种类，这些鸟类大部分为毛色色泽浅淡，呈单调的砂褐色，雌雄不易从毛色差异分辨，活动敏捷，并以捕食草丛间昆虫为主要食料，如石鸡、白顶鹏等；另一类以草籽为食的鸟类，如漠雀、角百灵、凤头百灵、灰眉岩鸥等，有栖息于山坡，裸露岩石及灌丛间活动的鸟类；有生活于居民点附近的鸟类，如家燕、家麻雀、树麻雀等；以上这些鸟类均为低山带常见的繁殖鸟，数量也较为庞大。

（二）中山 - 干草原带

此地带一般在海拔 2 200 ～ 2 600 m 高度，干燥剥蚀作用相当强烈，地势较多起伏，山地陡峭而多砾石，生长着干草原植被，包括有沙生针茅、戈壁针茅，有稀疏的干旱灌丛锦鸡儿。在山地河谷阴坡局部地区，生长着云杉林，林下有苏鸢尾、苔草等草类。

此地带鸟类有栖息于灌丛草地间的蓝点颏、沙白喉莺、普通朱雀、大朱雀、鹑等；有栖息于林缘草地上的金额丝雀等；有活动于阴坡针叶林的灰柳莺、黄眉柳莺等；而石鸡和红嘴山鸦则活跃在阳坡的砾石坡及草地间。

（三）亚高山 - 草原带

在海拔 2 600 ～ 2 900 m，气候特点是干旱而寒冷，土壤水分保持度对植物种类分布有直接决定作用，草原植被主要分布于山地的阳坡，有克氏针茅、羊茅、高加索针茅等；在山谷阴坡局部分布有云杉林。

在亚高山草原生活有金额丝雀和林岭雀，结群翱翔于岩石峡谷向，以及在空中捕食昆虫的毛脚燕，这些是亚高山带常能遇见的鸟类；在山地阳坡局部地区的云杉林间，还能遇见星鸦、黄眉柳莺、普通朱雀和褐头山雀类鸟类。能发现部分兽类的踪迹。

（四）高山 - 草甸、垫状植被地衣带

海拔在 2 900 ～ 3 600 m，是以硬叶蒿草占优势的高山草甸，还有糙苏和苔草等；海拔 3 600 ～ 4 200 m 为高山垫状植被和地衣带；一般在海拔 4 200 m 以上为冰雪带，由于气候寒冷，草类生长季节短，生产量极为有限，气温决定了昆虫类稀少，高山带鸟的种类较为稀少甚至极度贫乏。在海拔更高的终年覆雪的冰雪带更是没有陆生脊椎动物踪迹。

四、种类及其分布

（一）两栖类

新疆托木尔峰国家级自然保护区地处高寒生态环境，平均海拔较高，气温低且日变化幅度大，十分不利于两栖类生存。在新疆平原地带相当广布的塔里木蟾蜍（*Bufo virdis*），也仅延伸分布至托木尔峰国家级自然保护区范围内的低山带，且数量不多。调查发现该种在 2 000 m 以上沼泽、河流、温泉等生境附近偶见。而天山南麓低山带的其他两栖类，没有发现扩散至保护区内，受动物地理分布机制约束明显。因此，在托木尔峰国家级自然保护区内栖息的两栖类野生动物不但种类单一，而且数量亦十分稀少，仅分布有 1 种两栖类动物，即塔里木蟾蜍（详见表 1）。

表1　新疆托木尔峰国家级自然保护区两栖类动物

目	科	中文名	学名	分布型	IUCN	RLCB	CN
无尾目 ANURAN	蟾蜍科 Bufonidae	塔里木蟾蜍	*Bufo virdis*	D	LC	LC	—

注：CN–国家重点保护野生动物、IUCN–世界自然保护联盟濒危物种红皮书、RLCB–《中国生物多样性红色名录》（2015年）。分布型：D–中亚型。濒危等级：LC–无危。

（二）爬行类

新疆爬行纲动物的门类组成特点，以壁虎科 Gekkonidae 和蜥蜴科 Lacertidoe 为主，还有少量蟒科 Boidae、游蛇科 Colubrinae 和蝰科 Viperidae 的蛇类物种。据调查，共记录到新疆托木尔峰国家级自然保护区分布的爬行类动物2种，属1目1科。其中，在新疆相对广布的蝰科草原毒蛇东方蝰（*Vipera renardi*）、阿拉善蝮（*Gloydius cognatus*）在天山山脉的数量较少，见于低山草原、灌丛带，在林缘、湿地附近也有分布。可见，与两栖类一样，受高寒生态环境、平均海拔较高、气温低且日变化幅度大的限制，爬行类在保护区内的分布亦很稀少（详见表2）。

表2　新疆托木尔峰国家级自然保护区爬行类动物

目	科	中文名	学名	分布型	IUCN	RLCB	CN
有鳞目 SQUAMATA	蝰科 Viperidae	东方蝰	*Vipera renardi*	D	LC	EN	Ⅱ
		阿拉善蝮	*Gloydius cognatus*	D	LC	NT	—

注：CN–国家重点保护野生动物、IUCN–世界自然保护联盟濒危物种红皮书、RLCB–《中国生物多样性红色名录》（2015年）。分布型：D–中亚型。濒危等级：EN–濒危，NT–近危，LC–无危。Ⅱ–国家二级重点保护野生动物。

壁虎科 Gekkonidae 和蜥蜴科 Lacertidoe 在保护区分布，仅仅见于山下与荒漠的交接区，随着保护区地表海拔的升高，爬行动物难有踪迹，这是因为保护区南坡海拔升高率大，终年积温迅速下降。

（三）鸟类

在新疆托木尔峰国家级自然保护区共记录到鸟类 17 目 40 科 144 种（详见表 3）。与两栖类、爬行类比较，受高寒生态环境、平均海拔较高、气温低且日变化幅度大的影响明显减少。本次调查结果中，保护区内的鸟类占陆生脊椎动物的 78.7%。在鸟类的 17 目 40 科 144 种中，雀形目鸟类有 78 种，占 54.17%，略显优势；非雀形目鸟类有 66 种，占 45.83%。在所有鸟类中有国家级重点保护野生动物 29 种，其中国家 I 级重点保护鸟类 8 种，即黑鹳（*Ciconia nigra*）、胡兀鹫（*Gypaetus barbatus*）、秃鹫（*Aegypius monachus*）、草原雕（*Aquila nipalensis*）、白肩雕（*Aquila heliaca*）、金雕（*Aquila chrysaetos*）、玉带海雕（*Haliaeetus leucoryphus*）和猎隼（*Falco cherrug*）。另有国家 II 级重点保护野生动物 21 种，即暗腹雪鸡（*Tetraogallus himalayensis*）、黑颈䴙䴘（*Podiceps nigricollis*）、灰鹤（*Grus grus*）、高山兀鹫（*Gyps himalayensis*）、靴隼雕（*Hieraaetus pennatus*）、雀鹰（*Accipiter nisus*）、苍鹰（*Accipiter gentilis*）、白尾鹞（*Circus cyaneus*）、黑鸢（*Milvus migrans*）、大鵟（*Buteo hemilasius*）、普通鵟（*Buteo japonicus*）、棕尾鵟（*Buteo rufinus*）、雕鸮（*Bubo bubo*）、纵纹腹小鸮（*Athene noctua*）、三趾啄木鸟（*Picoides tridactylus*）、红隼（*Falco tinnunculus*）、灰背隼（*Falco columbarius*）、燕隼（*Falco subbuteo*）、游隼（*Falco peregrinus*）、云雀（*Alauda arvensis*）和蓝喉歌鸲（*Luscinia svecica*）。

有 3 种鸟类（玉带海雕、猎隼和草原雕）被世界自然保护联盟列入濒危物种红色名录，濒危级别为濒危（EN）物种，另有欧斑鸠（*Streptopelia turtur*）和白肩雕的濒危级别为易危（VU）。被《中国生物多样性红色名录》列入濒危（EN）物种的有 3 种，即玉带海雕、猎隼和白肩雕。被列入易危（VU）物种的有草原雕、金雕、黑鹳、大鵟和靴隼雕。

表 3　新疆托木尔峰国家级自然保护区鸟类名录

目	科	中文名	学名	分布型	居留型	IUCN	RLCB	CN
鸡形目 GALLIFORMES	雉科 Phasianidae	暗腹雪鸡	*Tetraogallus himalayensis*	P	R	LC	NT	II

目	科	中文名	学名	分布型	居留型	IUCN	RLCB	CN
鸡形目 GALLIFORMES	雉科 Phasianidae	石鸡	*Alectoris chukar*	D	R	LC	LC	–
		斑翅山鹑	*Perdix dauurica*	D	R	LC	LC	–
		环颈雉	*Phasianus colchicus*	O	R	LC	LC	
䴙䴘目 PODICIPEDIFORMES	䴙䴘科 Podicipedidae	黑颈䴙䴘	*Podiceps nigricollis*	C	P	LC	LC	Ⅱ
		凤头䴙䴘	*Podiceps cristatus*	U	P	LC	LC	–
雁形目 ANSERIFORMES	鸭科 Anatidae	豆雁	*Anser fabalis*	U	P	LC	LC	
		灰雁	*Anser anser*	U	P	LC	LC	
		斑头雁	*Anser indicus*	P	P	LC	LC	
		赤麻鸭	*Tadorna ferruginea*	U	S	LC	LC	
		针尾鸭	*Anas acuta*	C	P	LC	LC	
		绿翅鸭	*Anas crecca*	C	P	LC	LC	
		绿头鸭	*Anas platyrhynchos*	C	S	LC	LC	
		赤膀鸭	*Anas strepera*	U	S	LC	LC	
		琵嘴鸭	*Anas clypeata*	C	P	LC	LC	
		赤嘴潜鸭	*Netta rufina*	D	S	LC	LC	
		白眼潜鸭	*Aythya nyroca*	D	S	NT	NT	–
		凤头潜鸭	*Aythya fuligula*	U	P	LC	LC	
		普通秋沙鸭	*Mergus merganser*	C	S	LC	LC	
鸽形目 COLUMBIFORMES	鸠鸽科 Columbidae	原鸽	*Columba livia*	O	R	LC	LC	–
		岩鸽	*Columba rupestris*	O	R	LC	LC	–
		山斑鸠	*Streptopelia orientalis*	E	S	LC	LC	
		灰斑鸠	*Streptopelia decaocto*	W	R	LC	LC	
		欧斑鸠	*Streptopelia turtur*	O	R	VU	LC	–

（续表）

目	科	中文名	学名	分布型	居留型	IUCN	RLCB	CN
夜鹰目 CAPRIMULGI-FORMES	雨燕科 Apodidae	普通雨燕	*Apus apus*	O	S	LC	LC	–
鹃形目 CUCULIFORMES	杜鹃科 Cuculidae	大杜鹃	*Cuculus canorus*	O	S	LC	LC	–
鹤形目 GRUIFORMES	鹤科 Gruidae	灰鹤	*Grus grus*	U	P	LC	NT	Ⅱ
	秧鸡科 Rallidae	黑水鸡	*Gallinula chloropus*	O	P	LC	LC	–
		白骨顶	*Fulica atra*	O	P	LC	LC	–
鸻形目 CHARADRIIFORMES	鸻科 Charadriidae	凤头麦鸡	*Vanellus vanellus*	U	S	NT	LC	–
		金眶鸻	*Charadrius dubius*	O	S	LC	LC	–
		环颈鸻	*Charadrius alexandrinus*	O	S	LC	LC	–
	鹬科 Scolopacidae	红脚鹬	*Tringa totanus*	U	P	LC	LC	–
		矶鹬	*Actitis hypoleucos*	U	S	LC	LC	–
	鸥科 Laridae	红嘴鸥	*Chroicocephalus ridibundus*	U	P	LC	LC	–
		黄脚银鸥	*Larus cachinnans*	U	P	LC	LC	–
		普通燕鸥	*Sterna hirundo*	C	P	LC	LC	–
鹳形目 CICONIIFORMES	鹳科 Ciconiidae	黑鹳	*Ciconia nigra*	U	S	LC	VU	Ⅰ
鲣鸟目 SULIFORMES	鸬鹚科 Phalacro-coracidae	普通鸬鹚	*Phalacrocorax carbo*	O	P	LC	LC	–
鹈形目 PELECANIFORMES	鹭科 Ardeidae	苍鹭	*Ardea cinerea*	U	P	LC	LC	–
		大白鹭	*Ardea alba*	O	P	LC	LC	–

（续表）

目	科	中文名	学名	分布型	居留型	IUCN	RLCB	CN
鹰形目 ACCIPITRIFORMES	鹰科 Accipitridae	胡兀鹫	*Gypaetus barbatus*	O	R	NT	NT	I
		高山兀鹫	*Gyps himalayensis*	O	R	NT	NT	II
		秃鹫	*Aegypius monachus*	O	R	NT	NT	I
		靴隼雕	*Hieraaetus pennatus*	O	S	LC	VU	II
		草原雕	*Aquila nipalensis*	D	S	EN	VU	I
		白肩雕	*Aquila heliaca*	O	P	VU	EN	I
		金雕	*Aquila chrysaetos*	C	R	LC	VU	I
		雀鹰	*Accipiter nisus*	U	R	LC	LC	II
		苍鹰	*Accipiter gentilis*	C	W	LC	NT	II
		白尾鹞	*Circus cyaneus*	C	S	LC	NT	II
		黑鸢	*Milvus migrans*	U	S	LC	LC	II
		玉带海雕	*Haliaeetus leucory-phus*	D	P	EN	EN	I
		大鵟	*Buteo hemilasius*	D	R	LC	VU	II
		普通鵟	*Buteo japonicus*	U	W	LC	LC	II
		棕尾鵟	*Buteo rufinus*	O	S	LC	NT	II
鸮形目 STRIGIFORMES	鸱鸮科 Strigidae	雕鸮	*Bubo bubo*	U	R	LC	NT	II
		纵纹腹小鸮	*Athene noctua*	U	R	LC	LC	II
犀鸟目 BUCEROTIFORMES	戴胜科 Upupidae	戴胜	*Upupa epops*	O	S	LC	LC	—
啄木鸟目 PICIFORMES	啄木鸟科 Picidae	大斑啄木鸟	*Dendrocopos major*	U	R	LC	LC	—
		三趾啄木鸟	*Picoides tridactylus*	C	R	LC	LC	II
隼形目 FALCONIFORMES	隼科 Falconidae	红隼	*Falco tinnunculus*	O	R	LC	LC	II
		灰背隼	*Falco columbarius*	C	S	LC	NT	II
		燕隼	*Falco subbuteo*	U	S	LC	LC	II
		猎隼	*Falco cherrug*	C	R	EN	EN	I
		游隼	*Falco peregrinus*	C	W	LC	NT	II

（续表）

目	科	中文名	学名	分布型	居留型	IUCN	RLCB	CN
雀形目 PASSERIFORMES	伯劳科 Laniidae	荒漠伯劳	*Lanius isabellinus*	O	S	LC	LC	–
	鸦科 Corvidae	喜鹊	*Pica pica*	C	R	LC	LC	–
		星鸦	*Nucifraga caryocat-actes*	U	R	LC	LC	–
		红嘴山鸦	*Pyrrhocorax pyrrhocorax*	O	R	LC	LC	–
		黄嘴山鸦	*Pyrrhocorax graculus*	O	R	LC	LC	–
		寒鸦	*Coloeus monedula*	U	R	LC	LC	–
		秃鼻乌鸦	*Corvus frugilegus*	U	W	LC	LC	–
		小嘴乌鸦	*Corvus corone*	U	R	LC	LC	–
		渡鸦	*Corvus corax*	C	R	LC	LC	–
	山雀科 Paridae	煤山雀	*Periparus ater*	U	R	LC	LC	–
		褐头山雀	*Poecile montanus*	U	R	LC	LC	–
		灰蓝山雀	*Cyanistes cyanus*	U	R	LC	LC	–
		欧亚大山雀	*Parus major*	O	R	LC	-	–
	百灵科 Alaudidae	大短趾百灵	*Calandrella brachydactyla*	D	S	LC	LC	–
		亚洲短趾百灵	*Alaudala cheleensis*	D	S	LC	LC	–
		凤头百灵	*Galerida cristata*	O	S	LC	LC	–
		云雀	*Alauda arvensis*	U	S	LC	LC	Ⅱ
		角百灵	*Eremophila alpestris*	C	R	LC	LC	–

（续表）

目	科	中文名	学名	分布型	居留型	IUCN	RLCB	CN
雀形目 PASSERIFORMES	燕科 Hirundinidae	淡色崖沙燕	*Riparia diluta*	C	S	LC	LC	－
		家燕	*Hirundo rustica*	C	S	LC	LC	－
		岩燕	*Ptyonoprogne rupestris*	C	S	LC	LC	－
		白腹毛脚燕	*Delichon urbicum*	U	S	LC	LC	－
	柳莺科 Phylloscopi-dae	灰柳莺	*Phylloscopus griseolus*	P	S	LC	LC	－
		淡眉柳莺	*Phylloscopus humei*	U	S	LC	LC	－
		暗绿柳莺	*Phylloscopus trochiloides*	U	S	LC	LC	－
	长尾山雀科 Aegithalidae	花彩雀莺	*Leptopoecile sophiae*	P	R	LC	LC	－
	莺鹛科 Sylviidae	漠白喉林莺	*Sylvia minula*	O	S	LC	LC	－
		灰白喉林莺	*Sylvia communis*	O	S	LC	LC	－
	旋木雀科 Certhiidae	欧亚旋木雀	*Certhia familiaris*	C	R	LC	LC	－
	鹪鹩科 Troglodytidae	鹪鹩	*Troglodytes troglodytes*	C	R	LC	LC	－
	河乌科 Cinclidae	河乌	*Cinclus cinclus*	O	R	LC	LC	－
	椋鸟科 Sturnidae	紫翅椋鸟	*Sturnus vulgaris*	O	S	LC	LC	－
		粉红椋鸟	*Pastor roseus*	O	S	LC	LC	－
	鸫科 Turdidae	欧乌鸫	*Turdus merula*	O	R	LC	-	－
		黑喉鸫	*Turdus atrogularis*	O	W	LC	LC	－
		赤颈鸫	*Turdus ruficollis*	O	W	LC	LC	－
		槲鸫	*Turdus viscivorus*	O	R	LC	LC	－

（续表）

目	科	中文名	学名	分布型	居留型	IUCN	RLCB	CN
雀形目 PASSERIFORMES	鹟科 Musci-capidae	蓝喉歌鸲	*Luscinia svecica*	U	S	LC	LC	II
		红背红尾鸲	*Phoenicuropsis erythronotus*	D	R	LC	LC	—
		蓝头红尾鸲	*Phoenicuropsis coeruleocephala*	D	S	LC	LC	—
		赭红尾鸲	*Phoenicurus ochruros*	O	S	LC	LC	—
		红腹红尾鸲	*Phoenicurus erythrogastrus*	P	R	LC	LC	—
		黑喉石䳭	*Saxicola maurus*	O	S	NR	LC	—
		穗䳭	*Oenanthe oenanthe*	C	S	LC	LC	—
		漠䳭	*Oenanthe deserti*	D	S	LC	LC	—
		白顶䳭	*Oenanthe pleschanka*	D	S	LC	LC	—
		沙䳭	*Oenanthe isabellina*	O	S	LC	LC	—
		白背矶鸫	*Monticola saxatilis*	D	S	LC	LC	—
	戴菊科 Regulidae	戴菊	*Regulus regulus*	C	R	LC	LC	—
	岩鹨科 Prunellidae	褐岩鹨	*Prunella fulvescens*	P	R	LC	LC	—
		黑喉岩鹨	*Prunella atrogularis*	P	S	LC	LC	—
	䴓科 Sittidae	普通䴓	*Sitta europaea*	U	R	LC	LC	—
	雀科 Passeridae	家麻雀	*Passer domesticus*	O	R	LC	LC	—
		麻雀	*Passer montanus*	U	R	LC	LC	—
		石雀	*Petronia petronia*	O	R	LC	LC	—
		白斑翅雪雀	*Montifringilla nivalis*	P	R	LC	LC	—

（续表）

目	科	中文名	学名	分布型	居留型	IUCN	RLCB	CN
雀形目 PASSERIFORMES	鹡鸰科 Motacillidae	西黄鹡鸰	*Motacilla flava*	U	S	LC	-	—
		黄头鹡鸰	*Motacilla citreola*	U	S	LC	LC	—
		灰鹡鸰	*Motacilla cinerea*	O	S	LC	LC	—
		白鹡鸰	*Motacilla alba*	O	S	LC	LC	—
		林鹨	*Anthus trivialis*	U	S	LC	LC	—
		水鹨	*Anthus spinoletta*	U	S	LC	LC	—
	燕雀科 Fringillidae	林岭雀	*Leucosticte nemoricola*	P	R	LC	LC	—
		高山岭雀	*Leucosticte brandti*	P	R	LC	LC	—
		蒙古沙雀	*Rhodopechys mongolica*	U	R	LC	LC	—
		巨嘴沙雀	*Rhodospiza obsoleta*	P	R	LC	LC	—
		大朱雀	*Carpodacus rubicilla*	P	R	LC	LC	—
		普通朱雀	*Carpodacus erythrinus*	U	S	LC	LC	—
		欧金翅雀	*Chloris chloris*	C	R	LC	LC	—
		黄嘴朱顶雀	*Linaria flavirostris*	U	R	LC	LC	—
		赤胸朱顶雀	*Linaria cannabina*	O	R	LC	LC	—
		红额金翅雀	*Carduelis carduelis*	O	R	LC	LC	—
		金额丝雀	*Serinus pusillus*	O	R	LC	LC	—
	鹀科 Emberizidae	白头鹀	*Emberiza leuco-cephalos*	U	R	LC	LC	—
		灰颈鹀	*Emberiza buchanani*	D	S	LC	LC	—
		灰眉岩鹀	*Emberiza godlewskii*	O	S	LC	LC	—

（续表）

目	科	中文名	学名	分布型	居留型	IUCN	RLCB	CN
雀形目 PASSERIFORMES	鹀科 Emberizidae	戈氏岩鹀	*Emberiza godlewskii*	O	R	LC	LC	–
		三道眉草鹀	*Emberiza cioides*	M	S	LC	LC	–

注：CN– 国家重点保护野生动物、IUCN– 世界自然保护联盟濒危物种红皮书、RLCB–《中国生物多样性红色名录》(2015 年)。分布型：O– 不易归类的分布，U– 古北型，C– 全北型，P– 高地型，D– 中亚型，M– 东北型，W– 东洋型，E– 季风区型，H– 喜马拉雅 – 横断山区型；居留型：S– 夏候鸟，W– 冬候鸟，R– 留鸟，P– 旅鸟；IUCN：EN– 濒危，VU– 易危，NT– 近危，NR– 未认叮，LC– 无危；CN：Ⅰ – 国家一级重点保护野生动物，Ⅱ – 国家二级重点保护野生动物。

对所有鸟种的区系组成进行分析，其中北方型 68 种，占本地鸟类总数的 47.22%，种类最多，为该地区的主要群体，包括古北型（43 种）和全北型（25 种），说明保护区的地理位置和属性是标准的中国北方，与中国动物地理分类完全一致。大部分雁形目及少部分雀形目、隼形目、鸻形目鸟类的地理区系属于此种类型。东北型、东洋型和季风区型各 1 种，各占 0.69%。中亚型 15 种，占 10.42%，包括中亚型和地中海 – 中亚型，中亚型鸟类种类数量较多，几乎涉及每一目、绝大部分科，尤其以雀形目种类最多，说明保护区既是欧亚大陆的连接中的重要接续点，也是野生迁徙鸟类迁徙时的重要驿站，保护区的建立到执行保护政策，对这些鸟类起到很好的庇护作用。高地型鸟类 12 种，占 8.33%，说明保护区的气候是比较寒冷的，成为部分鸟类的乐园。广布型不易归类的分布型有 46 种，占 31.94%。

此结果说明该保护区的地形地貌对鸟类的影响特别明显，在动物地理中，有广泛的共性，又有其独有的特征。其一，猛禽分布的比例极高，符合鸟类能长距离迁移的特点。其二，严寒的气候造就两栖类爬行类种类和数量少，以这两类动物为取食对象的鸟类少。其三，以小型兽类、植物种子、植物果实、昆虫或以鸟类为取食对象的鸟类种类多，分布较广泛，保护区多数地方均可发现这种类型的鸟。其四，由于动物间的取食关系，部分尸体残留，有森林清道夫型鸟类来完成清理，局部的食物链完整，生态持续向好。经过设立保护区，此种情况得到进一步加强，也是保护区的工作人员所作贡献中的具体成绩。

就居留型而言，留鸟和夏候鸟的种类最多，为 59 种，占总数的 40.97%。

以隼形目、鸽形目和部分雀形目的种类为主，说明植物种类进一步丰富，以植物种子、叶芽为食的鸟类可就地生活、繁殖，不断进行世代传递，对保护区生物多样性做了各自的贡献。其中一些猛禽，随着食物情况的改变，可能会有短距离的迁移，但总的来说，留于本地生活繁殖的时间长，有些也属于本地的留鸟。夏候鸟居第二位，共 58 种，占 40.28%。这些鸟类，有迁徙的行为，每年都会沿着固定的路线往返于繁殖地与避寒地之间，夏天来到这里在此繁殖。旅鸟有 21 种，占 14.58%，这些鸟类无法在这里长期生活，基本都是迁徙路过，在此地短暂地停留。冬候鸟最少，只有 6 种，仅占 4.17%。

就鸟类迁徙而言，该保护区的鸟类是欧亚大陆混居的鸟类，体现了该保护区在欧亚分布鸟类的交流中，起到了不可替代的作用，也是设立保护区后，该种鸟类分布的特征才凸显出来。

由于整个天山的强烈隆起，使托木尔峰地区出现了巨大的高差，不同的海拔高度有着不同的生境，在不同生境下，昆虫具有不同的适应性。

前山昆虫的适应能力较强，一般生活在海拔 2 500 m 以下的前山地带的昆虫，由于生境复杂，其适应性主要有以下三类。

1. 御敌适应

生活在草原及部分森林内的昆虫为主，由于气候较为适宜，食物也较为充足，其生活中的主要矛盾是天敌的侵害。自然界中互相竞争在这里表现得十分突出，小昆虫受到大中型昆虫的攻击，大型动物如鸟和捕食昆虫的动物攻击大中型昆虫，而昆虫也可以通过种种方式危害大型动物，如寄生、传病等。它们之间互相制约、互相渗透。这种互相竞争似乎是消极的表现，但是它能促使昆虫在进化道路上不断分化发展，昆虫产生各种变异，以多种方式解决生存和天敌的矛盾，使自身防御天敌的特征更加完善多样，所以在某种意义上这是一种进化的动力。许多抵御天敌的性状被自然所选择，如各种拟态、怪形、保护色、警戒色及假死等。

例如，危害小蓟的薄荷龟甲（*Cassida murrae* L.）和密点龟甲东方亚种（*Cassida rubiginosa rugosopunciala* Motsch）其体色与寄主呈完全一样的绿色，如不细心观察，确实难以发现。草地上一种芫菁具有明显的假死性。在蝗虫或甲虫上的拟色、迷形色等例子则更多。

2. 荒漠适应

天山山脉地处内陆中亚地带，自然景观具有典型的荒漠特点，如干旱、风大、土壤瘠薄、植被稀疏、日照强烈、日温差及年温差较大等，这些特点促使生活在荒漠上的昆虫荒漠化。这种现象在托木尔峰的南坡更为突出，南木扎尔特的昆虫比琼台兰河谷更加典型，荒漠的昆虫区系十分贫乏，一般以双翅目、鞘翅目居多，直翅目和膜翅目次之。不同类群的昆虫以不同的方式适应于荒漠的生活条件。

陈世骏、王书永（1962）在分析叶甲荒漠适应中，提出栖息习性、拟色现象和表毛变化等，其中不少现象带有普遍意义。生活在荒漠中的昆虫，其土栖、沙栖、石栖的种类显著增加。在体色上变化很大，有的颜色明显，可以警戒天敌；有的则是拟色，有背景和迷形色之分，这些拟色也是抵御天敌的表现，例如荒漠中的一些甲壳虫。

3. 高山昆虫的适应

生活在 2 500 m 以上亚高山和高山的昆虫，更突出的问题是恶劣气候的侵袭，所以昆虫的生存繁殖与严酷的气候间的对立，是高山昆虫生活中的主要矛盾。虽然也有天敌的存在，但互相间的竞争只是一个侧面。高山昆虫所面临的低温风大、气压低、紫外线强成了高山昆虫的主要"敌人"。在严酷的高山条件下，一部分昆虫由于不适应而被淘汰，一部分昆虫则以特殊的应异适应于环境，占领高山，因此高山昆虫的适应性主要是沿着防御恶劣气候的方向进化发展。托木尔峰高山昆虫的适应性主要有以几个方面。

① 体色。高山昆虫多为深褐色或黑色，如萤叶甲、步甲以及一些瓢虫等为黑褐色，托木尔峰高海拔上的一些蝶、蛾、蝗虫的体色，比山下的种类深浓。

② 体型。由于适应高山空气稀薄的缘故，一般高山昆虫的体型趋于缩小，无论是蝶类或蛾类，还是甲虫，其体型随着海拔的增高而递减。在托木尔峰高山采到的几种蛾类体型较小，生活在西琼台兰冰川旁 3 900～4 100 m 高山地上的一种螟蛾翅展仅 1.7cm。任树芝等分析半翅目的高寒小长蝽（*groenlandicus*）山地种，在托木尔峰的不同垂直分布上，体型有些差异，2 200～3 000 m 的个体体型正常，比较狭长，翅缩短的个体很少，3 000～4 100 m 的个体体型变小，翅缩短的趋势显著。

③ 毛被。高山昆虫由于种类不同，生活差异很大，其体被物也不尽相同，一些地下生活的种类毛被更为简单而稀疏，但生活在地表以上的昆虫，在寒冷气候的选择下，其有多毛的特点，如一些绢蝶和蛾类等。

④ 习性。由于高山气温低，所以地栖性昆虫、石栖性昆虫占优势，如步甲，

伪步甲、象虫、瓢虫以及一些叶甲等，不仅数量多而且种类也较为复杂。除此之外，还有适应于寒冷的生理反应，生活在北坡高山上的一种绢蝶，由于夜间受到寒冷的侵袭，双翅挂满冰水，体躯僵然不动，此时由于特殊的生理适应，仍可以维持生命，当经阳光照射后，虫体便复苏，并可恢复正常的飞翔活动。再者高山昆虫当受到大风或低温的侵袭，可集群于沟谷间或石头下，这也是一种高山昆虫习性上的适应。

⑤ 翅的变化。高山昆虫翅的发展并不平衡，飞翔能力也不一样。某些种类的飞翔能力仍然很强，如双翅目和膜翅目昆虫以及一些绢蝶、粉蝶等，但绝大部分的高山昆虫翅趋于退化，飞行等运动能力降低，觅食范围缩小，移动距离小，这是适应于高山缺氧、低温、风大、气压低的结果。生活在高山上的甲虫，很多种类不能飞翔，南坡高山带上的高山窝翅叶甲（*Oreomela foveipennis* Chen et Wang）是一个典型的高山种，其后翅完全退化，鞘翅成为一个硬壳，适于石下活动。

以上各特点是托木尔峰昆虫适应性的种种表现，这是昆虫在中亚山地上进化的结果。昆虫具有强大的生命力，有着无穷无尽的变异潜能，为自然选择提供可靠的物质基础。在长期悄然的选择下，托木尔峰昆虫在各种生态环境下，使其各种适应的表现更加典型、完善。

昆虫的区系分布包括种类、数量、季节分布对采食昆虫的鸟类有直接的影响。在托木尔峰地区昆虫因植物种类丰富而相当多，分属于 22 个目，其中双翅目最多，其次有膜翅目、鞘翅目，再次为鳞翅目、半翅目、同翅目、直翅目，其他各目如弹尾目、缨尾目、蜉蝣目、蜻蜓目、襀翅目，螳螂目、蜚蠊目、革翅目、啮虫目、缨翅目、脉翅目、毛翅目、食毛目、虱目、蚤目等，也占有一定数量，还有不少寄生在野生动物上的蝉蛾目，共计 23 个目。有直翅目 2 科 10～13 种（包括 1 新种），半翅目 7 科 23 属 25 种（包括 1 新种），同翅目 8 科 19 属 22 种，鞘翅目 15 科 37 属 46 种，鳞翅目 19 科 77 属 97 种，双翅目 4 科 36 属 68 种，蚤目 5 科 15 属 24 种，膜翅目 13 科 60 属 23 种。

托木尔峰地区的昆虫种类很多，根据现有资料及其地理分布，分析区系的从属关系，大致可以划分为以下几种。

（1）古北种。主要或完全分布于古北区的种类。这是托木尔峰地区昆虫区系的主要成分。

（2）东洋种。主要或完全分布于东洋区的种类。在托木尔峰地区仅个别种类侵入。

（3）广布种。分布范围跨古北区和东洋区，或广布世界。

（4）特有种。分布区比较狭窄，并且仅限于本地域，所有新的属种均为本地的特有成分。如果深入调查这些属种可能有一部分在其他地域出现，然而根据目前知识，那些新属、新种只能列为该地的特有成分。

（5）高山种。主要分布在亚高山和高山带，在托木尔峰地区多聚集在亚高山草甸带以上的山地。

整个托木尔峰地区的昆虫区系，古北区占绝对优势，南坡可能由于气候更加干热，其古北区成分更多。在古北种中，有不少种类属于中亚成分，蝗虫属古北区的 11 种，其中有 4 种是中亚种，占 36.36% 之多，熊蜂和蜜蜂的中亚种占 50% 或更多。广布种北坡稍多于南坡，而南北坡共有的种类中，广布种最多，达 18.18%。特有种不多，共计只有 45 种，仅占总数 11.03%。典型的高山种也比较少，但北坡的高山种稍多于南坡。南北坡总和有 6 个高山种，占 2.70%。由此可见，托木尔峰的昆虫区系属于比较古老的昆虫区系。可能是造山运动产生的相对于我国北方的独特体系。

托木尔峰山地坐落在北纬 40° 以北的地理位置，为内陆地带，受大陆性气候所控制，其垂直景观属于中亚大陆内部山地的垂直自然带，和东亚太平洋沿岸季风区的山地垂直景观有着本质不同。

托木尔峰北坡的垂直带谱比较完整、典型，南坡由于干旱，所以垂直带谱较为破碎，不甚典型，有时难以划分。在我们的活动范围内，北坡垂直带谱可分为四个带，即草原草甸带、森林草原带、亚高山草甸带和高山带；南坡垂直带谱仅有三个带，即荒漠草原带、草原森林带和高山草甸带。南坡的每带一般稍高于北坡。南坡温宿县的琼台兰河谷，由于受到较多湿润空气的影响，植被丰富。

① 荒漠草原带。海拔 2 400 m 以下的山地，琼台兰河谷较为潮湿，但木扎尔特河谷却由于干旱而风化严重，本带可伸达 2 500 m 以上的高度。荒漠草原带的植被，主要为合头草、猪毛菜、琵琶柴、木紫苑、驼绒蒿、新王、盐爪爪、伏地肤、勃氏麻黄、无叶假木贼、多种针茅和蒿属植物，在 2 200 m 上下的一些洪（冲）积扇上发育着很好的牧草。在这样的生境下，昆虫区系具有典型的荒漠性质，主要为有害杂草、旱生小灌木和寄居荒漠的一些类群。

② 草原森林带。海拔 2 400～3 200 m 的山地。本分布带在琼台兰河谷朝东坡，留有很好的森林植被，如雪岭云杉林，但在木扎尔特河谷，由于强度旱化，

仅部分阴坡留有零星森林，阳坡的广阔地域仍被草原所占据。森林以云杉林为主，杨柳、桦、忍冬等乔灌木次之。阴湿之处长有苔藓类。干旱地段则发育有锦鸡儿、小檗。驼绒蒿和冷蒿之类，再就是由针茅、羊茅、燕麦、异燕麦、银穗草、报春、马先蒿、老鹳草、虎耳草、青兰等组成的林间阳坡草甸或草原。昆虫相较复杂。在草地上仍以直翅目的蝗虫居多，如新西伯利亚蝗（*GomphoceTUS sibiricusturkesta-ntsis* Mistch）和异色雏蝗（*Chorthippus bigultulus* L.），同翅目有条纹二室叶蝉（*Balelulha tiaowena* Kuoh）、六点叶蝉（*Atacrosteles sexnotatus* Fallen）、暗盾沙叶蝉（*Psemmoiettix andunns* Kuoh）、托峰柳毛（*Chaitophorus tumurensis* Zhang）、柳高蛛（*Elalobium sallcifoliae* Zhang）、托峰半蚜（*Semiaphis tumurensis* Zhang）、鳞翅目有黑杨柳小卷蛾 [*LGypsonoma opjiressana*（*Treitsch-ka*）]、螟蛾科的榄绿草螟 [*Crambus monochromellus*（*Herricli-Schaffer*）] 和白眉草蚊（*Agriphila aeneocilicilla* Eversmann），警纹地夜蛾（*Arotis exclamaiionis* L.）、邻灰夜蛾（*Polia proximo* Hubner）、铅色狼夜蛾（*Ochropleura plumbea Alpheraky*）、刀夜蛾（*Simyra nervosa Fabricius*）、豹灯蛾（*Arcliacaja Linnaeus*），锤角亚目的中亚丽绢蝶（*Bitactius Eversmann*）和中亚绢怜蝶（*Aporla leucodice Eversmann*），双翅目有毒蛾迫寄蝇（*xorisla larvarum Linnaeus*）、嗜花截尾蝇（*NcrnoTilla floralis* Fallen）、土瘤虻 [*Hybomitra Mestann*（*Szilady*）]、短翅欧麻蝇（*leleroriychia brachystylala* Chao et Zhang），膜翅目有黄胡（*Vespula vulgaris* L.）、坚地蜂、红足壁蜂、红足戎蜂等。

③ 高山草甸带。海拔 3 200 m 以上直到雪线，植被与北坡同纬度相似，但更为单纯贫乏，一般分布也较高，并且有高山类群出现，如高山莓、红景天、大黄、虎耳草，金莲花、岩菊、报春花、肾叶山蓼、假耧斗菜等，在较高的山坡上还有一些壳状地衣，垫状植物和稀疏矮小禾本科杂草，在这样景观下，昆虫区系非常贫乏，代表类群有半翅目的高寒小长蝽（*JVysiws groenlandicus Zetterstedt*），鞘翅目的高山窝翅叶甲（*Oreomela foveipennis* Chan et Wang）。后者为当地的特有成分，属于小型的叶甲虫，体长仅 4 mm，古铜色，后翅退化，是典型的高山种。陈世骏和王书永（1962）在分析新疆叶甲的分布概况与荒漠适应时指出，这个属为中亚地区最具代表性的高山叶甲，已知三十多种都是高山草甸（包括亚高山草甸）的典型种类，还有鳞翅目的百脉根麦蛾（*Telpltusa dislinctella* Zeller）、精小灯蛾 [*Micraclia glaphyre*（*Eversmann*）]，蝶类的中亚丽绢蝶 [*Paractius*（*Eversmann*）]、浅橙豆粉蝶（*Colias staudingeri Alpheraky*），连珠黯眼蝶（*Ercbia meta molanops* Christoph)、小豹蛱蝶（ *Holoria pales* Denis & Schiffermuller ），口斑莎眼蝶［ *Coenonyiupha sunbccca* (*Eversmann*)］，双翅目的天山瘤虻［ *Hybomitra hunnorum* (*Szilady*)］，膜翅目的北方花条蜂（ *Anthophora arctic* ）等。其中有一些如天山瘤虻、中亚丽绢蝶、浅橙豆粉蝶（ *Colias staudingeri Alpheraky* ）等，是在南北坡都有分布的种类。

昆虫的分布由植物种类和分布情况决定，但它的分布吸引着食虫的鸟类，也一定程度影响保护区鸟类的分布情况。

（四）兽类

本次调查共记录到的兽类6目16科36种（详见表4），其中，国家Ⅰ级重点保护物种1种，即雪豹（ *Panthera uncia* ），Ⅱ级保护物种10种，有狼（ *Canis lupus* ）、赤狐（ *Vulpes vulpes* ）、棕熊（ *Ursus arctos* ）、石貂（ *Martes foina* ）、野猫（ *Felis silvestris* ）、兔狲（ *Felis manul* ）、猞猁（ *Lynx lynx* ）、马鹿（ *Cervus elaphus* ）、北山羊（ *Capra ibex* ）和盘羊（ *Ovis ammon* ），受国家重点保护的兽类约占本地兽类总数的29.7%。有1种哺乳类（雪豹 *Panthera uncia* ）被世界自然保护联盟列入濒危物种红色名录，濒危级别为濒危。被《中国生物多样性红色名录》列入濒危（EN）物种的有石貂、白鼬（ *Mustela erminea* ）、野猫、兔狲、猞猁、雪豹、马鹿和盘羊8种，易危（VU）物种的有狼、棕熊和艾鼬；8种哺乳类被列入濒危动植物种国际贸易公约附录Ⅰ、Ⅱ、Ⅲ保护物种，其中附录Ⅰ有2种，即雪豹和棕熊，附录Ⅱ有3种，有狼、猞猁和兔狲，附录Ⅲ有2种，包括石貂和香鼬。

表4　新疆托木尔峰国家级自然保护区哺乳类动物名录

目	科	中文名	学名	分布型	CN	IU CN	RL CB
劳亚食虫目 EULIPOTYPHLA	猬科 Erinaceidae	大耳猬	*Hemiechinus auritus*	D		LC	LC
	鼩鼱科 Soricidae	普通鼩鼱	*Sorex araneus*	U		LC	LC
翼手目 CHIROPTERA	蝙蝠科 Vespertilionidae	大耳蝠	*Plecotus auritus*	H		LC	LC

（续表）

目	科	中文名	学名	分布型	CN	IUCN	RLCB
食肉目 CARNIVORA	犬科 Canidae	狼	*Canis lupus*	C	II	LC	VU
		赤狐	*Vulpes vulpes*	C	II	LC	NT
	熊科 Ursidae	棕熊	*Ursus arctos*	C	II	LC	VU
	鼬科 Mustelidae	石貂	*Martes foina*	U	II	LC	EN
		香鼬	*Mustela altaica*	O		NT	NT
		白鼬	*Mustela erminea*	C		LC	EN
		艾鼬	*Mustela eversmanii*	U		LC	VU
		亚洲狗獾	*Meles leucurus*	U		LC	NT
	猫科 Felidae	野猫	*Felis silvestris*	O	II	LC	EN
		兔狲	*Otocolobus manul*	D	II	NT	EN
		猞猁	*Lynx lynx*	C	II	LC	EN
		雪豹	*Panthera uncia*	P	I	EN	EN
偶蹄目 ARTIODACTYLA	猪科 Suidae	野猪	*Sus scrofa*	U		LC	LC
	鹿科 Cerividae	马鹿	*Cervus yarkandensis*	C	II	LC	EN
		狍	*Capreolus pygargus*	U		LC	NT
	牛科 Bovidae	北山羊	*Capra sibirica*	P	II	LC	NT
		盘羊	*Ovis ammon*	P	II	LC	EN
啮齿目 RODENTIA	松鼠科 Sciuridae	松鼠	*Sciurus vulgaris*	U		LC	NT
		长尾黄鼠	*Spermophilus parryii*	M		LC	LC
		天山黄鼠	*Spermophilus relictus*	D		LC	LC
		灰旱獭	*Marmota baibacina*	D		LC	LC

（续表）

目	科	中文名	学名	分布型	CN	IUCN	RLCB
啮齿目 RODENTIA	仓鼠科 Cricetidae	灰仓鼠	*Cricetulus migratorius*	D		LC	LC
		普通田鼠	*Microtus arvalis*	U		LC	LC
		鼹形田鼠	*Ellobius talpinus*	D		LC	LC
		狭颅田鼠	*Microtus gregalis*	U		LC	LC
		天山䶄	*Clethrionomys frater*	D		LC	LC
		灰棕背䶄	*Myodes centralis*	D		LC	LC
		银色高山䶄	*Alticola argentatus*	P		LC	DD
	鼠科 Muridae	小林姬鼠	*Apodemus sylvaticus*	U		LC	LC
		小家鼠	*Mus musculus*	U		LC	LC
	睡鼠科 Gliridae	林睡鼠	*Dryomys nitedula*	U		LC	NT
兔形目 LAGOMORPHA	鼠兔科 Ochotonidae	大耳鼠兔	*Ochotona macrotis*	P		LC	LC
	兔科 Leporidae	中亚兔	*Lepus tibetanus*	O		LC	LC

注：CN–国家重点保护野生动物、IUCN–世界自然保护联盟濒危物种红皮书、RLCB–《中国生物多样性红色名录》（2015年）。分布型：O–不易归类的分布，U–古北型，C–全北型，P–高地型，D–中亚型，M–东北型，W–东洋型，E–季风区型，H–喜马拉雅–横断山区型。IUCN：EN–濒危，VU–易危，NT–近危，NR–未认可，LC–无危；CN：Ⅰ.国家一级重点保护野生动物，Ⅱ.国家二级重点保护野生动物。

　　本地区兽类区系以古北界成分占绝对优势，有32种，占88.9%，与该保护区所处地理位置相符合，也证实该地区是天山山脉连接欧亚大陆的动物通道，由于山脉的阻隔，限制了更多动物迁徙到此地或迁徙时路过此地。不易归类的分布型有3种，占8.3%，仅有1种喜马拉雅–横断山山区型。缺乏东洋界种类，仍然是山系隔绝的因素。古北界兽类由古北型、中亚型、全北型、高地型、旧大陆温带型及东北型组成。其中，古北型 13 种，包括大耳鼠兔、普通鼩鼱、石貂、艾鼬、亚洲狗獾、野猪、狍、松鼠、普通田鼠、狭颅田鼠、小林姬鼠、小家鼠和林睡鼠，分布区环绕北半球北部，横贯欧亚大陆寒温带，通过我国北部。中亚型 8 种，包括大耳猬、兔狲、天山黄鼠、灰旱獭、灰仓鼠、鼹形田鼠、天山䶄和灰棕背䶄，分布于欧亚大陆的中心部分。全北型 6 种，分别为狼、赤狐、棕熊、白鼬、猞猁和马鹿，分布区包括北半球北部和北美地区，属全北界成分，反映我国北方动物区系与环球寒温带 – 极地间的关系。高地型 5 种，分别为雪豹、盘羊、北山羊、银色高山䶄和大耳鼠兔，限于或主要分布于青藏高原，北起昆仑山脉、祁连山脉，南至横断山脉北部和喜马拉雅的高山带，有些种类的分布区扩展至帕米尔、天山和云贵高原等地，属于耐高寒的种类，其中雪豹是青藏高原及其附近山地的高山高原代表动物，保护区及周边区域有较大数量的分布（马鸣，2006）。东北型 1 种，即长尾黄鼠，它是东西伯利亚森林带南缘林缘草地的代表动物，其天山亚种在此有分布，证明兽类分布于欧亚间的连续性。不易归类的分布型有香鼬等，分布在我国的北部和西部及国境外邻近地区，据资料记载，它主要分布在青藏高原周边山区、东北地区和天山，分布不相连续，在华北区也有较宽的记录贫乏带。中亚兔广泛分布于非洲地中海地区、欧洲和中亚，在我国北方十分常见。

　　总体来看，保护区野生陆生脊椎动物的生物多样性相对丰富，保持的物种种类还是非常可观的，符合典型的中国北方动物地理分布特征。设立保护区后，经过工作人员的艰辛努力、认真负责的工作，继续保持了脊椎动物的生物多样性，特别是国家四种一级保护动物的数量正在稳步上升。雪豹的主要食物北山羊数量在增长，雪豹可见率明显增加，甚至有雪豹下山盗猎家养羊只现象。

　　造山运动带来的地貌发生变化，山峰与河谷落差较大，影响植物分布，垂直分布明显。甚至在不同山沟间植物分布略有差异，进而决定兽类分布的种类和数量差异。大库子巴依的山沟有棕熊出没，而其他山沟无棕熊，这种现象就是山沟间植物差异分布带来野生动物分布差异。

五、珍稀濒危野生动物

　　珍稀濒危物种是从生物多样性保护角度，表明生存状况受到威胁，极需要加以重点保护的野生动物，根据中国野生动物保护法确定的国家重点保护野生动物和世界自然保护联盟（IUCN）濒危物种红色目录，在托木尔峰国家级自然保护区分布有国家重点保护野生动物 41 种，占该地野生脊椎动物的 22.4%。包括国家Ⅰ级保护动物 9 种、国家Ⅱ级保护动物 32 种；列入世界自然保护联盟（IUCN）濒危物种红色目录 6 种，被《中国生物多样性红色名录》列入濒危物种的有 19 种。

其中属国家Ⅰ级重点保护动物为：雪豹（*Panthera uncia*）、黑鹳（*Ciconia nigra*）、胡兀鹫（*Gypaetus barbatus*）、秃鹫（*Aegypius monachus*）、草原雕（*Aquila nipalensis*）、白肩雕（*Aquila heliaca*）、金雕（*Aquila chrysaetos*）、玉带海雕（*Haliaeetus leucoryphus*）、猎隼（*Falco cherrug*）等 9 种。

属国家Ⅱ级重点保护动物的有暗腹雪鸡（*Tetraogallus himalayensis*）、黑颈鸊鷉（*Podiceps nigricollis*）、灰鹤（*Grus grus*）、高山兀鹫（*Gyps himalayensis*）、靴隼雕（*Hieraaetus pennatus*）、雀鹰（*Accipiter nisus*）、苍鹰（*Accipiter gentilis*）、白尾鹞（*Circus cyaneus*）、黑鸢（*Milvus migrans*）、大鵟（*Buteo hemilasius*）、普通鵟（*Buteo japonicus*）、棕尾鵟（*Buteo rufinus*）、雕鸮（*Bubo bubo*）、纵纹腹小鸮（*Athene noctua*）、三趾啄木鸟（*Picoides tridactylus*）、红隼（*Falco tinnunculus*）、灰背隼（*Falco columbarius*）、燕隼（*Falco subbuteo*）、游隼（*Falco peregrinus*）、云雀（*Alauda arvensis*）、蓝喉歌鸲（*Luscinia svecica*）、狼（*Canis lupus*）、赤狐（*Vulpes vulpes*）、棕熊（*Ursus arctos*）、石貂（*Martes foina*）、野猫（*Felis silvestris*）、兔狲（*Felis manul*）、猞猁（*Lynx lynx*）、马鹿（*Cervus elaphus*）、北山羊（*Capra ibex*）、盘羊（*Ovis ammon*）和东方蝰（*Vipera renardi*）等 32 种。

托木尔峰国家级自然保护区有 4 种野生动物（雪豹、玉带海雕、猎隼和草原雕）被世界自然保护联盟（IUCN）列入濒危物种红色名录，濒危级别为濒危（EN）物种。另有欧斑鸠（*Streptopelia turtur*）和白肩雕的濒危级别为易危（VU）。被《中国生物多样性红色名录》列入濒危（EN）物种的有石貂、白鼬（*Mustela erminea*）、野猫、兔狲、猞猁、雪豹、马鹿、盘羊、玉带海雕、猎隼和白肩雕共计 11 种，易危（VU）物种有狼、棕熊、艾鼬、草原雕、金雕、黑鹳、大鵟和靴隼雕 8 种。

濒危物种红色名录中的雪豹、玉带海雕、猎隼和草原雕，在保护区有一席生存之地，体现了动物分布的适应性，也是保护区开展工作以来获得的成果，这种保护后的成绩是值得表扬的。

Chapter 6

第六章

主要脊椎动物简介

一、脊椎动物调查统计结果

从表 5 中统计结果可以看出，保护区是积温较低的地区，且山体坡度大，山梁与山沟的落差大，这种地貌使得两栖类、爬行类在此处生活的难度高，能适应本区生活的种类少。因此，这两类动物的分布数量极少，这也符合野生分布的特征。鸟类是占比最高的脊椎动物类群，能够说明鸟类的适应能力超强。其优势在于，① 恒定体温。② 取食保护区植物叶、种子、嫩芽、花朵和昆虫，食物丰富且广泛。③ 食物短缺季节，可以快速寻找到食物以渡过难关。④ 保护区环境方便筑巢或寻找自然巢穴进行繁殖。有些甚至是留鸟。猛禽所占比例高，说明保护区保护效果良好，可提供的动物性食物丰富。兽类也有一定的比例，说明气候、气温、地势地貌对其有影响，特别是较高的山梁限制了小型动物向周边类似环境的扩散。水流对山体侵蚀造成巨大的沟壑和河床较宽的河流也一定程度限制了小型动物向周边类似环境的扩散。与周边荒漠地带比，啮齿动物种类和数量明显少。

这次调查中，用红外相机拍摄到了棕熊，出现在不同的红外相机拍到照片中，但只在大库子巴依，说明保护区的各地环境有差异，只有部分区域有棕熊的食物。拍到雪豹和北山羊的概率增加，说明这两个物种的数量比保护前增加了，甚至具有独行习性的雪豹出现同框 2 只或 3 只，说明其繁殖能力提高，种群数量明显得到增加，分布面积明显增大，可拍到或见到的概率增大，这种情况有利于提高该保护区这两个物种的数量和质量，可能成为该两个物种的最良好的种质基因库。

表 5　托木尔峰自然保护区陆生野生脊椎动物统计

门类	目数	科数	种数	百分比（%）
两栖类	1	1	1	0.5
爬行类	1	1	2	1.1
鸟类	17	40	144	78.7
兽类	6	16	36	19.7
合计	25	58	183	100

二、两栖类爬行类

（一）阿拉善蝮蛇（*Agkistrodon halys*）

阿拉善蝮蛇，简称阿拉善蝮，别名七寸子。爬行纲、蝰科、蝮亚科，蝮亚科是成员繁多的蛇科，有神秘莫测的巨蝮属、诡异狠毒的响尾蛇属、狰狞凶险的矛

图1A　阿拉善蝮蛇外形

头蝮属、华丽优雅的竹叶青属、妖娆美艳的棕榈蝮属、美轮美奂的铠甲蝮属、外表独特的尖吻蝮属、小巧玲珑的亚洲蝮属等。蝮蛇体长 60～70cm，头略呈三角形，颈部明显，背面交错排列着黑褐色的圆形斑或呈波状的横斑。腹部灰黑色，有许多不规则的黑白小点。眼后有明显的黑色条斑，其上常镶有黄白色细条纹。体色变化大，头体背部由灰褐色而至土红色，头部在眼后到口角有黑色带，其上喙有一黄白色细纹；体背交互排列有黑褐圆斑。腹面灰白到灰黑褐色，有不规则黑点。尾尖黑色。

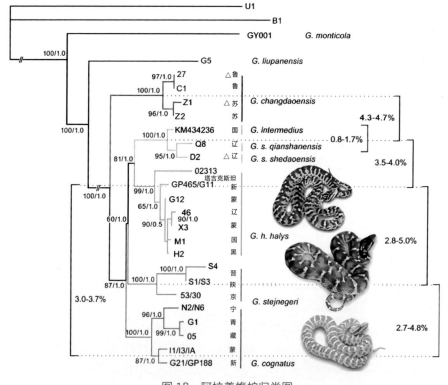

图1B 阿拉善蝮蛇归类图

生活于平原或丘陵地区，黄昏时出来活动，以捕杀蛙类、鱼类、鸟类、蜥蜴类及小型鼠类为食。蝮蛇的颊窝是"红外线探测器"，可以在黑暗中探测到小哺乳动物或小鸟因体温而发出的红外线，从而可以准确地捕捉猎物。

卵胎生，8—9月产2～10条。在新疆主要分布在天山、阿尔泰山和准噶尔西部界山山地。

（二）塔里木蟾蜍（*Bufo cryptotympanicus*）

塔里木蟾蜍，动物界脊索动物门脊椎动物亚门两栖纲滑体亚纲无尾目蟾蜍科，头部鼓膜显著呈椭圆形，雄性有声囊，雄性头后及体背面布满大小疣粒，其上密布小白刺。体侧、腹面及股基部具大疣粒。腹面布满扁平疣粒。指、趾宽扁，第四指长约为第三指的3/4，趾关节下瘤单列。后肢贴体前伸时胫跗关节达肩部或肩后，左右跟部相遇。雄性背面橄榄色、浅绿色或灰棕色。雌性背面浅绿色或灰棕色，布满墨绿色或棕黑色圆形或长形斑。腹面乳白色。该蟾生活在海拔1 000～1 500 m荒漠地区的绿洲。

在农田、水池、水坑和住宅及其附近，乃至沙漠边缘都有它们活动踪迹，耐旱力较强。成蟾白天多隐藏于泥洞内、石块下或草丛中，黄昏时出来活动。在5月底可同时见到卵带、各期蝌蚪、完成变态的幼蟾和正在抱对产卵的成蟾等情况分析，该蟾的产卵季节可能在4—6月。卵和蝌蚪在水坑、水池和稻田等静水域内发育、生长，幼蟾上岸营陆栖生活。该种广泛分布于全疆，种群数量多，是我国新疆干旱地区特有物种之一，是新疆广布两栖物种。

图2　塔里木蟾蜍外形

三、鸟类

（一）胡兀鹫（*Gypaetus barbatus*）

胡兀鹫，又名大胡子雕、胡子雕、髭兀鹫、胡秃鹫，雄鸟体长 95 ～ 125 cm，雌鸟体长 100 ～ 130 cm，一般雌鸟略大于雄鸟，远距离肉眼不易从体型上区分。翼展 235 ～ 280 cm，体重 3.5 ～ 5.6 kg。

全身羽色大致为黑褐色，头顶具淡灰褐色或白色绒状羽，或多或少缀有一些黑色斑点，头的两侧亦多为白色，脸前面被有黑色刚毛，仿佛"爆炸头"，头部有一条宽阔的黑纹经过眼向下到颏，与颏部长而硬的黑毛形成的"胡须"融为一体（最显著的鉴定特征）。有黑色贯眼纹，向前延伸与颏部的须状羽相连。因吊在嘴下的黑色胡须而得名（最显著的鉴定性特征）。头黄白色。眼先和嘴基亦被有黑色刚毛，蜡膜刚毛基部白色。枕部、颈、胸和上腹红褐色，头后和前胸上有黑色斑点。上背、短的肩羽和内侧覆羽暗褐色，具皮黄色或白色羽轴纹，其余上

图 3-A　胡兀鹫幼鸟头部

图 3-B　胡兀鹫成年鸟头部

图 3-C　胡兀鹫成年鸟头部特写

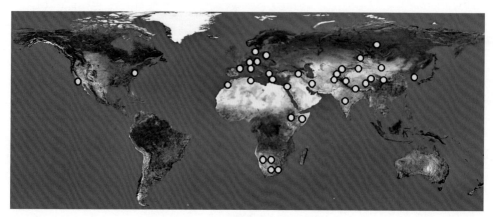

图 3-D　胡兀鹫的全球分布图

体黑灰色或黑褐色，具白色羽轴纹。楔形的长尾，毛色暗褐色或灰褐色。下体皮橙黄色到黄褐色，胸部橙黄色尤为鲜亮，有时下体为白色或乳白色，但明显地缀有棕色或红褐色，跗跖被羽到趾或几乎到趾。飞行时两翼尖而直，尾呈楔形。

幼鸟主要为暗褐色，上体具淡色羽轴纹，头颈多为黑色，颏部有黑色"胡须"。通常成长到 4～5 年时就具有几乎和成鸟一样的羽毛，而在此之前下体逐年变淡，但直到变为成鸟，前侧下体一直没有棕色着染。虹膜淡色到血红色（外圈巩膜血红色），嘴角褐色，尖端黑色，脚铅灰色。

胡兀鹫头和颈都不像秃鹫、兀鹫那样裸露（鉴定性特征），而具有锈白色的完整羽毛，眼睛周围有一圈又黑又长的眉状斑纹——黑色贯眼纹，向前延伸与颏部的须状羽相连好像戴了一副眼镜。羽毛非常与众不同，胡兀鹫老鸟的羽毛，白色的部分会变成铁锈色，这是因为在高海拔地区的许多岩石为富含氧化铁的石英石，胡兀鹫常于潮湿的天气中，在氧化铁剥蚀的地方筑巢繁殖，所以下体的羽毛就被其污染了。

胡兀鹫性孤独，常单独活动。常在山顶或山坡上空缓慢地飞行和翱翔，头向下低垂，并不断左右晃动，眼紧盯着地面，觅找动物尸体，特别是其他食肉动物放弃的动物尸体。在非繁殖季节，胡兀鹫大多与兀鹫结群活动，但要比兀鹫机警得多。它们发现尸体后，先是翱翔观察情况，并不立即上前，然后落在 50 m 以外的地方进行窥测，确认没有危险后，才一齐拥上聚餐，聚集的胡兀鹫较多时，在几十分钟内将一具庞大的动物尸体吃得只剩骨扔在草地上。有时它们发现地面上有病残体弱的旱獭、牛、羊等动物，也会一改常态，颈羽耸起，从高空夹带着呼啸的风声直接扑向目标，速度较快，就像一枚"空对地"导弹。对于鼠、鼠兔和小鸟等小型动物，它们往往是尸体全体直接吞食。喜栖息于开阔地区，也喜欢在高山、河流峡谷和悬崖等处栖息。主要栖息在海拔 500 ～ 6 000 m 的森林、山地裸岩、高寒草甸、干草原、荒漠等地区。它们的巢大多位于悬崖浅岩洞或壁龛中，以细枝堆成的平台，呈浅盘状，里面衬草和毛发、毛皮等。常在空中长时间的滑翔和盘旋，搜寻动物尸骸。取食动物尸体上的腐肉，也会把长骨从高空抛向岩石，把碎骨吞下。亚成鸟通体为深色，要 5 年才能完全成熟。较为广泛地分布于亚洲、欧洲和非洲。该保护区较常见。

（二）秃鹫（*Aegypius monachus*）

秃鹫，是高原上体格最大的猛禽，体重 5.5 ～ 10 kg，体长 108 ～ 120 cm，展翅膀后翼展有 2 m 多长，0.6 m 宽，大者翼展长可达 3 m 以上。通体黑褐色，头裸出，成年秃鹫额至后枕被有暗褐色绒羽，头后侧较长而致密，羽色亦较淡，仅被有短的黑褐色绒羽，后颈完全裸出无羽（是鉴定显著特征之一），颈基部被有长的黑色或淡褐白色羽簇形成的皱翎。头侧、颊、耳区具稀疏的黑褐色毛状短羽，眼先被有黑褐色纤羽，后颈上部赤裸无羽，铅蓝色，颈基部具长的淡褐色至暗褐色羽簇形成的皱翎，有的皱翎缀有白色。裸露的头能方便伸进尸体的腹腔而避免污染羽毛。秃鹫脖子的基部长了一圈比较长的羽毛，可以防止食尸时弄脏身上其他部位的羽毛。上体自背至尾上覆羽暗褐色，尾略呈楔形，毛色羽面暗褐色，羽轴黑色，初级飞羽黑褐色，具金属光泽，翅上覆羽和其余飞羽暗褐色。下体暗褐色，前胸密被以黑褐色毛状绒羽，两侧各具一束蓬松的矛状长羽，腹缀有淡色纵纹，肛周及尾下覆羽淡灰褐色或褐白色，覆腿羽暗褐色至黑褐色。喙强大，由于食尸的需要，喙带钩锋利有力，可以轻而易举地啄破和撕开坚韧的牛皮，拖出沉重的内脏；鼻孔圆形。幼鸟毛色明显比成鸟体色淡，体型基本和成鸟相似，但体色较暗，头更裸露，亦容易识别。

秃鹫虹膜呈褐色，嘴端黑褐色，蜡膜铅蓝色，跗跖和趾灰色，爪黑色。

体　重 ♂5 750 ～ 8 500 g，♀6 000 ～ 9 200 g；　体　长 ♂1 100 ～ 1 150 mm，♀1 080 ～ 1 160 mm；嘴峰 ♂62 ～ 79 mm，♀64 ～ 68mm；翅 ♂662 ～ 804 mm，♀780 ～ 824 mm；尾 ♂370 ～ 455 mm，♀425 ～ 440 mm；跗跖 ♂125 ～ 143 mm，♀130 ～ 142 mm。

秃鹫栖息范围较广，在欧洲森林地区，栖息于 300 ～ 1 400 m 的丘陵和山区，但在亚洲，占据干旱和半干旱高寒草原和草原，可生活在海拔高达

图 4-A　秃鹫外形

2 000 ～ 5 000 m 的高山，栖息于高山裸岩上。主要栖息于低山丘陵和高山荒原与森林中的荒岩草地、山谷溪流和林缘地带，冬季偶尔也到山脚平原地区的村庄、牧场、草地以及荒漠和半荒漠地区。

　　留鸟，部分迁徙或进行巢后期游荡。在中国东北、华北北部、西北地区和四川西北部为留鸟。台湾、香港、长江中下游和东部与东南沿海地区为偶见冬候鸟，或许是部分留鸟不定期的冬季游荡。在猛禽中，秃鹫的飞翔能力是比较弱的，它会一种节省能量的飞行方式，依靠上升暖气流"滑翔"、升高。飞翔时，两翅伸成一直线，翅很少扇动，而是可以利用气流长时间翱翔于空中，当发现地面上的尸体时，扇动翅膀飞至附近取食。

　　秃鹫多数时间单独活动，偶尔也成 3 ～ 5 只小群，最大群可达 10 多只，特别在食物丰富的地方，更易发现集群。白天活动，常在高空悠闲地翱翔和滑翔，有时也低空飞行。翱翔和滑翔时两翅平伸，初级飞羽散开成指状，翼端微向下垂。休息时多站于凸出的岩石上、电线杆上或树顶枯枝上。

图 4-B 秃鹫外形

秃鹫以觅食哺乳动物的尸体为主。哺乳动物在平原或草地上休息时，通常都聚集在一起。秃鹫根据这种规律，特别注意孤零零地躺在地上的动物。一旦发现目标，它便仔细观察对方的动静。如果对方纹丝不动，它就继续在空中盘旋察看。这种观察至少要 2 d 左右。假如动物仍然不动，它就飞得低一点，从近距离察看对方的腹部是否有起伏，眼睛是否在转动。倘若还是一点动静也没有，秃鹫便开始降落到尸体附近，悄无声息地向对方走去。它张开嘴巴，伸长脖子，展开双翅随时准备起飞。它犹豫不决，既迫不及待想动手，又怕上当受骗遭暗算。秃鹫又走近了一些，它发出"咕喔"声，见对方毫无反应，就用嘴啄一下尸体，马上又跳了开去。这时，它再一次察看尸体。如果对方仍然没有动静，秃鹫便放下心来，一下子扑到尸体上狼吞虎咽起来。主要以大型动物的尸体和其他腐烂动物为食，被称为"草原上的清洁工"，常在开阔而较裸露的山地和平原上空翱翔，窥视动物尸体。偶尔也沿山地低空飞行，饥饿时主动攻击中小型兽类、两栖类、爬行类和鸟类，有时也袭击家畜。

秃鹫在争食时身体的颜色会发生变化。平时它的面部是暗褐色的、脖子是铅蓝色的，当它正在啄食动物尸体的时候，面部和脖子就会出现鲜艳的红色，是在警告其他秃鹫不要过来。如果比它强大的秃鹫跑来争食，原来的秃鹫就离开，它的面部和脖子马上从红色变成白色。胜利者趾高气扬地夺得了食物，它的面部和脖子也变得红艳如火了。失败者开始平静下来了，它逐渐恢复了原来的体色。

秃鹫繁殖期为 3—5 月。通常营巢于森林上部，也在裸露的高山地区营巢。巢多筑在树上，偶尔也筑巢于山坡或悬崖边岩石上。巢域和巢位都较固定，一个巢可以多年利用，但每年都要对旧巢进行修理和增加新的巢材，所以使巢变得极为庞大。通常刚建的新巢直径为 1.3～1.4 m，高 0.6 m，而到后来直径竟达 2 m 以上，高超过 1 m。巢呈盘状，主要由枯树枝构成，内放有细的枝条、草、叶、树皮、棉花和毛。巢距地不高，通常为 6 ～ 10 m。交配在巢上进行，伴随着交配而发出呻吟声。每窝通常产卵 1 枚，卵污白色、具红褐色条纹和斑点，卵的大小为（84 ～ 97）mm ×（64 ～ 72）mm，雌雄亲鸟轮流孵卵，孵化期 52 ～ 55 d。雏鸟晚成性，生长极慢，通常在亲鸟喂养下经过 90 ～ 150 d 的巢期生活，雏鸟才能离巢。

秃鹫呈全球分布，我国各省份均有分布。新疆西部、青海南部及东部、甘肃、宁夏、内蒙古西部、四川北部繁殖，其他地区零星分布。估计总量为21 000 ～ 30 000 只。

列入《世界自然保护联盟濒危物种红色名录》（IUCN）2018 年 ver 3.1——近危（NT）。列入《濒危野生动植物种国际贸易公约附录Ⅰ、附录Ⅱ和附录Ⅲ》（CITES）2019 年 Ⅱ 级。列入中国《国家重点保护野生动物名录》（2021 年 2 月5 日）一级。

图 4-C　秃鹫世界分布图

（三）草原雕（*Aquila nipalensis*）

草原雕，体长为 71 ～ 82 cm，翼展 160 ～ 200 cm，体重 2 015 ～ 2 900 g，属于大型猛禽。由于年龄以及个体之间的差异，体色变化较大，体型比金雕、白肩雕略小，是一种全深褐色雕类，容貌有凶狠之感。平扁型尾，有多种羽色，从淡灰褐色、褐色、棕褐色、土褐色到暗褐色。成鸟与其他全深色的雕易混淆，两翼具深色后缘。有时翼下大覆羽露出浅色的翼斑似幼鸟。

草原雕体羽以褐色为主，上体土褐色，头顶较暗浓。飞羽黑褐色，杂以较暗的横斑，外侧初级飞羽内基部具褐色与污白色相间的横斑，内侧初级飞羽及次级飞羽的尖端具三角形棕白斑，下体暗土褐色，胸、上腹及两胁杂以棕色纵纹，尾下覆淡棕色杂以褐斑的羽毛。头显得较小而突出，两翼较长，翼指雕展开度较宽。它在滑翔时也不像金雕那样将两翅上举成"V"形，滑翔时两翼略弯曲，飞行时两翼平直，略微向上抬起。雌雄相似，雌鸟体型较大。

草原雕虹膜黄褐色和暗褐色；嘴黑褐色，蜡膜暗黄色，趾黄色，爪黑色。

其幼鸟体覆羽毛色较淡，咖啡奶色，翼下具白色横纹，尾黑，尾端的白色及翼后缘的白色带与黑色飞羽成对比。翼上具两道皮黄色横纹，尾上覆羽具"V"形

图 5-A　草原雕外形

71

图 5-B 草原雕外形

皮黄色斑，尾有时呈楔形。

体重♂2 015 ～ 2 650 g，♀2 150 ～ 2 900 g；体长♂707 ～ 758 mm，♀705 ～ 818 mm；嘴峰♂38 ～ 39.5 mm，♀38 ～ 42 mm；翅♂510 ～ 553 mm，♀592 ～ 620 mm；尾♂265 ～ 280 mm，♀295 ～ 340 mm；跗跖♂87 ～ 97 mm，♀97 ～ 102 mm。

主要栖息于开阔平原、草地、荒漠和低山丘陵地带的荒原草地。白天活动，或长时间地栖息于电线杆上、孤立的树上和地面上，或翱翔于草原和荒地上空。以黄鼠、跳鼠、沙土鼠、野兔、旱獭、沙蜥、草蜥、蛇和鸟类等小型脊椎动物为食，有时也吃动物尸体、腐肉和昆虫。觅食方式主要是守在地上或等待在旱獭和鼠类的洞口等猎物出现时突然扑向猎物，有时也通过在空中飞翔来观察和寻找猎物。飞翔时较低，遇见猎物猛扑下去抓获，有时守候在鼠洞口，等候猎物出行。多以啮齿动物为食。它们猎食的时间和啮齿类活动的规律很一致，大多在早上7—10 时和傍晚。主要食物有兔、黄鼠、鼠兔、跳鼠、田鼠，此外还有貂类。在沙漠地带主要以大沙地鼠为食。

草原雕繁殖期为 5—7 月。营巢于悬崖上或山顶岩石堆中，也营巢于地面上、土堆上、干草堆或者小山坡上，或森林中松树、榆树或其他高大的乔木树上，巢的结构较为庞大，主要由枯树枝构成粗糙的建筑巢，巢里面垫有细枝和新鲜的小枝叶，结构较为简陋，巢的形状为浅盘状。每窝产卵 1～3 枚，通常为 2 枚，卵为白色，表面没有斑或具有黄褐色斑点。卵的大小在 55～55.5 mm。产完第一枚卵后即开始孵卵，由雌鸟单独承担。孵化期为 42～45 d。雏鸟为晚成性，孵出后由亲鸟共同喂养 55～60 d 后离巢。

草原雕广泛分布于欧洲东部、非洲、亚洲中部，印度、缅甸、越南等地。列入《世界自然保护联盟濒危物种红色名录》（IUCN）2012 年 ver 3.1——无危（LC）。

（四）金雕（*Aquila chrysaetos*）

金雕属于鹰科，是北半球一种广为人知的猛禽。体大，全长 76～102 cm，其体重达 4 100～6 700 g，翅展长达 180～230 cm，为浓褐色雕。头具金色羽冠，黑褐色，嘴巨大且边缘黄色，具有黄色蜡质喙缘（鉴定的主要特征之一）。头顶后头至后颈羽毛尖长，呈柳叶状，羽基暗赤褐色，羽端金黄色，具黑褐色羽干纹。上体暗褐色，肩部较淡，背肩部微缀紫色光泽，尾上覆羽淡褐色，尖端近黑褐色，尾羽灰褐色，具不规则的暗灰褐色横斑或斑纹，和一宽阔的黑褐色端斑。翅上覆羽暗赤褐色，羽端较淡，为淡赤褐色，初级飞羽黑褐色，内侧初级飞羽内翈基部灰白色，缀杂乱的黑褐色横斑或斑纹。次级飞羽暗褐色，基部具灰白色斑纹，耳羽黑褐色。下体颏、喉和前颈黑褐色，羽基白色，胸、腹亦为黑褐色，羽轴纹较淡，覆腿羽、尾下覆羽和翅下覆羽及腋羽均为暗褐色，覆腿羽具赤色纵纹。

金雕幼鸟和成鸟大致相似，但体色更暗，第一年幼鸟尾羽白色，具宽的黑色端斑，飞羽内翈基部白色，在翼下形成白斑；第二年以后，尾部白色和翼下白斑均逐渐减少，尾下覆羽亦由棕褐色到赤褐色到暗赤褐色。

金雕虹膜栗褐色，嘴端部黑色，基部蓝褐色或蓝灰色（雏鸟嘴铅灰色，嘴裂黄色），蜡膜和趾黄色，爪黑色。

金雕体重 ♂2 000～5 900 g，♀3 260～5 500 g；体长 ♂785～912 mm，♀825～1 015 mm；嘴峰 ♂36～46 mm，♀40～46 mm；翅 ♂582～670 mm，

♀635～695 mm；尾♂330～445 mm，♀352～432 mm；跗跖♂99～115 mm，♀99～128 mm。

金雕多栖于崎岖岩崖山区、干旱平原及开阔原野，特别是高山针叶林中，方便于捕食喜食猎物。喜欢在山谷的悬崖峭壁的中层或偏上部位的山壁凸出处浅洞穴中或凹洼处营巢，也有在大树上营巢的。冬季常到山地丘陵和山脚平原地带活动，最高海拔高度可达 4 000 m 以上。以大中型的鸟类和兽类为食。白天常见在高山岩石峭壁之巅或空旷地区的高大树上歇息，或在荒山坡、墓地、灌丛等处捕食。冬天有时会结成较小的群体，通常单独或成对活动，但偶尔也能见到 20 只左右的大群聚集一起捕捉较大的猎物。金雕善于最高海拔达到 4 000 m 以上翱翔和滑翔，常在高空中一边呈直线或圆圈状盘旋，一边俯视地面寻找猎物，两翅上举呈"V"状，用柔软而灵活的两翼和尾的变化来调节飞行的方向、高度、速度和飞行姿势。发现目标后，会以 300 km/h 的速度从天而降，并在最后一刹那戛然止住扇动的翅膀，然后牢牢地抓住猎物的头部，将利爪戳进猎物的头骨，使其立即丧失生命。它捕食的猎物有数十种之多，如雁鸭类、雉鸡类、松鼠、狍子、鹿、山羊、狐狸、旱獭、野兔等，有时也吃鼠类等小型兽类。金雕的腿上全部披有羽毛，脚是三趾向前，一趾朝后，趾上都长着锐如狮虎的又粗又长的角质利爪，内趾和后趾上的爪更为锐利。抓获猎物时，利刃一样的爪可刺进猎物的要害部位，撕裂皮肉，扯破血管，甚至扭断猎物的脖子。巨大的翅膀也是它的有力武

图 6　金雕喙部特写

器之一，有时一翅扇将过去，就可以将猎物击倒在地，在猎物未站起来逃跑时抓住猎物要害部位。

金雕产卵期通常在 3 月底，繁殖期因地而异。在北京地区，2 月上旬即见成对在空中盘旋追逐进行求偶，配对成功后约 2 月中旬开始产卵。在俄罗斯繁殖期则较晚，通常 4 月中旬才开始产卵。在中国东北地区，繁殖期 3—5 月。卵为污白色或青灰白色、具红褐色斑点和斑纹，卵呈卵圆形，大小为（74～78）mm×（57～60）mm。每窝产 1～4 枚，一般是 2 枚，产卵间隔为 3～4 d。第一枚卵产出后即开始孵卵，雄雕和雌雕轮流孵化，经过 40～45 d，小雕即可出壳。育雏期大概 2 个多月，通常只有 1 只能够存活，繁殖力比较低。金雕以其突出的外观和敏捷有力的飞行而著名；其腿爪上全部都有羽毛覆盖。每对巢区大约相距 10 km。雏鸟晚成性，3 个月以后开始长羽毛，孵出后经亲鸟共同抚育 80 d 即可离巢。如果巢中食物不足时，先孵出的个体较大的幼鸟常常会向后孵出来的个体较小的幼鸟身上啄击，并将啄下的羽毛等吞食，如果缺食的时间不长，较小的幼鸟有避让能力，尚不至于产生严重的后果。如果亲鸟长时间不能带回食物，同胞则有相残现象，较大的幼鸟就会把较小的幼鸟啄得浑身是血，甚至啄死吃掉。

金雕在全世界有 5～6 个亚种，中国就有 2 个亚种，即东北亚种（*A. chrysaetos. canadensis*）和华西亚种（*A. chrysaetos. daphanea*）。金雕的分布区较

为广泛，曾一度遍及北美洲、欧洲、中东、东亚及西亚、北非地区，大多在山区出现。金雕在中国东北、西北地区繁殖，见于新疆昆仑山、喀喇昆仑山、帕米尔高原、天山、卡拉麦里、北塔山和阿尔泰山等地区，在准噶尔盆地分布于海拔 500 ～ 1 500 m 范围，而在昆仑山海拔可达 5 500 m 高度。分布于北半球温带、亚寒带、寒带地区。在少数民族中，曾经有人进行驯养，用于狩猎小中型动物，人们甚至以拥有该鸟作为高贵骄傲身份的象征。

（五）白肩雕（*Aquila heliaca*）

白肩雕又名御雕，是隼形目鹰科雕属的大型深褐色猛禽。体长 73 ～ 84 cm。体羽黑褐色，头顶及颈背皮黄色，头和颈较淡，头顶后部、枕、后颈和头侧棕褐色，后颈缀细的黑褐色羽干纹。肩部有明显的白斑，在黑褐色的体羽上极为醒目（观察鉴定的主要特征之一），很远即可看见该特征，易发现与区别，这是区别其他雕的主要特征。上体至背、腰和尾上覆羽均为黑褐色，微缀紫色光泽，长形肩羽纯白色，形成显著的白色肩斑。尾羽灰褐色，具不规则的黑褐色横斑和斑纹，并具宽阔的黑色端斑。翅上覆羽黑褐色，初级飞羽亦为黑褐色，内翈基部杂有白斑，次级飞羽暗褐色，内翈杂有淡黄白色斑。下体自颏、喉、胸、腹、两胁和覆腿羽黑褐色，尾下覆羽淡黄褐色，微缀暗褐色纵纹，翅下覆羽和腋羽亦为黑褐色，跗跖被羽。尾基部具黑及灰色横斑，飞行时以身体及翼下覆羽全黑色为特征性，与其余的深褐色体羽成对比。滑翔时翼弯曲，两翅平直，滑翔和翱翔时两翅亦不上举呈“V”形。同时飞翔时尾羽收得很紧，不散开，因而尾显得较窄长。

白肩雕幼鸟头皮黄褐色，背具黄褐色斑点，飞翔时尾常散开成扇形，体羽及覆羽具深色纵纹。下背及腰具大片乳白色斑。幼鸟头、后颈和上背土褐色，具细的棕白色羽干纹，下背至尾上覆羽淡棕皮黄色，具宽的褐色羽缘，尾土灰褐色，具宽阔的皮黄色端斑。飞羽黑褐色，内翈基部具不规则的灰白色横斑，尖端淡黄白色，翅上覆羽暗土褐色，内侧稍淡和具棕白色羽缘，在翅上形成细的淡色横带，飞翔时极明显。下体棕褐色，颏和喉较浅淡，胸、腹和两胁缀以棕色纵纹，下腹和尾下覆羽淡棕色，翅下覆羽和腋羽棕色，具褐色羽缘。虹膜红褐色，幼鸟为暗褐色，嘴黑褐色，嘴基铅蓝灰色，蜡膜和趾黄色，爪黑色。

体重♂2 225 g，♀2 900 ～ 4 000 g；体长♂730 ～ 830 mm，♀787 ～ 835 mm；嘴峰♂41 ～ 45 mm，♀43 ～ 46 mm；翅♂560 ～ 600 mm，♀614 ～ 622 mm；

尾♂253～285 mm，♀295～342 mm；跗跖♂89～95 mm，♀93～106 mm。

常常栖息于海拔2 000 m以下的山地森林地带、山地阔叶林和混交林、草原和丘陵地区的开阔原野，尤喜混交林和阔叶林，冬季也常到低山丘陵、森林平原、小块丛林和林缘地带，有时见于荒漠、草原、沼泽及河谷地带。常单独活

动，或翱翔于空中，或长时间地停息于空旷地区的孤立树上或岩石和地面上。主要以啮齿类、野兔、雉鸡、石鸡、鹌鹑、野鸭、斑鸡等小型和中型哺乳动物及鸟类为食，也吃爬行类和动物尸体。觅食活动主要在白天，多在河谷、沼泽、草地和林间空地等开阔地方觅食。觅食方式除站在岩石上、树上或地上等待猎物出现时突袭外，也常在低空和高空飞翔巡猎。在新疆为夏候鸟，在其他地区系冬候鸟和旅鸟。迁来和离开中国的时间因地区而不同，在北京见于9月初和11月，辽宁见于10月、11月和5月。

白肩雕繁殖期在4—6月，从摩洛哥、西班牙等西北非洲和南欧、东欧往东到贝加尔湖、伊朗东北部、印度北部

图7　白肩雕外形

和中国。繁殖越冬于非洲东北部、印度，偶尔到朝鲜和日本。通常营巢于森林中高大的松树、榭树和杨树上，在稀疏树木的空旷地区，也多营巢于孤立的树上，偶尔也营巢于悬崖岩石上。巢多置于树的顶端枝杈多的地方，距地高一般为 10～20 m，随环境和树的情况而变化，有时亦有低至 2 m 和高至 25 m 以上的。巢呈盘状，主要由枯树枝构成，内垫以细枝、兽毛、枯草茎和草叶。巢的大小通常为直径 1～1.5 m，高 0.5～1.0 m。如果繁殖成功，下年还继续利用该巢，通常一个巢能使用很多年，但每年都需要进行修理和补充新的巢材，因此随着巢利用年限的增加，巢变得很庞大。每窝产卵 2～3 枚，卵白色，大小为（70.1～78.5）mm×（56.9～62）mm。第一枚卵产出后即开始孵卵，由雌雄亲鸟轮流进行，孵化期 43～45 d。雏鸟晚成性，刚孵出后的雏鸟被有白色绒羽，由雌雄亲鸟共同抚育，经过 55～60 d 的巢期生活后，雏鸟即可离巢。

白肩雕是国家一级保护动物，数量稀少，属全球性易危鸟类。不常见的季候鸟，种群数量仍在下降且已濒危。指名亚种繁殖于新疆西北部的天山地区。迁徙时偶尔见于东北部沿海省份，越冬于青海湖的周围、云南西北部、甘肃、陕西、长江中游及福建和广东。每年有少量至香港。栖息于开阔原野。显得沉重懒散，在树桩上或柱子上一待数小时。从其他猛禽处抢劫食物，飞行缓慢。

白肩雕列入《世界自然保护联盟濒危物种红色名录》（IUCN）2012 年 ver 3.1——易危（VU）。列入《华盛顿公约》CITES 附录Ⅱ濒危物种。列入中国国家Ⅱ级重点保护动物。列入《中国濒危动物红皮书·鸟类》稀有物种。

（六）玉带海雕（*Haliaeetus leucoryphus*）

玉带海雕为隼形目鹰科海雕属的一种大型猛禽，身长 76～84 cm，翼展 200～250 cm，雄鸟体重 2 100～3 700 g，雌鸟体重 2 000～3 300 g。空中展开双翅可达 2 m 长，雌鸟羽似雄鸟，但体型稍大，雌鸟雄鸟聚群时相对容易区分，分开时需要积累经验才能较准确区分。全身呈棕色，嘴稍细，头细长，颈也较长。上体暗褐色，头顶赭褐色，羽毛呈矛纹状并具淡棕色条纹，颈部的羽毛较长，呈披针形。肩部羽具棕色条纹，下背和腰羽端棕黄色，尾羽中间具一道宽阔的白色横带斑。下体棕褐色，各羽具淡棕色羽端。喉淡棕褐色，羽干黑色，具白色条纹。尾羽为圆形，特点也很明显，主要呈暗褐色，但是在中间具有一个宽阔的白色横带（关键鉴定性特征），宽约 10 cm，并因此而得名玉带海雕。飞行时黑色的次级飞羽翼下的浅色中覆羽及黑色楔型尾与浅色基部成对比。

　　玉带海雕虹膜淡灰黄色到黄色，嘴暗石板黑色或铅色，蜡膜和嘴裂淡色，脚和趾暗白色、黄白色或暗黄色，爪黑色。

　　玉带海雕体重♂2 620～3 760 g，♀3 250 g；体长♂756～785 mm，♀770～880 mm；嘴峰♂46 mm，♀50 mm；翅♂560～578 mm，♀558～635 mm；尾♂305 mm，♀318 mm；跗跖♂93 mm，♀108 mm。

　　玉带海雕栖息于有湖泊、河流和水塘等水域的开阔地区，无论是平原或高原湖泊地区均有栖息，在湖泊岸边吃淡水鱼和雁鸭等水禽。在草原及荒漠地带以旱獭、黄鼠、鼠兔等啮齿动物为主要食物。偶尔也吃羊羔，特别在4—5月产羔季节为甚。多数在水域附近易发现玉带海雕栖息于水边乔木上。

图 8　玉带海雕外形

　　玉带海雕叫声响亮，主要以鱼和水禽为食，常在水面捕捉各种水禽，如大雁、天鹅幼雏和其他鸟类，也吃蛙和爬行类。捕鱼主要在浅水处，也吃死鱼和其他动物的尸体，有时偷吃家养水禽和偷窃其他鸟类的食物。经常长时间地站在树上或岸边，一动不动地观察着猎物的活动，一有机会就立刻出击。它特别喜欢吃身体肥硕滚圆、肉质细嫩、有"油条子"之称的旱獭幼仔。常在旱獭的洞口外面10 m 开外的地方等候，而且非常有耐心，有时会一动不动地等上 1～2 h。一旦那些没有经验的旱獭幼仔从洞口中跑出来，就立即扑过去将其捕获。它们起飞时的声响很小，因此捕食的成功率很高。在外贝加尔地区生活的玉带海雕主要以鱼为食，兼吃一些鼠兔和鸿雁。到了鱼类洄游产卵的季节，它就会成群地来到河流或湖泊的沿岸附近去捕食鱼类。

　　玉带海雕的另外一个特点是聒噪，这种鸟叫声响亮，翱翔云霄时几千米外都能听到它的高鸣，繁殖期更甚。

　　玉带海雕栖息于高海拔的河谷、山岳、草原的开阔地带，常到荒漠、草原、高山湖泊及河流附近寻捕猎物，有时亦见在水域附近的渔村和农田上空飞翔，活动高度在海拔 3 200～4 700 m。营巢于高大树上，极善于捕捉水禽和鱼类。玉带海雕繁殖期从 11 月到翌年 3 月，于 3 月间开始营巢，一般营巢于湖泊、河流或沼泽岸边高大乔木树上，偶尔也在渔村附近或离水域较远的树上筑巢，偶尔也有在芦苇堆上营巢的。在缺林地区则在苇丛中地面或高山崖缝内筑巢。以粗树枝搭成巢，内铺细枝、兽毛、马粪等。巢的结构较庞大，主要由枯树枝和芦苇构成，巢直径约 1 m，高 65 cm 左右，深 20 cm。有时抢占乌鸦等其他鸟类的巢。每窝产卵 2～4 枚，白色壳具光泽，光滑无斑。主要由雌鸟孵卵，孵化期为30～40 d。雏鸟为晚成性，由亲鸟共同抚育 70～105 d 后离巢。

　　分布于里海和黄海中间地区的玉带海雕长着一双凶狠发光的眼睛，从哈萨克斯坦到蒙古国、从喜马拉雅山脉到印度北部等的亚洲中部地区进行繁殖。在我国分布于新疆、青海、内蒙古、四川等地。

　　玉带海雕的尾羽是非常珍贵的羽饰，因此它常遭到人们捕杀，玉带海雕在我国很稀少，列入《世界自然保护联盟濒危物种红色名录》（IUCN）2012 年 ver 3.1——易危（VU）。列入《华盛顿公约》CITES 附录Ⅱ濒危物种。列入中国国家Ⅱ级重点保护动物。列入《中国濒危动物红皮书·鸟类》稀有物种。

（七）苍鹰（*Accipiter gentilis*）

苍鹰隶属于隼形目鹰科。体长 46～60 cm，体重 0.5～1.1 kg。上体深苍灰色，后颈间杂有白色细纹，下体污白色。成鸟前额、头顶、枕和头侧黑褐色，颈部羽基白色，眉纹白而具黑色羽干纹，耳羽黑色，上体到尾灰褐色。飞羽有暗褐色横斑，内翈基部有白色块斑，初级飞羽第 4 枚最长，4～5 枚，第 2～6 枚外翈有缺刻，第 1～5 枚内翈有缺刻。颏、喉和前颈具黑褐色细纵纹，胸、腹部、两胁和覆腿羽满布暗灰褐色纤细的横斑，羽干黑褐色。尾略长，呈方形，尾灰褐色，具 3～5 道黑褐色横斑或黑色横带，尾下覆羽白色。飞行时两翼宽阔而较长，翼下羽毛白色而密布黑褐色横带。肛周和尾下覆羽白色，有少许褐色横斑。翱翔时通常呈直线飞行，两翅平伸，或微伸向上。有时也缓慢扇动两翅，进行鼓翼飞行。幼鸟背面褐色，有不明显的暗色斑，腹淡黄褐色，有黑色纵纹。虹膜金黄或黄色，蜡膜黄绿色，嘴黑基部沾蓝，脚和趾黄色，爪黑色，跗跖前后缘均为盾状鳞。

雌鸟羽色与雄鸟相似，但较暗，体型稍大，不在一起时不易区分雌雄。亚成体上体都为褐色，有不明显暗斑点。眉纹不明显，耳羽褐色，腹部淡黄褐色，有黑褐色纵行点斑。幼鸟上体褐色，羽缘淡黄褐色，飞羽褐色，具暗褐横斑和污白色羽端。头侧、颏、喉、下体棕白色，有粗的暗褐羽干纹。尾羽灰褐色，具 4～5 条比成鸟更显著的暗褐色横斑。

苍鹰体重♂500～800 g，♀650～1 100 g；体长♂467～576 mm，♀539～600 mm；嘴峰♂19～22 mm，♀23～25 mm；翅♂292～338 mm，♀295～377 mm；尾♂215～265 mm，♀244～285 mm；跗跖♂61～74 mm，♀64～80 mm。

苍鹰是森林中肉食性猛禽。视觉敏锐，善于飞翔。通常白天单独活动，性甚机警，亦善隐藏。通常单独活动，叫声尖锐洪亮。在空中翱翔时两翅水平伸直，或稍稍向上抬起，偶尔扇动两翅，但除迁徙期间外，很少在空中翱翔，多隐蔽在森林中树枝间窥视猎物，飞行快而灵活，能利用短圆的翅膀和长的尾羽来调节速度和改变方向，在林中或上或下、或高或低穿行于树丛间，并能加快飞行速度在树林中追捕猎物，有时也在林缘开阔地上空飞行或沿直线滑翔，窥视地面动物活动，通常隐藏在树枝间，发现猎物才突然冲出追捕，一旦发现森林中的鼠类、野兔、雉类、榛鸡、鸠鸽类和其他中小型鸟类的猎物，则迅速俯冲，呈直线追击，

图 9-A 苍鹰外形

用利爪抓捕猎物。它的体重虽然比大中型猛禽要轻 1/5 左右，但速度要快 3 倍以上，伸出爪子打击猎物时的速度为 22.5 m/s，所以捕食的特点是猛、准、狠、快，具有较大的杀伤力，凡是力所能及的动物，都要猛扑上去，用一只脚上的利爪刺穿其胸膛，再用另一只脚上的利爪将其腹部剖开，先吃心、肝、肺等内脏部分，再将鲜血淋漓的尸体带回栖息的树上撕裂后啄食。

苍鹰繁殖于北美和欧亚大陆，若见到在天空成对翻飞，相互追逐，并不断鸣叫，表明此时配对已完成。选择在林密僻静处较高的树上筑巢。常利用旧巢，巢材为林中新鲜枯枝叶及少量羽毛。产卵后仍修巢。出雏后，修巢速度随雏鸟增长而加快。产卵最早见于 4 月末，有的在 5 月中旬。隔日 1 枚，窝卵数 3～4 枚。卵椭圆形，尖、钝端明黑，浅鸭蛋青色。孵化由雌鸟担任。产孵期间，随卵数增加，雌鸟离巢时间逐渐减少。产完 3～4 枚卵后，日离巢次数仅 1 次。雌鸟整日

图 9-B　苍鹰外形

卧于巢内，不鸣叫，也很少抬头。雄鸟除捕食外，多在附近栖落，当有乌鸦、喜鹊经过时则抬头瞭望，偶尔在巢上空盘旋，不鸣叫。孵化前期（第 8 天）、中期（第 18 天）和后期（第 28 天）做了日周期观察。全卧多出现于早晨、晚上及下雨等气候较冷的时候。抬头半卧孵化则在气温较高时。气温高时，雌鸟不时张嘴、扇翅。孵化期身体位置相对稳定，变化很少。孵化期 30～33 d。

苍鹰分布广泛，由太平洋南部岛屿至北非、伊朗和印度西南部，越冬在印度、缅甸、泰国和印度尼西亚。栖息于不同海拔高度的针叶林、混交林和阔叶林等森林地带，也见于山麓平原和丘陵地带的疏林和小块林内，是森林中肉食性猛禽。

中国主要为夏候鸟和冬候鸟，我国全国各地皆有分布。在中部和东部地区多为过路鸟。迁徙时间春季在 3—4 月，秋季在 10—11 月。

（八）雀鹰（*Accipiter nisus*）

雀鹰隶属于隼形目鹰科，为小型猛禽，体长 30 ～ 41 cm，体重雄鸟 130 ～ 170 g，雌鸟 193 ～ 300 g。一般雌鸟体型较雄鸟稍大，其余似雄鸟，翅阔而圆，尾较长。

雄鸟上体羽毛颜色鼠灰色或暗灰色，头顶、枕和后颈较暗，前额微缀棕色，后颈羽基白色，在其外部肉眼可见，其余上体自背至尾上覆羽暗灰色，雌鸟灰褐色，头后至枕部间杂有少许白色，颏和喉部满布以褐色羽干细纹，胸、腹和两胁具红褐色或暗褐色细横斑。下体覆羽为白色或淡灰白色，雄鸟具细密的红褐色横斑，雌鸟具褐色横斑。翅下覆羽和腋羽白色或乳白色，具暗褐色或棕褐色细横斑。初级飞羽暗褐色，内翈白色而具黑褐色横斑。其中第五枚初级飞羽内翈具缺刻，第六枚初级飞羽外翈具缺刻。次级飞羽外翈青灰色，内翈白色而具暗褐色横斑。翅上覆羽暗灰色，眼先灰色，具黑色刚毛，有的具白色眉纹，头侧和脸棕

图 10-A 雀鹰外形

图 10-B 雀鹰繁殖

色，具暗色羽干纹。尾上覆羽羽端有时缀有白色，尾羽灰褐色，具灰白色端斑和较宽的黑褐色次端斑，翼下飞羽具 4～5 道黑褐色横带，通常快速鼓动两翅飞一阵后接着又滑翔一会。

雀鹰幼鸟头顶至后颈栗褐色，枕和后颈羽基灰白色，背至尾上覆羽暗褐色，各羽均具赤褐色羽缘，翅和尾似雌鸟。喉黄白色，具黑褐色羽干纹，胸具斑点状纵纹，胸以下具黄褐色或褐色横斑。其余似成鸟。

雀鹰虹膜橙黄色，嘴暗铅灰色、尖端黑色、基部黄绿色，蜡膜黄色或黄绿色，脚和趾橙黄色，爪黑色。

雀鹰体重♂130～170 g，♀193～300 g；体长♂310～350 mm，♀360～410 mm；嘴峰♂11～13 mm，♀12～15 mm；翅长♂205～255 mm，♀240～260 mm；尾♂150～197 mm，♀145～223 mm；跗跖♂51～63 mm，♀58～73 mm。

雀鹰栖息于针叶林、混交林、阔叶林等山地森林和林缘地带，冬季主要栖息于低山丘陵、山脚平原、农田地边以及村庄附近，尤其喜欢在林缘、河谷，采伐迹地的次生林和农田附近的小块丛林地带活动。喜在高山幼树上筑巢。日出性，常单独生活，或飞翔于空中，或栖于树上和电柱上。飞翔时先两翅快速鼓动飞翔一阵后，距离地面有一定的高度时就开始滑翔，二者交互进行。飞行有力而灵巧，能巧妙地在树丛间穿行飞翔。以雀形目小鸟、昆虫和鼠类为食，也捕食鸽形目鸟类和榛鸡等小的鸡形目鸟类，有时亦捕食野兔、蛇、昆虫幼虫。雀鹰喜欢从栖处或"伏击"飞行中捕食。它的飞行能力很强，速度极快，每小时可达数百千米。

雀鹰发现地面上的猎物后，就急飞直下，突然扑向猎物，用锐利的爪捕猎，然后再飞回栖息的树上，用爪按住猎物，用嘴撕裂吞食。攻击鸡类等体型较大的猎物时，常采取反复进攻的手段，有时第一、二次仅能使猎物受到轻伤或散落一些羽毛，但在多次打击下，被攻击的动物失去抵抗能力，成为雀鹰的"盘中餐"。在雀鹰的食物中，鼠类占80%，最多。其次是鸟类15%，还有约5%是昆虫，因此雀鹰堪称是鹰类中的捕鼠能手，对鼠害防治有巨大贡献，也是生物防鼠的重要手段，在容易出现鼠害的地区，可想办法诱使雀鹰在此地繁殖、生活。

雀鹰分布于欧亚大陆，往南到非洲西北部，往东到伊朗、印度和中国北方及日本。越冬在地中海、中亚、阿拉伯、西亚、南亚、东南亚国家以及中国长江以南。在新疆见于各地。栖息于针叶林、混交林、阔叶林等山地森林和林缘地带。

雀鹰越冬地在地中海，亚洲亚种在中国繁殖于大兴安岭、小兴安岭、长白山、辽宁、内蒙古呼伦贝尔盟和新疆，越冬于四川、贵州、云南、广西、广东和海南岛。迁徙期间经过河北、山东、宁夏、内蒙古、广东、福建和台湾；喜马拉雅亚种主要繁殖或留居于青海、四川北部和西藏，越冬于云南西北部和西部。

雀鹰亚洲亚种（*A. nisus nisosimilis*）繁殖于中国东北各省及新疆西北部的天山，冬季南迁至中国东南部及中部以及台湾岛和海南。雀鹰喜马拉雅山亚种（*A. nisus melaschistos*）繁殖于中国甘肃中部以南至四川西部及西藏南部至云南北部，冬季南迁至中国西南。为常见森林鸟类。

雀鹰春季于4—5月迁到繁殖地，秋季于10—11月离开繁殖地。雀鹰每年5月间进入繁殖期，此时雄鸟叫声频繁，十分洪亮，经常在空中边飞边叫。雄鸟和雌鸟有时在林地上空盘旋，有时穿梭于树林之间，互相追逐、嬉戏。交尾大多在针叶树或者阔叶树平伸的树枝上进行，通常是雌鸟在枝头站立，伸颈扭头，一边向四周观望，一边注视着雌鸟的动态，并且不时地鸣叫几声。然后雄鸟来到它的身边，跳在雌鸟的背上，同时将双翅张开，保持平衡，雌鸟则将尾羽上翘，双方尾羽左右摆动，发出欢快的叫声，完成交尾。交尾之后，雄鸟飞到另外一个树枝上，抖动身体，松展全身的羽毛，雌鸟有时停留在原地，有时尾随雄鸟而去。

雀鹰繁殖期在5—7月。营巢于森林中的树上，距地高4～14 m。巢通常放在靠近树干的枝杈上。常在中等大小的椴树、红松树或落叶松等阔叶或针叶树上营巢，有时也利用其他鸟巢经补充和修理而成。巢区和巢较固定，常多年利用。巢呈碟形，主要由枯树枝构成，内垫有云杉小枝和槭树、卫茅等新鲜树叶。每窝产卵通常3～4枚，有2～7枚的变化，通常间隔1天产1枚卵。卵呈椭圆形或近圆形，鸭蛋青色、光滑无斑，大小为29.8 mm × 38.6 mm，重17～18 g。雌鸟孵卵，雄鸟偶尔亦参与孵卵活动，孵化期32～35 d。雏鸟晚成性，经过24～30 d的巢期生活，雏鸟即具飞翔能力和离巢。

（九）猎隼（*Falco cherrug*）

猎隼，猛禽中一种不常见的、体型大中型的季候鸟。猎隼体重510～1 200 g，体长278～779 mm。体大且胸部厚实的浅色隼。颈背偏白，头顶浅褐。头部毛色单一，眼下方具不明显黑色线条，眉纹羽毛白。上体羽毛多褐色而略具横斑，与翼尖的深褐色成对比。尾具狭窄的白色羽端。下体偏白，狭窄翼尖深色，翼下大覆羽具黑色细纹。翼比游隼形钝而色浅。幼鸟上体褐色深沉，下体满布黑色纵纹。

图11-A　猎隼外形及毛色差异

　　猎隼虹膜褐色，嘴褐色，跗跖暗褐色，爪黑色。眼下方具不明显黑色线条，眉纹白。头顶砖红色，具暗褐色纵纹，后颈色较淡，具较窄的纹。颊部白色，背、肩、腰暗褐色，具砖红色点斑和横斑。尾黑褐色，具砖红色横斑；翅亦黑褐色，飞羽内翈和覆羽具砖红色横斑和淡色羽端。下腹、尾下覆羽和覆腿羽白棕色，具较细的暗褐色纵纹。

　　猎隼与游隼的区别在尾下覆羽白色。有些北方游隼甚似猎隼。阿尔泰隼（*F. cherrug altaicus milvipes*）比亚种色深而多青灰色，翼覆羽具棕色带，且下体纵

图 11-B　猎隼头部特写及外形

纹较多。虹膜褐色；嘴灰色，蜡膜浅黄，脚浅黄。

猎隼主要以中小型鸟类、野兔、鼠类等小型动物为食。常单个活动，飞行速度较快。除此之外，凶猛的猎隼还可以攻击金雕等大型凶猛禽类，不是为了取食，而是为了驱逐大型禽类，这种现象多见于宽阔的草原。每当发现地面上的猎物时，猎隼总是先利用它那像高速飞机一样可以减少阻力的狭窄翅膀飞行到猎物的上方，占领制高点，然后收拢双翅，使翅膀上的飞羽和身体的纵轴平行，头则收缩到肩部，以 75 ～ 100 m/s 的速度，呈 25° 角向猎物猛冲过去，在靠近猎物的瞬间，稍稍张开双翅，用后趾和爪打击或抓住猎物。此外，它还可以像歼击机一样在空中对飞行的山雀、百灵等小鸟进行袭击，追上猎物后，就用翅膀拍打猛击，直至猎物失去飞行能力，从空中下坠，再俯冲下来将其捕获。

猎隼常栖息于山地、丘陵、河谷和山脚高原地区。它的繁殖期为 4—6 月，大多在人迹罕见的悬崖峭壁上的缝隙中营巢，或者营巢于高大的树上，有时也利用其他鸟类的旧巢。巢用枯枝、枯草等构成，内垫有兽毛、羽毛等物。亚种（*milvipes*）繁殖于新疆阿尔泰山及喀什地区、西藏、青海、四川北部、甘肃、内蒙古及至呼伦池，有记录经辽宁及河北迁徙，越冬在中部及西藏南部。每窝产卵 3 ～ 5 枚，偶尔产 6 枚，卵的大小为 54 mm × 40 mm，颜色为赭黄色或红褐色。雄鸟和雌鸟共同轮流孵卵，孵化期为 28 ～ 30 d。雏鸟是晚成性的，孵出后由雄雌亲鸟共同喂养，经过 40 ～ 50 d 后，羽翼达到飞行条件，才离巢飞走。分布广泛，中国和中欧、北非、印度北部、蒙古国常见。属中国国家二级重点保护动物。

隼类的贸易带来的直接经济效益驱使人们捕捉、饲养猎隼，导致野外种群数量下降。亚种

（*altaicus*）（注：有时作为独立物种称为阿尔泰隼，甚至作为矛隼的一亚种）为甚罕见季候鸟。繁殖于新疆西北部的天山，越冬于新疆西部喀什地区、青海湖周围及内蒙古中部。世界自然保护联盟红色名录列为濒危（EN），中国国家重点保护动物等级为二级。

（十）黑鹳（*Ciconia nigra*）

黑鹳是一种体态优美，体色鲜明，活动敏捷，性情机警的大型涉禽，两性相似不易分辨。是白俄罗斯的国鸟。成鸟的体长为 100～120 cm，体重可达 2 000～3 000 g。嘴长直而粗壮，基部明显较粗，往先端逐渐变细，鼻孔小，呈裂缝状。头、颈、脚均甚长，嘴和脚红色。头、颈、上体和上胸黑色，颈具辉亮的绿色光泽（鉴定性特征）。背、肩和翅具紫色和青铜色光泽，胸亦有紫色和绿色光泽（辅助鉴定性特征）。前颈下部羽毛延长，形成相当蓬松的颈领，而且在求偶期间和四周温度较低时能竖直起来。身上的羽毛除胸腹部为纯白色外，其余都是黑色，在不同角度的光线下，可以映出变幻多种颜色。第 2 和第 4 枚初级飞羽外翈有缺刻。尾较圆，尾羽 12 枚。腿特别长，方便涉水，胫下部裸出，前趾基部间具蹼，爪钝而短。下胸、腹、两胁和尾下覆羽白色。虹膜褐色或黑色，嘴红色，尖端较淡，眼周裸露皮肤和脚亦为红色。

幼鸟头、颈和上胸褐色，颈和上胸具棕褐色斑点，上体包括两翅和尾黑褐色，具绿色和紫色光泽，翅覆羽、肩羽、次级飞羽、三级飞羽和尾羽具淡皮黄褐色斑点，下胸、腹、两胁和尾下覆

羽白色，胸和腹部中央微沾棕色，嘴、脚褐灰色或橙红色。

　　黑鹳体重♂2 570～2 600 g，♀2 150～2 747 g；体长♂1 000～1 100 mm，♀1 046～1 172 mm；嘴峰♂188～195 mm，♀158～197 mm；翅♂540～592 mm，♀512～559 mm；尾♂237～259 mm，♀236～267 mm；跗跖♂195～223 mm，♀196～229 mm。

　　黑鹳栖息于河流沿岸、沼泽山区溪流附近，在高树或岩石上筑大型的巢，飞时头颈伸直。常单独或成对在水边浅水处活动，晚上多成群栖息在水边沙滩或水中沙洲上。不善鸣叫，活动时悄然无声，性机警而胆小。栖息于开阔的湖

图 12　黑鹳外形

泊、河岸草地和沼泽地带。有沿用旧巢的习性。繁殖期4—7月，营巢于偏僻和人类干扰小的地方，在中国的营巢环境基本上可以分为3种：即森林、荒原和荒山。在营巢环境中，森林可以是平原森林或是山地森林，但多是离人类较远、干扰小的原始森林或成熟森林。通常营巢在森林中河流两岸的悬岩峭壁上，在长白山原始森林中就曾发现营巢在河边悬岩凹进去的岩石平台上和沼泽地中落叶松树上两种不同的营巢环境，在新疆塔里木盆地，则营巢于胡杨林中的胡杨树上和荒山悬岩上。巢距水域等觅食地一般都在2 km以上，在荒山营巢地距最近的湖泊和水库均在7 km以外。在荒原和荒山地区，营巢多在被雨水急剧冲刷的干河或深沟两壁悬岩上，在甘肃、内蒙古、宁夏、新疆均可见到这种营巢环境。通常成对单独营巢，巢极其隐蔽，不易发现。3月初至4月中旬开始营巢，不同的巢间距2 000～3 000 m。如果当年繁殖成功和未被干扰，则第二年巢还将被继续利用，但每年都要重新进行修补和增加新的巢材，从而使巢随使用年限的增加而变得愈来愈庞大。巢的大小据在新疆测量的4个巢为：外径（150～160）cm×（130～160）cm，平均146.7 cm×153.3 cm；内径（42～73）cm×（46～73）cm，平均61.7 cm×63.0 cm；高70～84 cm，平均78 cm；巢深4～7 cm，平均5.3 cm；距地高4.8～7.9 m。巢主要由干树枝筑成，内垫有苔藓、树叶、干草、树皮、芦苇、动物毛和碎片等，巢呈盘状。雌雄亲鸟共同参与筑巢，雄鸟主要寻找和运输巢材，雌鸟筑巢，晚上亦留巢中，巢筑好后雌雄亲鸟在巢中交尾，进入繁殖期的重要阶段。

黑鹳在3月中旬至3月下旬开始产卵，多数在4月初至4月中旬，个别也有迟至4月末至5月初才产卵的。1年繁殖1窝，每窝通常产卵4～5枚，也有少至2枚和多至6枚的。卵椭圆形，白色，光滑无斑，大小为（62～71）mm×（47～55）mm，平均67.1 mm×50 mm，重66～88 g，平均77.3 g。第一枚卵产出后即开始孵卵，由雌雄亲鸟轮流进行，通常1 d轮换6次，白天坐巢时间雌雄亲鸟基本相同，晚上同在巢中过夜，一鸟孵卵，一鸟站在巢边守卫。孵化后期则整天由雌鸟孵卵，不再轮换。孵化期31～34 d，孵化率为55%～61%。雏鸟晚成性，刚孵出后全身被有白色绒羽，在孵出后的最初几天，由于雏鸟食量小，恒温机制还未建立，通常由一亲鸟外出寻食，另一亲鸟留在巢中继续孵卵和暖雏。随着卵全部孵出和雏鸟逐步长大，体温调节能力的增强和食量的增加，雌雄亲鸟才同时外出觅食喂雏，但大多数时候仍有一亲鸟留在巢中警卫，或轮流外出觅食和休息。如遇人等干扰者进入巢区，则雌雄亲鸟长时间在巢上空飞翔、盘旋，直至人离去。每日喂雏 2～3 次，亲鸟将觅得的食物贮存于食囊带回巢中，然后将食物吐在巢内，由雏鸟自行啄食。

黑鹳雏鸟是晚成性鸟类，留巢期甚长，70 日龄时才具飞行能力，并可在巢附近做短距离的练习飞行，75 日龄后可随亲鸟到河湖岸边或河漫滩觅食，夜晚仍归巢栖息，直至 100 日龄后才不归巢，跟随亲鸟到更大范围内活动，向亲鸟学习辨别食物能力、食物分布环境等，提高生存竞争能力。幼鸟在 3～4 龄时性成熟。据环志观察，最老的环志鸟在 18 年时回收，据笼养条件下的观察，最高寿命可达 31 年。

黑鹳是一种广布性的鸟类，大部分是迁徙鸟，但在西班牙大部分留居，仅少数经过直布罗陀海峡到西非越冬。在南非繁殖的种群也不迁徙，仅在繁殖期后向四周扩散，主要做局部的高度运动。繁殖在欧洲的种群，几乎全部迁到非洲越冬，其中少数在西欧繁殖的种群主要经直布罗陀海峡到西非。在西古北区和东欧繁殖的种群主要穿过博斯普鲁斯海峡沿地中海东端迁往非洲越冬。在西亚繁殖的种群主要迁到印度越冬。而在俄罗斯东部和中国繁殖的种群，主要迁到中国长江以南越冬。迁徙时常成 10 余只至 20 多只的小群。主要在白天迁徙。迁徙飞行主要靠两翼鼓动飞翔，有时也利用热气流进行滑翔。迁徙时间在秋季，中国主要在 9 月下旬至 10 月初开始南迁，春季多在 3 月初至 3 月末到达繁殖地。在欧洲秋季多在 8 月末至 10 月离开繁殖地迁往越冬地，春季在 3—5 月到达繁殖地。繁殖于新疆塔里木河流域、天山山地、阿尔泰山地、准噶尔盆地和东部盆地、青海西宁、祁连山、甘肃东北部和中部、祁连山西南部、张掖西北部、酒泉、敦煌、内蒙古自治区西北部、伊克昭盟中部、东胜、乌梁素海、呼和浩特、巴林东北部、赤峰、阿伦河，黑龙江省哈尔滨、山河屯、牡丹江，吉林省长白山，辽宁省熊岳、朝阳、鞍山，河北省北部燕山，河南伏牛山，山西北部，陕西北部延安等地。越冬于山西、河南、陕西南部、四川、云南、广西、广东、湖南、湖北、江西、长江中下游和台湾。

黑鹳性孤独，常单独或成对活动在水边浅水处或沼泽地上，有时也成小群活动和飞翔。白天活动，晚上多成群栖息在水边沙滩或水中沙洲上。性机警而胆小，听觉、视觉均很发达，当人还离得很远时就凌空飞起，故人难以接近。在地面起飞时需要先在地面奔跑一段距离，用力扇动两翅，待获得一定上升力后才能飞起，善飞行，能在浓密的树枝间飞翔前进，飞翔时头颈向前伸直，两脚并拢，远远伸出于尾后。两翅扇动缓慢有力，平均每分钟两翅扇动 159 次，比白鹳每分

钟鼓动 170 次还慢。黑鹳不仅能鼓翼飞行，也能像白鹳一样利用上升的热气流在空中翱翔和盘旋，头可以左右摆动观察地面。在地上行走时跨步较大，步履轻盈。休息时常单脚或双脚站立于水边沙滩上或草地上，缩脖成驼背状。

黑鹳主要以鲫鱼、雅罗鱼、团头鲂、虾虎鱼、白条、鳔鳅、泥鳅、条鳅、杜父鱼等小型鱼类为食，也吃蛙、蜥蜴、虾、蟋蟀、金龟甲、蝲蛄、蟹、蜗牛、软体动物、甲壳类、啮齿类、小型爬行类、雏鸟和昆虫等其他动物性食物。通常在干扰较少的河渠、溪流、湖泊、水塘、农田、沼泽和草地上觅食，多在水边浅水处觅食。主要通过眼睛搜寻食物，并能垂直向下寻觅，觅食时步履轻盈，行动小心谨慎，走走停停，偷偷地潜行捕食。遇到猎物时，急速将头伸出，利用锋利的嘴尖突然啄食，有时也长时间地在一个地方来回走动觅食。觅食地一般距巢较远，多在 2～3km 内，有时甚至远至 7～8km 以外，特别是在荒原地区。寻食活动最频繁的时间在 7:00—8:00、12:00—13:00 和 17:00—18:00。其他时候或是在巢中和觅食地休息，或是在高空盘旋滑翔。

黑鹳列入《华盛顿公约》CITES 附录 II。列入《中国国家重点保护野生动物名录》 I 级。列入《世界自然保护联盟濒危物种红色名录》（IUCN）2012 年 ver 3.1——无危（LC）。

（十一）黑颈䴙䴘（*Podiceps nigricollis*）

黑颈䴙䴘，为䴙䴘科䴙䴘属的鸟类，是一种候鸟，体型中等偏小。体长 25～34 cm，体重不到 0.5 kg。成鸟具松软的黄色饰羽耳簇，耳簇延伸至耳羽后（鉴定性特征），整体褐色至黑色。前颈、头顶羽毛黑色，喙较角䴙䴘上扬。颏部白色延伸至眼后呈月牙形，飞行时无白色翼覆羽。身体后部背部两侧有褐色的羽毛带。夏季羽毛比冬季更为亮丽。虹膜为红色，与黄色耳簇、黑色喙和白色脸颊形成鲜明的对比，仿佛是假眼。喙几乎全部黑色，脚及半蹼灰黑色。

黑颈䴙䴘栖息于较平静的湖泊和河流。常集群于淡水湖泊水面，时常潜入水

图 13　黑颈䴙䴘外形

中捕食，觅食水生小型动物，以小型鱼虾为主。

　　黑颈䴙䴘成群在淡水或咸水上繁殖。繁殖期 5—8 月，营浮巢，每窝产卵 4 ～ 6 枚。繁殖期发出哀怨笛音"poo-eeet"及尖厉颤音。产卵多在草丛中，雌鸟孵化。幼鸟似冬季成鸟，但褐色较重，胸部具深色带，眼圈白色。和其他䴙䴘一样，游泳时，亲鸟有时会将雏鸟放在背部。

　　黑颈䴙䴘分布于欧亚中部、南部、非洲、北美洲西部以至中美洲、中国等地，多见于沼泽、池塘以及湖泊或有覆盖物的溪流。该物种的模式产地在德国中部，不连贯广布于各大洲，冬季分散至北纬 30° 以南地区。国内分布：夏时分布于新疆（天山）、内蒙古（东北部呼伦贝尔盟，东部中部，西南部），迁徙经东北南部、华北各省，西抵甘肃、青海、新疆以及福建、广东、台湾、云南、四川等处越冬。国外分布：欧亚中部南部、非洲、北美洲西部以及中美洲。在中国数量稀少，已列入中国《国家保护的有益的或者有重要经济、科学研究价值的陆生野生动物名录》。

（十二）灰鹤（*Grus grus*）

灰鹤，是大型涉禽，体长 100～120 cm，体重最大可达 5 kg 以上。后趾小而高位，不能与前三趾对握，因此不能栖息在树上。成鸟两性相似，雌鹤略小，雄性鹤羽毛颜色明显比雌鹤的亮丽。颈、脚均甚长，全身羽毛大都灰色，前额和眼先黑色，中心红色，被有稀疏的黑色毛状短羽，头及颈深青灰色，冠部几乎无羽，裸出的皮肤为红色，眼后至颈侧有一灰白色纵带伸至颈背，脚黑色。眼后有一白色宽纹穿过耳羽至后枕，再沿颈部向下到上背，身体其余部分为石板灰色，在背、腰灰色较深，胸、翅灰色较淡，背常沾有褐色。背部及长而密的三级飞羽略沾褐色。喉、前颈和后颈灰黑色。初级飞羽、次级飞羽端部、尾羽端部和尾上覆羽为黑色。三级飞羽灰色，先端略黑，且延长弯曲成弓状，其羽端的羽枝分离成毛发状，形似蓑衣。虹膜红褐色，嘴黑绿色，端部沾黄；腿和脚灰黑色。

灰鹤幼鸟体羽已呈灰色但羽毛端部为棕褐色，冠部被羽，无下垂的内侧飞羽。第二年头顶开始裸露，仅被有毛状短羽，上体仍留有棕褐色的旧羽。幼鸟虹膜浅灰色。嘴基肉色，尖端灰肉色。脚灰黑色。

灰鹤体重♂3 750～4 850 g，♀3 000～5 500 g；体长♂1 048～1 100 mm，♀1 000～1 112 mm；嘴峰♂100～112 mm，♀101～120 mm；翅♂525～577 mm，♀500～555 mm；尾♂186～211 mm，♀182～210 mm；跗跖♂227～252 mm，♀207～240 mm。

灰鹤栖息于开阔平原、草地、沼泽、河滩、旷野、湖泊以及农田地带，其中尤为喜欢以富有水边植物的开阔湖泊和沼泽地带。常栖息于沼泽草甸，沼泽中多草丘和水洼地，水生植物有水麦冬、水毛茛和薹草等20多种。在中国黑龙江省林甸县灰鹤栖息在芦苇沼泽，有芦苇、狭叶甜茅、菰、小狸藻等植物。在迁徙途中的停歇地和越冬地，主要栖息在河流、湖泊、水库或海岸附近，常到农田中觅食，回到河漫滩、沼泽地或海滩夜宿，例如，在山西省河津县黄河滩越冬的灰鹤，白天主要在作物地中觅食休息，以花生地中最多，夜间在距河岸 1～2 km 处四面环水的沙滩或荒草丛生的小岛上过夜，但从未见到灰鹤在耕地内集群过夜。灰鹤成 5～10 余只的小群活动，迁徙期间有时集群多达 40～50 只，在冬天越冬地集群个体多达数百只。近几年，上万只灰鹤沿环塔里木盆地周边有水区域分布越冬，喜欢集群到种植籽实玉米的地中觅食，如果玉米粒丰富或足够吃，集群数量可达几万只。觅食时，多数是以家庭为单位觅食，或三只（一家的雌雄亲鸟带一只幼鸟，占绝大多数。幼鸟体型与毛色相似，体型稍小，毛色略淡），或二只（一家的雌雄亲鸟，幼鸟可能死亡，占少数），或一只（单雌或单雄，占极少数）。性机警，胆小怕人。活动和觅食时常有一只鹤担任警戒任务，不时地伸颈注视四周动静，发现有危险，立刻长鸣一声，并振翅飞翔，其他鹤亦立刻齐声长鸣，振翅而飞。飞行时排列成"V"或"人"字形，头、颈向前伸直，脚向后直伸。栖息时常一只脚站立，另一只脚收于腹部。

　　灰鹤杂食性，但以植物为主，包括根、茎、叶、果实和种子，喜食芦苇的根和叶，夏季也吃昆虫、蚯蚓、蛙、蛇、鼠等，它能利用新的生境并适应不同生境

图14　灰鹤外形

中的不同食物，从水生植物、谷粒和种子到小型无脊椎动物。在草海越冬的灰鹤，吃豆类、植物种子、块根茎，也兼吃一些动物性食物，常见的是螺类。在新疆越冬的灰鹤，早的10下旬飞至，晚的是11月中旬飞至，到翌年3月中旬至下旬陆续飞离，迁徙去繁殖区生活。在越冬期间觅食时，喜欢觅食含能量高的植物种子。

灰鹤于春季3月中下旬开始往繁殖地迁徙，秋季于9月末10月初迁往越冬地。迁徙时常为数个家族群组成的小群迁飞，有时也成40～50只的大群，繁殖期4—7月。每窝通常产卵2枚，雌雄轮流孵卵，孵化期28～30 d。营巢于近水的草丛之中，如山地湖泊、沼泽、草甸和草原上。海拔200～4 000 m。栖息于开阔平原、草地、沼泽、河滩、旷野、湖泊以及农田地带；其中尤为喜欢以富有水边植物的开阔湖泊和沼泽地带。

灰鹤列入《世界自然保护联盟濒危物种红色名录》（IUCN）2012年ver 3.1——无危（LC）。列入中国国家重点保护野生动物名录，等级为Ⅱ级。

（十三）黑鸢（*Milvus migrans*）

黑鸢是一种体型略大的常见中型猛禽，共有7个亚种。雌鸟显著大于雄鸟。体长54～69 cm，体重可达600～1 200 g。前额基部和眼先灰白色，耳羽黑褐

图 15-A　黑鸢外形

色，头顶至后颈棕褐色，具黑褐色羽干纹。上体暗褐色，翅上中覆羽和小覆羽淡褐色，具黑褐色羽干纹，微具紫色光泽和不甚明显的暗色细横纹和淡色端缘，上体暗褐色，初级覆羽和大覆羽黑褐色，初级飞羽黑褐色，外侧飞羽内翈基部白色，尾端具淡棕白色羽缘，下体棕褐色，均具黑褐色羽干纹。尾较长，尾棕褐色，呈浅叉状，其上具有宽度相等的黑色和褐色横带呈相间排列，具宽度相等的黑色和褐色相间排列的横斑。腿爪灰白色有黑爪尖，眼睛棕红色。飞翔时翼下左右各有一块大的白斑。黑鸢形成翼下一大型白色斑，飞翔时极为醒目。次级飞羽暗褐色，具不甚明显的暗色横斑。下体颏、颊和喉灰白色，具细的暗褐色羽干纹。胸、腹及两胁暗棕褐色，具粗著的黑褐色羽干纹，下腹至肛部羽毛稍浅淡，呈棕黄色，几无羽干纹，或羽干纹较细，尾下覆羽灰褐色，翅上覆羽棕褐色。幼鸟全身大都栗褐色，头、颈大多具棕白色羽干纹。胸、腹具有宽阔的棕白色纵纹，翅上覆羽具白色端斑，尾上横斑不明显，其余似成鸟。 虹膜暗褐色，嘴黑色，蜡膜和下嘴基部黄绿色。脚和趾黄色或黄绿色，爪黑色。

黑鸢大小量度结果：体重♂1 015 ～ 1 150g，♀900 ～ 1 160 g；体长♂540 ～ 660 mm，♀585 ～ 690 mm；嘴峰♂25 ～ 40 mm，♀27 ～ 38 mm；翅♂435 ～ 550 mm，♀440 ～ 530 mm；尾♂270 ～ 362 mm，♀285 ～ 358 mm；跗跖♂52 ～ 75 mm，♀50 ～ 72 mm。

图 15-B　冬天垃圾场集结的黑鸢群（自拍）

黑鸢栖息于开阔平原、草地、荒原和低山丘陵地带。白天活动，常单独在高空飞翔，秋季有时亦呈 2 ～ 3 只的小群，食物缺乏的冬天，黑鸢到垃圾填埋地觅食，可聚集几十只在一起（见图 15-B）。主要以小鸟、鼠类、蛇、蛙、鱼、野兔、蜥蜴和昆虫等动物性食物为食。一般通过在空中盘旋来观察和寻找食物。

黑鸢繁殖期 4—7 月。营巢于高大树上，距地高 10 m 以上，也营巢于悬岩峭壁上。巢呈浅盘状，主要由干树枝构成，结构较为松散，内垫以枯草、纸屑、破布、羽毛等柔软物。雌雄亲鸟共同营巢，通常雄鸟运送巢材，雌鸟留在巢上筑巢。巢的大小为 40 ～ 100 cm，有时直径达 1 m 以上。每窝产卵 2 ～ 3 枚，偶尔有少至 1 枚和多至 5 枚的，卵的大小为（53 ～ 68）mm ×（41 ～ 48）mm，重约 52 g，钝椭圆形，污白色、微缀血红色点斑。雌雄亲鸟轮流孵卵，孵化期 38 d。雏鸟晚成性，孵出后由雌雄亲鸟共同抚育，大约经过 42 d 的巢期生活后，雏鸟即可飞翔。

黑鸢分布于欧亚大陆、非洲、印度，一直到澳大利亚。其被列入 IUCN 红色物种名录以及 CITES 附录二级，是国家二级重点保护物种。分布广泛，涉及西伯利亚东部、亚洲北部、日本、印度和中国等国家和地区。全新疆各地均有记录，分布广泛。

（十四）大鵟（*Buteo hemilasius*）

大鵟为鹰科鵟属的鸟类，是一种大型猛禽。体长 57 ～ 76cm，体重 1 320 ～ 2 100 g。似棕尾鵟但体型较大，它的体色变化较大，有数种色型，分暗型、淡型两种色型。浅色型具深棕色的翼缘，上体暗褐色，肩和翼上覆羽缘淡褐色。头和颈部羽色稍淡，甚至几为纯白色，羽缘棕黄色，具暗色羽干纹，眉纹黑色，尾淡褐色，具 6 条淡褐色和白色横斑，羽干及羽缘白色，翅暗褐色，飞羽内翈基部白色，次级飞羽及内侧覆羽具暗色横斑，内翈边缘白色并具暗色点斑，翅下飞羽基部白色，形成白斑。腿深色，次级飞羽具清晰的深色条带，尾上偏白并常具横斑。深色型初级飞羽下方的白色斑块比棕尾鵟小。尾常为褐色而非棕色。头顶和后颈白色，各羽贯以褐色纵纹。头侧白色。有褐色髭纹，上体淡褐色，有 3 ～ 9 条暗色横斑，羽干白色。下体大都棕白色，腿羽暗褐色，具暗色羽干纹及横纹。跗跖前面通常被羽，飞翔时翼下有白斑。

大鵟虹膜黄褐色，嘴黑色，蜡膜黄绿色，跗跖和趾黄色，爪黑色。

大鵟的外形和普通鵟、毛脚鵟等其他鵟类都很相似，但体形比它们都大，飞

图 16　大鵟的外形及捕食

翔时棕黄色的翅膀下面具有白色的斑。另外它们三者的跗跖上的被羽有所不同，普通鵟跗跖仅部分被羽，毛脚鵟的被羽则一直达到趾的基部。

大鵟体重♂1 320～1 800 g，♀1 950～2 100 g；体长♂582～622 mm，♀569～676 mm；嘴峰♂24～30 mm，♀28～30 mm；翅♂446～477 mm，♀470～520 mm；尾♂262～272 mm，♀262～285 mm；跗跖♂76～92 mm，♀80～94 mm。

大鵟栖息于山地、山脚平原和草原等地区，也出现在高山林缘和开阔的山地草原与荒漠地带，垂直分布高度可以达到 4 000 m 以上的高原和山区。冬季也常出现在低山丘陵和山脚平原地带的农田、芦苇沼泽、村庄甚至城市附近。主要为留鸟，部分迁徙。春季多于 3 月末 4 月初到达繁殖地，秋季多在 10 月末至 11 月中旬离开繁殖地。在中国的繁殖种群主要为留鸟，部分迁往繁殖地南部越冬。喜停息在高树上或高凸物上。主要以啮齿动物，蛙、蜥蜴、野兔、蛇、黄鼠、鼠兔、旱獭、雉鸡、石鸡、昆虫等动物性食物为食。分布在青藏高原、蒙古国、中国中部及东部。

大鵟繁殖于中国北部和东北部、青藏高原东部及南部的部分地区。可能也在中国西北繁殖。繁殖期为5—7月。通常营巢于悬岩峭壁上或树上，巢的附近大多有小的灌木掩护。巢呈盘状，可以多年利用，但每年都要对巢材进行补充，因此有的使用年限较为长久的巢，直径可达 1 m 以上。巢主要由干树枝构成，里面垫有干草、兽毛、羽毛、碎片和破布。每窝产卵通常 2～4 枚，偶尔也有多至5 枚的，卵的颜色为淡赭黄色，被有红褐色和鼠灰色的斑点，以钝端较多。孵化期大约为 30d。雏鸟属于晚成性，孵出后由亲鸟共同抚育大约 45 d，然后离巢飞翔，进行独自觅食的生活。冬季北方鸟南迁至华中及华东，偶有鸟至广西、广东及福建。身体强健有力，能捕捉野兔及雪鸡。据报道还能杀死羊只。

大鵟平时白天活动。常单独或小群活动，飞翔时两翼鼓动较慢，常在天气暖和的时候在空中作圈状翱翔。此外还有上飞、下飞、斜垂飞、直线飞、低飞而转斜垂上树飞、树间飞、短距离跳跃飞、长距离滑翔飞、空中驱赶飞、追逐嬉戏、飞获得猎物飞，以及各种打斗时的飞行等方式，堪称花样繁多。性凶猛、也十分机警，休息时多栖息地上、岩石顶上或森林凸出物上。冬季与鸢混在一起在松柏镇居民屋后的林缘地带觅食。找到食物者一边扇动翅膀，一边跑开，防止其他的鸟前来争夺。休息时多栖于地上、山顶、树梢或其他凸出物体上。

大鵟捕食方式主要通过在空中盘旋飞翔，或者站在地上和高处等待捕获物。通过锐利的眼睛观察和寻觅，一旦发现地面猎物，突然快速俯冲而下，用利爪抓捕。此外也栖息于树枝或电线杆上等高处等待猎物，当猎物出现在眼前时才突袭捕猎。它捕蛇的技术十分高超，用脚抓获以后便振翅飞到 300 m 以上的空中，而不甘心束手就擒的蛇弯曲着身体，准备缠绕大鵟的双脚，但大鵟却突然伸直双腿和脚爪，将蛇撒开，使其跌落在地上，然后俯冲而下，再次将蛇抓起，带到空中，重复前面的动作，直到蛇失去了反抗的能力后，才降落到地面上将其慢慢地吞食。

大鵟列入世界自然保护联盟（IUCN）ver3.1：2009 年鸟类红色名录。列入中国国家重点保护野生动物二类保护动物名录。是世界濒危物种其中一种，为联合国《濒危野生动物名录》其中之一。

（十五）棕尾鵟（*Buteo rufinus*）

棕尾鵟是鹰科鵟属的中大型猛禽，是一种适应干燥环境的荒漠猛禽。体长50～65 cm，体重可达 1.2 kg 左右。体色变化也比较大，有淡色型和暗色型等，但体羽的颜色均比其他鵟类的颜色浅淡。通常上体为淡褐色到淡沙褐色，具有暗

图 17　棕尾鵟的外形（自拍）

色的中央纹，喉部和上胸部为皮黄白色，具有暗色的羽轴纹，下胸为白色，腹部和腿上的羽毛为黑褐色，尾羽为棕褐色，通常没有横带或仅具有窄而明显的暗色横斑，这一点与其他鵟类明显不同。在空中翱翔时飞羽下面颜色浅淡，翼尖为黑色。虹膜金黄褐色或淡黄褐色，嘴黑色或石板褐色，尖端黑色，下嘴的基部和口角为黄色。蜡膜黄绿色，脚和趾黄色或柠檬黄色。成鸟头、颈棕褐色，具黑色羽轴。眼先及眼上下淡色而具黑色羽领。上体褐色，羽缘茶棕。初级飞羽黑褐，内翈自缺刻至羽基白色，第 2～5 枚初级飞羽外翈具横斑。次级飞羽较淡、内翈具暗褐色横斑，翅下覆羽和腋羽大都为棕褐色，下体棕白色。尾部棕褐色，尾羽淡棕褐，羽干纹白，尾尖淡棕，具宽阔的暗褐色次端斑，与其他种鵟不同。尾下覆羽与下腹相似。飞行时，翅上举呈"V"形，翼尖黑色。幼鸟体色与成鸟相似，但尾羽具较多的暗褐色横斑。主要以野兔、啮齿动物、蛙、蜥蜴、蛇、雉鸡和其他鸟类与鸟卵等为食，有时也吃死鱼和其他动物尸体。常单独活动。常在岩石、土丘上站立等待寻找地上猎物。不善鸣叫，在求偶时期鸣叫，叫声如"pece-oo"声，叫声短而尖锐。分布于希腊、伊拉克、伊朗、巴基斯坦、阿富汗、土耳其、蒙古国、印度和中国等地。在中国属于国家二级重点保护野生动物。

棕尾鵟是喜欢干燥环境的荒原猛禽，栖息于荒漠、半荒漠、草原、无树的平原和山地平原，垂直分布的高度可达海拔 2 000 ～ 4 000 m 的高原地区，冬季有时也到农田地区活动，但较少活动于森林地带，常单独或成群活动在开阔、多石而又干燥的不毛之地。平时不善于鸣叫，行动显得迟缓而笨重，常站立在地上、岩石上、电线杆上或地面的高处和石头上，偶尔也站立在树上。喜欢在空中成圆圈状翱翔和盘旋，两翅上举成"V"形，有时也在空中逆风不动，好像悬浮在空中。棕尾鵟在中亚到东欧的半荒漠草原、高地疏林地带繁殖，在东部繁殖的种群个体显著大于西部者。在中国新疆地区繁殖的棕尾鵟个体大，体长和翼展都接近大鵟，但是明显比大鵟显得苗条，颈和跗跖都显得修长一些，翅宽也比大鵟的要窄，尾在身长中所占比例超过大鵟和普通鵟。

棕尾鵟繁殖期为 4—7 月。求偶时发出短而尖锐的叫声。营巢于悬崖峭壁间的岩石上或树上。巢主要由枯树枝构成，里面垫有枯草。每窝产卵 3 ～ 5 枚，通常 4 枚，偶尔也有少至 2 枚的。卵的颜色为白色或皮黄白色，具黄色或红褐色斑点。孵化期为 28 ～ 31 d，估计产卵应在 4 月中上旬，幼雏留巢期为 40 ～ 45 d，6 月下旬至 7 月上旬飞出。第一枚卵产出后即开始孵卵。孵卵由雌雄亲鸟共同承担，但以雌鸟为主。雏鸟晚成性，孵出后由雌雄亲鸟共同抚养，经过 40 ～ 45 d 的巢期生活后，雏鸟即能飞翔和离巢。

棕尾鵟幼雏发育的早期阶段，亲鸟一般把猎物带回巢，撕碎后喂给雏鸟，或放置在巢中，任雏鸟啄食，虽然取食比较困难，但可以看作是一种重要的锻炼。在后期，特别是离巢出飞阶段，亲鸟可将猎物撕成大块喂给雏鸟，甚至在空中抛给雏鸟练习它们的捕食能力。

棕尾鵟列入了《世界自然保护联盟濒危物种红色名录》（IUCN）2012 年 ver 3.1——无危（LC）。列入《华盛顿公约》CITES 附录 I 濒危物种。列入中国国家重点保护野生动物二级保护动物名录。列入了《中国濒危动物红皮书》，等级为稀有，生效年代为 1996。

（十六）雕鸮（*Bubo bubo*）

雕鸮属于鸱鸮科雕鸮属，又名猫头鹰，为夜行猛禽。喙坚强而钩曲，嘴基蜡膜为硬须掩盖。雕鸮面盘显著，淡棕黄色，杂以褐色细斑；眼先和眼前缘密被白色刚毛状羽，各羽均具黑色端斑。眼的上方有一大型黑斑，面盘余部淡棕白色或栗棕色，弥杂以褐色细斑。皱领黑褐色，两翈羽缘棕色，头顶黑褐色，羽缘棕白色，并杂以黑色波状细斑。耳羽特别发达，显著突出于头顶两侧，长达55～97 mm，其外侧黑色，内侧棕色。后颈和上背棕色，各羽具粗著的黑褐色羽干纹，端部两翈缀以黑褐色细斑点，其翅膀的外形不一，第五枚次级飞羽缺。肩、下背和翅上覆羽棕色至灰棕色，杂以黑色和黑褐色斑纹或横斑，并具粗阔的黑色羽干纹。羽端大都呈黑褐色块斑状。腰及尾上覆羽棕色至灰棕色，具黑褐色波状细斑。中央尾羽暗褐色，具6道不规整的棕色横斑。外侧尾羽棕色，具暗褐

图 18　雕鸮外形

色横斑和黑褐色斑点。飞羽棕色，具宽阔的黑褐色横斑和褐色斑点。颏白色，喉除皱领外亦白，胸棕色，具粗著的黑褐色羽干纹，两胁具黑褐色波状细斑，上腹和两胁的羽干纹变细，但两胁黑褐色波状横斑增多而显著。下腹中央几纯棕白色，覆腿羽和尾下覆羽微杂褐色细横斑。腋羽白色或棕色，具褐色横斑。虹膜金黄色，嘴和爪铅灰黑色。尾短圆，尾羽 12 枚，有时仅 10 枚。脚强健有力，常全部被羽，第四趾能向后反转，以利攀缘。爪大而锐。尾脂腺裸出。营巢于树洞或岩隙中。雏鸟晚成性。耳孔周缘有明显的耳状簇羽，有助于夜间分辨声响与夜间定位。胸部体羽多具显著花纹。

雕鸮多栖息于远离人群、人迹罕至的密林等偏僻之地，全天可活动，除繁殖期外常单独活动。夜行性，白天多躲藏在密林中栖息，缩颈闭目栖于树上，一动不动。但它的听觉甚为敏锐，稍有声响，立即伸颈睁眼，转动身体，观察四周动静，如发现人立即飞走。飞行时缓慢而无声，通常贴着地面飞行。听觉和视觉在夜间异常敏锐。白天隐蔽在茂密的树丛中休息。食性很广，主要以各种鼠类为食。不能消化的鼠毛和动物骨头会被雕鸮吐出，丢弃在休息处周围，称为食团。叫声深沉。雕鸮在夜间常发出"狠、呼，狠、呼"叫声互相联络，感到不安时会发出响亮的"嗒、嗒"声威胁对方。以各种鼠类为主要食物，被誉为"捕鼠专家"。也吃兔类、蛙、刺猬、昆虫、雉鸡和其他鸟类，甚至是苍鹰、雀鹰，在夜晚偷袭隼等，因为隼飞行极快，而雕鸮速度远不如隼，也吃鸟蛋，雕鸮的天敌是金雕等大型雕类，白腹隼雕也捕食过一只雕鸮。此外，中大型食肉哺乳类也会吃雕鸮，雕鸮骨头被认为能接骨，所以遭到大量捕杀，极少数的是因为偷吃家禽，袭击人工驯养的雀鹰等遭人痛恨而被杀死，不过，雕鸮和其他猛禽一样都是对人类无害的，只有在十分饥饿难忍时才会偷吃鸡鸭等家禽。

雕鸮遍布于大部欧亚地区和非洲，从斯堪的纳维亚半岛，一直向东穿过西伯利亚到萨哈林岛和千岛群岛，往南一直到亚洲南部的印度和缅甸北部，非洲从撒哈拉大沙漠南缘到阿拉伯。据统计，雕鸮有多达 41 个亚种。在新疆分布着至少 4 个亚种，其中塔里木亚种（*B. bubo. tarimensis*）或西藏亚种（*B. bubo. tibetanus*）在阿尔金山地区有分布。

雕鸮体重 ♂1 410 ～ 3 959 g，♀1 025 ～ 2 200 g；体长 ♂555 ～ 650 mm，♀650 ～ 710 mm；嘴峰 ♂40 ～ 49 mm，♀44 ～ 50 mm；翅 ♂430 ～ 480 mm，♀410 ～ 500 mm；尾 ♂225 ～ 300 mm，♀260 ～ 295 mm；跗跖 ♂66 ～ 99 mm，♀73 ～ 84 mm。

雕鸮繁殖期随地区而不同，中国东北地区繁殖期4—7月。在四川繁殖期从12月开始。此时雌雄鸟成对栖息在一起，拂晓或黄昏时相互追逐戏耍，并不时发出相互召唤的鸣声。3～5 d后进行交配，交配后约1周雌鸟即开始筑巢。通常营巢于树洞、悬崖峭壁下的凹处或直接产卵于地上，由雌鸟用爪刨一小坑即成，巢内无任何内垫物，产卵后则垫以稀疏的绒羽。巢的大小视营巢环境而不同，每窝产卵2～5枚，以3枚较常见。卵白色，呈椭圆形，卵的大小为（55～58）mm×（44～47.2）mm，重50～60 g。孵卵由雌鸟承担，孵化期35 d。

（十七）纵纹腹小鸮（*Athene noctua*）

纵纹腹小鸮，隶属于鸮形目、鸱鸮科小鸮属的鸟类。体长20～26 cm，体重雄鸟100～180 g，雌鸟100～185 g，体型较小。面盘和皱翎不明显，亦无耳羽簇。头顶平，眼亮黄而长凝不动，浅色平眉及白色宽髭纹使其形狰狞。虹膜亮

图19　纵纹腹小鸮外形

黄色，嘴角质黄色。上体为沙褐色或灰褐色，并散布有白色的斑点。下体为棕白色而有褐色纵纹（鉴定性主要特征）。腹中央至肛周和覆腿羽白色，具褐色杂斑及纵纹，肩上有2道白色或皮黄色横斑，跗跖和趾均披棕白色羽，爪黑褐色。

纵纹腹小鸮分布于欧洲、非洲东北部、中东、中亚和南亚。中国分布于新疆、四川、西藏、甘肃、青海、北京、河北、山西、内蒙古、辽宁、吉林、黑龙江、江苏、山东、河南、广西、贵州、陕西、宁夏等地。新疆广布于各地。栖息于低山丘陵、林缘灌丛和平原森林地带，也出现在农田、荒漠和村庄附近的树林中或树上。主要在晚间活动，常栖息在荒坡或农田地边的大树顶上或电杆上。飞行迅速，常通过等待和快速追击捕猎食物。主要以鼠类和鞘翅目昆虫为食，也捕食小鸟、蜥蜴、蛙和其他小型动物。猎食主要在黄昏和白天。常通过栖息在开阔地方的大树或电线杆顶端静等的方法，待附近地面出现猎物或低空飞过猎物时，然后才居高临下地突然出击捕猎。

纵纹腹小鸮为常见留鸟，广布于中国北方及西部的大多数地区，高可至海拔4 600 m。部分地昼行性，常立于篱笆及电线上，会神经质地点头或转动，有时以长腿高高站起，或快速振翅作波状飞行。好日夜发出占域叫声，拖长而上扬，音多样。在岩洞或树洞中营巢。通常夜晚出来活动，在追捕猎物的时候，不仅同其他猛禽一样从空中袭击，而且还会利用一双善于奔跑的双腿去追击。以昆虫和鼠类为食，也吃小鸟、蜥蜴、蛙类等小动物。

纵纹腹小鸮繁殖期为5—7月。雄鸟和雌鸟在黄昏和拂晓时的鸣声增多，活动增强，相互追逐、嬉戏。雄鸟用伸颈耸羽、左右摆动等方式来炫耀雌鸟。通常营巢于悬崖的缝隙、岩洞、废弃建筑物的洞穴等处，有时也在树洞或自己挖掘的洞穴中营巢。每窝产卵2～8枚，通常为3～5枚。卵的颜色为白色。雌鸟承担孵卵主要任务。孵化期为28～29 d。雏鸟为晚成性，孵出后双目紧闭，勉强抬头，侧身横躺，全身具有黄白色的绒羽，头大、颈细，嘴峰为肉青色，需要亲鸟喂养45～50 d才能飞翔。

（十八）红隼（*Falco tinnunculus*）

红隼是隼科的小型猛禽之一，体长约33 cm。雄鸟头顶、头侧、后颈及颈背蓝灰色，具纤细的黑色羽干纹。前额、眼先和细窄的眉纹棕白色。背、肩和翅上覆羽砖红色，具分布较为稀疏的近似三角形的黑色斑块；腰和尾上覆羽蓝灰色，具纤细的暗灰褐色羽干纹，尾蓝灰无横斑，具宽阔的黑色次端斑和窄的白色

图 20　红隼外形

端斑。上体赤褐略具黑色横斑（鉴定性特征），下体皮黄而具黑色纵纹。雌鸟体型略大，上体全褐，比雄鸟少赤褐色而多粗横斑。亚成鸟：似雌鸟，但纵纹较重。与黄爪隼区别在尾呈圆形，体型较大，具髭纹，雄鸟背上具点斑，下体纵纹较多，脸颊色浅。喙较短，先端两侧有齿突，嘴灰而端黑，基部不被蜡膜或须状羽；鼻孔圆形，自鼻孔向内可见一柱状骨棍；翅长而狭尖，扇翅节奏较快；尾较细长。翅初级覆羽和飞羽黑褐色，具淡灰褐色端缘；初级飞羽内翈具白色横斑，并微缀褐色斑纹；三级飞羽砖红色，眼下有一宽的黑色纵纹沿口角垂直向下。颏、喉乳白色或棕白色，胸、腹和两胁棕黄色或乳黄色，胸和上腹缀黑褐色细纵纹，下腹和两胁具黑褐色矢状或滴状斑，覆腿羽和尾下覆羽浅棕色或棕白色，尾羽下面银灰色，翅下覆羽和腋羽皮黄白色或淡黄褐色，具褐色点状横斑，飞羽下面白色，密被黑色横斑。

红隼呈现两性色型差异，雄鸟的颜色更鲜艳。雌鸟上体棕红色，头顶至后颈以及颈侧具细密的黑褐色羽干纹；背到尾上覆羽具粗著的黑褐色横斑；尾亦为棕红色，具 9～12 道黑色横斑和宽的黑色次端斑与棕黄白色尖端；翅上覆羽与背同为棕黄色，初级覆羽和飞羽黑褐色，具窄的棕红色端斑；飞羽内翈具白色横斑，并微缀棕色；脸颊部和眼下口角髭纹黑褐色。下体乳黄色微沾棕色，胸、腹和两胁具黑褐色纵纹，覆腿羽和尾下覆羽乳白色，翅下覆羽和腋羽淡棕黄色，密被黑褐色斑点，飞羽和尾羽下面灰白色，密被黑褐色横斑。幼鸟似雌鸟，但上体斑纹较粗著，鼻子与眼眶裸露部分呈灰蓝色。虹膜暗褐色，嘴蓝灰色，先端黑色，基部黄色，蜡膜和眼睑黄色，脚、趾深黄色，爪黑色。

红隼体重 ♂173～240 g，♀180～335 g；体长 ♂316～340 mm，♀305～360 mm；嘴峰 ♂14～15 mm，♀14～15 mm；翅 ♂238～252 mm，♀234～269 mm；尾 ♂161～183 mm，♀152～184 mm；跗跖 ♂37～42 mm，♀33～43 mm。

红隼常见栖息于山地和旷野中，多单个或成对活动，飞行较高。以猎食时有翱翔习性而著名。野生红隼食谱中有老鼠、雀形目鸟类、蛙、蜥蜴、松鼠、蛇等小型脊椎动物，也吃蝗虫、蚱蜢、蟋蟀等昆虫，育雏期也会到村庄猎食家禽的幼雏。红隼的食物中有很大一部分是田鼠，堪称猛禽中的捕鼠高手。野外的红隼主食田鼠，而很多时候藏在浓密草丛中的田鼠不易被发现，红隼就靠着在田鼠经常出没的田野上空振翅悬停，观察寻找田鼠行进时在路上留下的尿液反射的紫外光（其他猛禽没有这种功能），进而找出田鼠的藏身之处。红隼很少像燕隼和游隼那般疾速振翅飞行，更多时候是在低空缓慢扇动翅膀悠然滑翔，一旦锁定目标，则收拢双翅俯冲而下直扑猎物，然后再从地面上突然飞起，迅速升上高空。

中国北部繁殖的种群为夏候鸟，南部繁殖种群为留鸟。繁殖期 5—7 月。常在悬崖、山坡岩石缝隙、土洞、树洞等处筑巢，也有使用喜鹊、乌鸦以及其他鸟类在树上的旧巢。巢较简单实用，由枯枝构成，内垫有草茎、落叶和羽毛。每窝产卵通常 4～5 枚，偶尔有多至 8 枚和少至 3 枚的，但产卵不是连续的，每隔 1 d 或 2 d 产 1 枚卵。如果巢卵被破坏，通常可产补偿性的一窝，但产卵量明显减少，通常为 2～3 枚。卵白色或赭色、密被有红褐色斑，有的仅在钝端被有少许红褐色斑，卵的大小为（36～42）mm×（29～33）mm，平均38.6 mm×30.9 mm，重 16～23 g。孵卵主要由雌鸟承担，雄鸟偶尔亦替换雌鸟孵卵，孵化期 28 ～ 30 d。雏鸟晚成性，刚孵出时体重仅 13 ～ 14 g，全身被有细薄的白色绒羽，10 d 后变为淡灰色绒羽。雏鸟由雌雄亲鸟共同喂养，经过 30 d 左右，雏鸟才能离巢。春季 3 月中旬至 4 月中旬陆续迁到北方繁殖地，10 月初至 10 月末迁离繁殖地。迁徙时常集成小群，特别是秋季。

红隼分布范围很广，非洲、古北界、印度及中国，越冬于菲律宾及东南亚。常见留鸟及季候鸟，除干旱沙漠外遍及各地。是比利时的国鸟。

红隼是中国国家二级重点保护野生动物。也列入《世界自然保护联盟濒危物种红色名录》（IUCN）2012 年 ver 3.1——无危（LC）。

（十九）燕隼（*Falco subbuteo*）

燕隼，俗称为青条子、蚂蚱鹰、青尖等，其体形比猎隼、游隼等都小，为小型猛禽。体长 28 ～ 35 cm，体重为 120 ～ 294 g。翼长，腿及臀棕色，上体深蓝褐色，有一个细细的白色眉纹，颊部有一个垂直向下的黑色髭纹，颈部的侧面、喉部、胸部和腹部均为白色，胸部和腹还有黑色的纵纹，下体白色，下腹部至尾

图 21-A　燕隼外形

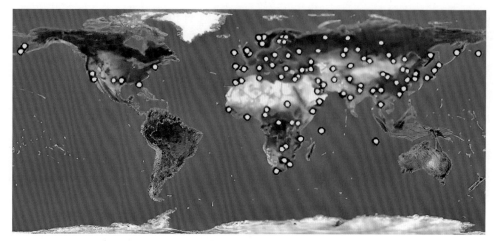

图 21-B　燕隼的分布

下覆羽和覆腿羽为棕栗色。胸乳白而具黑色纵纹，腿羽淡红色。尾羽为灰色或石板褐色，除中央尾羽外，所有尾羽的内侧均具有皮黄色、棕色或黑褐色的横斑和淡棕黄色的羽端。飞翔时翅膀狭长而尖，像镰刀一样，翼下为白色，密布有黑褐色的横斑。翅膀折合时，翅尖几乎到达尾羽的端部（鉴定性特征），看上去很像燕子，因而得名。虹膜黑褐色，眼周和蜡膜黄色，嘴蓝灰色，尖端黑色，脚、趾黄色，爪黑色。雌鸟体型比雄鸟大而多褐色，腿及尾下覆羽细纹较多。

　　燕隼是较为常见的种类，栖息在有稀疏树木生长的开阔平原、旷野、耕地、海岸、疏林和林缘地带，有时也到村庄附近，但却很少在浓密的森林和没有树木的裸露荒原。常单独或成对活动，飞行快速而敏捷，在短暂的鼓翼飞翔后又接着滑翔，并能在空中作短暂停留。停息时大多在高大的树上或电线杆的顶上。主要以麻雀、山雀等雀形目小鸟为食，偶尔捕捉蝙蝠，更大量地捕食蜻蜓、蟋蟀、蝗虫、天牛、金龟子等昆虫，其中大多为害虫。主要在空中捕食，甚至能捕捉飞行速度极快的家燕和雨燕等。虽然它也同其他隼类一样在白天活动，但却是在黄昏时捕食活动最为频繁。常在田边、林缘和沼泽地上空飞翔捕食，有时也到地上捕食。叫声为重复尖厉的"kick"。迁徙时大多组成小群，通常春季在4月中下旬迁到东北繁殖地，9月末至10月初离开繁殖地。

　　燕隼多繁殖于欧洲、非洲西北部、俄罗斯等，越冬于日本、印度、老挝、缅甸等地，在中国分布几乎遍及全国各地。栖息于有稀疏树木生长的开阔平原，有时也村庄附近，但却很少在浓密的森林和没有树木的裸露荒原。捕食小鸟和大型昆虫。近似种有非洲燕隼、东非的燕隼、东南亚和南太平洋的东方燕隼。是中国国家二级重点保护野生动物。

燕隼繁殖期为5—7月。配对以后，雄鸟仍伴随诸多行为，嘴里衔着食物，以一种踩高跷的姿态走近雌鸟，不断地点头，且将两腿分开，露出内侧的羽毛，然后将食物交给雌鸟。接着雄鸟和雌鸟便在空中双双飞舞，同时伴随着特有的单调而柔和的鸣叫。在疏林或林缘和田间的高大乔木树上筑巢，但它自己很少营巢，而是占用乌鸦和喜鹊的巢。巢距地面的高度大多在 10 ～ 20 m。每窝产卵 2 ～ 4 枚，多数为 3 枚，卵的颜色为白色，密布红褐色的斑点。卵的大小为（37 ～ 43）mm×（30 ～ 32）mm，雌雄轮流孵卵，但以雌鸟为主。孵化期为28 d。雏鸟为晚成性，由亲鸟共同抚养 28 ～ 32 d 后才能离巢。

燕隼被列入《华盛顿公约》CITES Ⅱ级保护动物。被列入中国国家二级重点保护野生动物名录。被列入《世界自然保护联盟濒危物种红色名录》（IUCN）2012 年 ver 3.1——无危（LC）。

（二十）游隼（*Falco peregrinus*）

游隼，是中型猛禽，是体型比较大的隼类，共有18个亚种。体重647～825 g，体长为38 ～ 50 cm，翼展95 ～ 115 cm。翅长而尖，眼周黄色，颊有一粗著的垂直向下的黑色髭纹，头至后颈羽毛暗石板蓝灰色到黑色，有的缀有棕色；背、肩蓝灰色，具黑褐色羽干纹和横斑，其余上体蓝灰色，但稍浅，黑褐色横斑亦较窄；腰和尾上覆羽亦为蓝灰色，尾具数条黑色横带和淡色尖端。下体白色，上胸有黑色细斑点，下胸至尾下覆羽密被黑色横斑。头顶和后颈暗石板蓝灰色到黑色，有的缀有棕色，但稍浅，黑褐色横斑亦较窄；尾暗蓝灰色，具黑褐色横斑和淡色尖端；翅上覆羽淡蓝灰色，具黑褐色羽干纹和横斑；飞羽黑褐色，具污白色端斑和微缀棕色斑纹，内翈具灰白色横斑；脸颊部和宽阔而下垂的髭纹黑褐色。喉和髭纹前后白色，其余下体白色或皮黄白色，上胸和颈侧具细的黑褐色羽干纹，其余下体具黑褐色横斑，翼下覆羽、腋羽和覆腿羽亦为白色，具密集的黑褐色横斑。幼鸟上体暗褐色，下体淡黄褐色，胸、腹具黑褐色纵纹。飞翔时翼下和尾下白色，密布白色横带，常在鼓翼飞翔时穿插着滑翔，也常在空中翱翔（鉴定性特征），野外容易识别。飞行迅速。多单独活动，叫声尖锐。幼鸟上体暗褐色或灰褐色，具皮黄色或棕色羽缘。胸、腹具黑褐色纵纹，下体淡黄褐色或皮黄白色，具粗著的黑褐色纵纹。尾蓝灰色，具肉桂色或棕色横斑。

113

　　游隼虹膜暗褐色，眼睑和蜡膜黄色，嘴铅蓝灰色，嘴基部黄色，嘴尖黑色，脚和趾橙黄色，爪黄色。

　　游隼体重♂647～825 g，♀687～840 g；体长♂412～458 mm，♀450～501 mm；嘴峰♂19.4～22.5 mm，♀20.7～23.5 mm；翅♂315～350 mm，♀338～368 mm；尾♂160～185 mm，♀166～201 mm；跗跖♂50～56 mm，♀54～57 mm。

　　游隼主要栖息于山地、丘陵、半荒漠、沼泽与湖泊沿岸地带，也到开阔的农田、耕地和村屯附近活动。主要捕食野鸭、鸥、鸠鸽类、乌鸦和鸡类等中小型鸟

图 22-A　游隼外形

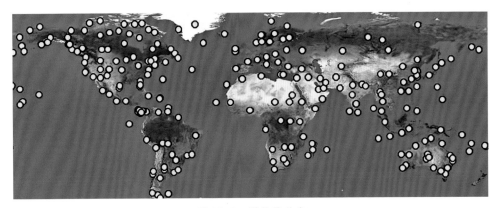

图 22-B　游隼的分布

类，偶尔也捕食鼠类和野兔等小型哺乳动物。分布甚广，遍布于世界各地，但在欧洲和北美分布区的大部地区已变得稀少。中国分布有 4 个亚种。普通亚种较为罕见，在黑龙江、吉林为夏候鸟，辽宁、北京、河北、内蒙古、山西为旅鸟，上海、浙江、台湾、广东、广西为冬候鸟。新疆亚种极为罕见，仅见于新疆，为繁殖鸟。南方亚种也极为罕见，在上海、青海、宁夏为旅鸟，贵州、云南为冬候鸟，其他地区均为偶见迷鸟。东方亚种更是极为罕见，仅记录于浙江缙云，为冬候鸟，这个亚种也可能还产于台湾。是阿拉伯联合酋长国和安哥拉的国鸟，寿命可达 16 年。

　　游隼被列入《世界自然保护联盟濒危物种红色名录》（IUCN）2015 年 ver 3.1——无危（LC）。被列入《华盛顿公约》CITES 附录Ⅱ级保护动物。

（二十一）大嘴乌鸦（*Corvus macrorhynchos*）

　　大嘴乌鸦，又叫巨嘴鸦，俗称老鸹、老鸹。成年的大嘴乌鸦体长可达 50cm 左右，是雀形目鸟类中体型最大的几个物种之一。大嘴乌鸦雌雄同形同色，雌雄体型也相似。全身羽毛黑色，除头顶、枕、后颈和颈侧光泽较弱外，其他部分羽毛带有一些显蓝色、紫色和绿色的金属光泽。嘴粗大，嘴峰弯曲，峰嵴明显，嘴基有长羽，伸至鼻孔处。额较陡突。初级覆羽、初级飞羽和尾羽具暗蓝绿色光泽。下体乌黑色或黑褐色。喉部羽毛呈披针形，具有强烈的绿蓝色或暗蓝色金属光泽。其余下体黑色具紫蓝色或蓝绿色光泽，但明显较上体弱。喙粗且厚，上喙前缘与前额几成直角。额头特别突出，在栖息状态下，这一点是辨识本物种的重要依据。大嘴乌鸦与小嘴乌鸦的区别在喙粗厚且尾圆，头顶更显拱圆形。尾长、

图 23 大嘴乌鸦外形

呈楔状。后颈羽毛柔软松散如发状，羽干不明显。

　　大嘴乌鸦虹膜褐色或暗褐色，嘴、脚黑色。离趾型足，趾三前一后，后趾与中趾等长；腿细弱，跗跖后缘鳞片常愈合为整块鳞板，雀腭型头骨。鼻孔距前额约为嘴长的 1/3，鼻须硬直，达到嘴的中部。

　　大嘴乌鸦体重 ♂415 ～ 675 g，♀412 ～ 591 g；体长 ♂440 ～ 540 mm，♀445 ～ 535 mm；嘴峰 ♂52 ～ 64 mm，♀51 ～ 62 mm；翅 ♂290 ～ 351 mm，♀290 ～ 345 mm；尾 ♂193 ～ 242 mm，♀188 ～ 240 mm；跗跖 ♂51 ～ 69 mm，♀53 ～ 67 mm。

　　大嘴乌鸦栖息于低山、平原和山地阔叶林、针阔叶混交林、针叶林、次生杂木林、人工林等各种森林类型中。喜欢在林间路旁、河谷、海岸、农田、沼泽和草地上活动，有时甚至出现在山顶灌丛和高山苔原地带。大嘴乌鸦是杂食性鸟类，主要以蝗虫、金龟甲、金针虫、蝼蛄、蛴螬等昆虫、昆虫幼虫和蛹为食，也

吃雏鸟、鸟卵、鼠类、腐肉、动物尸体以及植物叶、芽、果实、种子和农作物种子等。大嘴乌鸦对生活环境不挑剔，无论山区平原均可见到，喜结群活动于城市、郊区等适宜的环境。由于各大城市的"热岛效应"和"垃圾围城"等环境问题的影响，大嘴乌鸦在城市中极为常见，以路旁、公园中的高大乔木为落脚点。叫声单调粗犷，似"呱–呱–呱"声。粗哑的喉音"kaw"及高音的"awa-awa-awa"声；也作低沉的"咯咯"声。主要分布于亚洲东部和南部，北至俄罗斯库页岛、鄂霍次克海岸、萨哈林岛、黑龙江流域，东至朝鲜、日本、琉球群岛，南至印度、缅甸、斯里兰卡、尼泊尔、巴基斯坦、阿富汗、泰国、中南半岛、马来西亚、菲律宾和印度尼西亚等地，中国全境可见。

大嘴乌鸦繁殖期3—6月。在高大乔木顶部枝杈处筑巢，雌雄共同建筑，距地高5～20 m，很远就可发现。巢主要由枯枝构成，内垫有枯草、植物纤维、树皮、草根、毛发、苔藓、羽毛等柔软物质，巢呈碗状。3月开始筑巢，4月中下旬开始产卵，每窝产卵3～5枚。卵天蓝色或深蓝绿色，被有褐色和灰褐色斑点，尤以钝端（气室端）较密，卵的大小为（41～48.8）mm×（27.4～30.2）mm，平均43.3 mm×29.0 mm。雌雄亲鸟轮流孵卵，孵化期18±1 d。护雏现象明显，有时可见到大嘴乌鸦与体型相似的鹰隼在空中激战现象。雏鸟晚成性，由雌雄亲鸟共同喂养留巢期26～30 d。

（二十二）星鸦（*Nucifraga caryocatactes*）

星鸦，是鸦科星鸦属的鸟类，共有10个亚种。体重50～200g，体长29～36cm，翼展55cm，寿命8年。星鸦体羽几乎全是咖啡褐色，具白色斑，飞翔时黑翅，白色的尾下覆羽和尾羽白端很醒目。体上的白斑点飞行慢或静止时明显易见（鉴定性特征）。鼻羽污白，具不显著暗褐色基部、暗褐羽缘；眼先区为污白或乳白色；额前部为很暗的咖啡褐色到淡黑褐，头顶和颈项则逐渐变为稍

图 24　星鸦外形（自拍）

亮的暗咖啡褐；下腰到尾上覆羽淡褐黑色；尾下覆羽白色；体羽的其余部分概为
暗咖啡褐色，具众多的白色点斑和条纹。颊部、喉和颈部羽毛具纵长白色尖端；
下体、翁部、背部和肩部的羽端有点状白斑，每一白色点斑周缘是淡褐黑。翅黑
具稍淡蓝灰或淡绿闪光，小覆羽尖端白色，有时中覆羽、大覆羽亦有白色尖端。
初级飞羽和次级飞羽有时具细小的白色尖端，但后者常经磨损而消失。第 6 枚和
第 7 枚在内翈基部具白色新月形斑，有时第 5 枚初级飞羽亦有较小的白斑。尾羽
亮黑，中央尾羽狭窄，最外侧尾羽具宽的白色端斑。翅下覆羽淡黑、尖端白。虹
膜暗褐，嘴、跗跖和足黑色。幼鸟体羽较淡，在成鸟为白色点斑和条纹的相应位
置全为淡棕色代替，并分布至头部。

　　星鸦体重♂140 ～ 200 g，♀130 ～ 190 g；体长♂300 ～ 380 mm，♀282 ～
350 mm；嘴峰♂39 ～ 51 mm，♀38 ～ 50 mm；翅♂170 ～ 206 mm，♀170 ～

213 mm ；　尾 ♂112 ～ 142 mm，♀113 ～ 158 mm ；　跗 跖 ♂35 ～ 47 mm，♀37 ～ 46 mm。

星鸦单独或成对活动，偶成小群。喜栖于松林，以松子为食。也埋藏其他坚果以备冬季食用。动作斯文，飞行起伏而有节律。星鸦收集松子，储藏在树洞里和树根底下，准备冬天吃。冬天星鸦游荡在不同的森林中，享用着它们储藏的松子。其实每个星鸦每天找到的储藏食物不一定是自己储藏的，自己储藏的松子也可能成为别的星鸦的食物。它们无论谁飞到一片新林子，就到处寻找松了，因为总有别的星鸦藏下的种子。它把树洞扒拉开看看，到树根底下翻捡，刨开灌木丛，就是大雪覆盖的灌木丛下，它们也能找到自己同类藏下的食粮。

星鸦叫声干哑的 "kraaaak"，有时不停地重复。不如松鸦的叫声刺耳。轻声而带哨音和咔哒声的如管笛的鸣声，以及嘶叫间杂模仿叫声。雏鸟发出带鼻音的咩咩叫声。

星鸦夫妻配对并占领同一领土。鸟巢相当大，建在针叶树上，距地面高度10 m 以上，用树枝、地苔建成，内衬苔藓、干草。雌鸟每巢产 3 ～ 4 枚卵，孵化期 16 ～ 18 d。孵化期间，雌雄亲鸟轮流卧巢孵化。孵化后的幼鸟 3 或 4 周后离巢飞行。

星鸦广泛分布于欧亚大陆，在伊朗、卢森堡等地为旅鸟。中国分布于东北、河北、山东、河南、山西、陕西、甘肃、湖北、四川、云南、新疆、西藏和台湾。

（二十三）喜鹊（*Pica pica*）

喜鹊，是鸟纲鸦科的一种鸟类。共有 10 个亚种，留鸟。体长 40 ～ 50 cm，雌雄羽色相似，头、颈、背至尾均为黑色，并自前往后分别呈现紫色、绿蓝色、绿色等光泽，双翅黑色而在翼肩有一大型白斑，尾远较翅长，呈楔形，嘴、腿、脚纯黑色，腹面以胸为界，前黑后白。雄性成鸟的头、颈、背和尾上覆羽灰黑色，后头及后颈稍沾紫，背部稍沾蓝绿色，肩羽纯白色，腰灰色和白色相杂状。翅黑色，初级飞羽内翈具大型白斑，外翈及羽端黑色沾蓝绿光泽；次级飞羽黑色具深蓝色光泽。尾羽黑色，具深绿色光泽、末端具紫红色和深蓝绿色宽带。颏、喉和胸黑色，喉部羽有时具白色轴纹；上腹和胁纯白色；下腹和覆腿羽污黑色；腋羽和翅下覆羽淡白色。

雌性成鸟与雄鸟体色基本相似，但光泽不如雄鸟显著，下体黑色有呈乌黑或乌褐色，白色部分有时沾灰。幼鸟，形态似雌鸟，但体黑色部分呈褐色或黑褐色；白色部分为污白色。虹膜暗褐色，嘴、跗跖和趾均黑色。

喜鹊体重♂190～266 g，♀180～250 g；体长♂365～485 mm，♀380～460 mm；嘴峰♂31～38 mm，♀28～37 mm；翅♂190～230 mm，♀178～210 mm；尾♂210～275 mm，♀200～262 mm；跗跖♂48～58 mm，♀42～54 mm。

喜鹊全年大多成对生活，非繁殖季节常见成3～5只的小群活动，秋冬季节常集成数十只的大群。白天常到农田等开阔地区觅食，傍晚飞至附近高大的树上休息，有时亦见与乌鸦、寒鸦混群活动。性机警，觅食时常有一鸟负责守卫，即使成对觅食时，亦多是轮流分工守候和觅食。警戒鸟如发现危险，守望的鸟发出惊叫声，同觅食鸟一同飞走。飞翔能力较强，且持久，飞行时整个身体和尾成一直线，尾巴稍微张开，两翅缓慢地鼓动着，雌雄鸟常保持一定距离，在地上活动

图 25　喜鹊外形

时则以跳跃式前进。鸣声单调、响亮，似 "zha-zha-zha" 声，常边飞边鸣叫。当成群时，叫声甚为嘈杂。

喜鹊食性较杂，食物组成随季节和环境而变化，夏季主要以昆虫等动物性食物为食，其他季节则主要以植物果实和种子为食。常见食物种类有蝗虫、蚱蜢、金龟子、象甲、甲虫、螽斯、地老虎、松毛虫、蝽象、蚂蚁、蝇、蛇等鳞翅目、鞘翅目、直翅目、膜翅目等昆虫和幼虫，此外也吃雏鸟和鸟卵。植物性食物主要为乔木和灌木等植物的果实和种子，也吃玉米、高粱、黄豆、豌豆、小麦等农作物。

喜鹊是适应能力比较强的鸟类，在山区、平原都有栖息，无论是荒野、农田、郊区、城市、公园和花园都能看到它们的身影。但是一个普遍规律是人类活动越多的地方，喜鹊种群的数量往往也就越多，而在人迹罕至的密林中则难见该物种的身影。喜鹊常结成大群成对活动，白天在旷野农田觅食，夜间在高大乔木的顶端栖息。喜鹊是人类比较喜欢的鸟类之一，喜鹊喜欢把巢筑在民宅旁的大树上，在居民点附近活动。

喜鹊繁殖开始较早，在气候温和地区，一般在3月初即开始筑巢繁殖，中国东北地区多在3月中下旬开始繁殖，一直持续到5月。多在松树、杨树、柞树、榆树、柳树、胡桃树等高大乔木上树冠的顶端筑巢，极其醒目，有时也在村庄附近和公路旁的大树上营巢，有时甚至在高压电柱上营巢。每年寒冬11—12月，喜鹊便开始衔枝营巢。营巢由雌雄鸟共同承担，但雄鹊更要辛苦些。巢主要由枯树枝构成，远看似一堆乱枝，实则较为精巧，近似球形，有顶盖，外层为枯树枝，间杂有杂草和泥土，内层为细的枝条和泥土，内垫有麻、纤维、草根、苔藓、兽毛和羽毛等柔软物质。造巢的起初，喜鹊先在3根树杈的支点上堆积巢底，待铺到相当面积时，便站在中央沿四周垒起围墙，以后再到围墙上支搭横梁，进一步封盖巢顶。

喜鹊营巢，从开始衔枝到初步建成巢的外形要两个多月，加上内部工程全部结束，需时 4 个月左右。喜鹊巢的外部枝条纵横，貌似很粗糙，其实它的全部结构非常复杂、精细。从外面看，整个鹊巢为直立的卵形，大型的高 80cm，横围直径 60 cm，一人难以合抱。巢侧留一个圆洞，口径正适合喜鹊的出入，巢顶很厚，达 30 cm，枝条排列致密，骤雨下落，经久不漏。内部可见下面搭着一根粗如拇指的柳木横梁，这是巢顶的坚固支架。喜鹊能够在巢上架梁盖顶，以防风避雨。从断面上看，巢底部厚约 25 cm，可以分为四层，最外层由杨、槐、柳枝叠成，枝粗皆如铅笔，虽长短不一，但交错编搭得非常牢靠，想单独抽掉一根是十分费力的。里面一层大多为垂柳的柔细枝梢，盘旋横绕成一个半球形的柳筐，镶在巢内下半部。再里面，第三道工序最为奇特，这是用河泥涂在柳筐内塑成的一个"泥碗"，碗壁上按满了深深的爪痕，显然这是用喙衔来一块一块的河泥，再用脚趾抓着"踏"上去的。喜鹊不但善于编织，还善于抹砌。最里面，还有一层贴身的铺垫物，是用芦花、棉絮、兽毛、人发和鸟的绒羽混在一起压成的一床柔软床垫。喜鹊善营巢，经常被那些不自营巢的鸟类，特别是红脚隼侵占。它们抛弃的旧巢或才建的新巢，常常方便了那些有益的猛禽，使那些南来的隼类（益鸟）能有巢安居、繁殖后代。

喜鹊巢距地高 7 ～ 15 m，巢的大小为外径 48 ～ 85 cm，内径 18 ～ 35 cm，高 44 ～ 60 cm。出入口形状为椭圆形，大小直径为（9 ～ 11）cm ×（10 ～ 15）cm，开在侧面稍下方。营巢时间 20 ～ 30 d。巢筑好后即开始产卵，每窝产卵 5 ～ 8 枚，有时多至 11 枚，1 d 产 1 枚卵，多在清晨产出。卵为浅蓝绿色或蓝色或灰色或灰白色，被有褐色或黑色斑点，卵为卵圆形或长卵圆形，大小为（23 ～ 26）mm ×（32 ～ 38）mm，平均 24.3 mm × 34.5 mm，重 9 ～ 13 g。卵产齐后即开始孵卵，雌鸟孵卵，孵化期（17 ± 1）d。雏鸟晚成性，刚孵出的雏鸟全身裸露、呈粉红色，雌雄亲鸟共同育雏，30 d 左右雏鸟即可离巢。

喜鹊分布范围很广，除南极洲、非洲、南美洲与大洋洲外，几乎遍布世界各大陆。中国有 4 个亚种，见于除草原和荒漠地区外的全国各地。喜鹊在中国是吉祥的象征，自古有画鹊兆喜的风俗。

喜鹊被列入《世界自然保护联盟濒危物种红色名录》（IUCN）2012 年 ver 3.1——无危（LC）。该物种已被列入中国国家林业局 2000 年 8 月 1 日发布的《国家保护的有益的或者有重要经济、科学研究价值的陆生野生动物名录》。喜鹊肉可入药，主治虚痨发热、热淋、石淋、胸膈痰结、久病体虚等症。

（二十四）暗腹雪鸡（*Tetraogallus himalayensis*）

暗腹雪鸡，是雉科中的一种草食鸟类。体形较大，体长 50 ~ 65 cm，体重 2 ~ 2.5 kg。通体以土棕色或红棕色为主，密布有黑褐色的斑点。暗腹雪鸡头顶至后颈灰褐色或灰白色，颈的侧面有一个白色斑，其上下边缘均围着一圈栗色的线条，并与喉和上胸之间的栗色线条相连；上体为土棕色，密布着黑褐色的虫蠹状斑；棕褐色的翅膀上也有大块的白斑；中央尾羽是淡棕色，外侧尾羽是栗色，杂以黑褐色虫蠹状斑；下胸和腹部都是暗灰色，杂以砖红色或栗色粗纹，这也是它和藏雪鸡最明显的区别（即鉴定性特征）。

暗腹雪鸡共分化为 5 个亚种。指名亚种体羽的颜色最暗，南疆亚种体色最淡，青海亚种的体色介于上述两亚种之间。

体重 ♂2 049 ~ 3 100 g，♀2 000 ~ 2 570 g；体长 ♂515 ~ 595 mm，♀538 ~ 600 mm；嘴峰 ♂24.8 ~ 35.2 mm，♀24.2 ~ 36 mm；翅 ♂260 ~ 300 mm，♀264 ~ 302 mm；尾 ♂185 ~ 194 mm，♀167 ~ 192 mm；跗跖 ♂59 ~ 67.6 mm，♀59.5 ~ 65 mm。

图 26　暗腹雪鸡外形

　　暗腹雪鸡主要以植物的根、茎、叶、花及种子为食，有时也吃昆虫，是典型的高山耐寒鸟类，通常栖息于海拔 2 500 ~ 5 500 m 的高山和裸岩地区及高山草甸和稀疏的灌丛附近，几乎接近雪线，冬季可下降到 2 000 ~ 1 500 m 左右的林线上缘灌丛和林缘地区。常在有峭壁岩洞、裸岩或碎石堆积的高山苔原草地和裸岩山坡地带活动。生活的地带具体如下。① 高山裸岩灌丛带。海拔 3 350 ~ 3 660 m，自然环境极其严酷，多为裸岩和风化岩屑堆积的山地。该带气温低，雨量充沛，地形平缓，植被生长低矮，总盖度 20% ~ 35%。该带为暗腹雪鸡的主要营巢区。② 高山草甸带。位于高山裸岩灌丛带下线的阳坡，海拔 3 200 ~ 3 350 m，地形较平，面积较大，植物种类丰富，总盖度 40% ~ 80%。该带是暗腹雪鸡营巢、觅食和育雏的主要场所。③ 山地森林草原带。位于高山裸岩灌丛下缘的阴坡，海拔 2 600 ~ 3 350 m，建群树种是云杉，草本植物也较丰富，总盖度 40% ~ 60%。在稀疏的云杉林内耸立的岩石上也有暗腹雪鸡营巢，但数量很少。该带为暗腹雪鸡乘凉、隐蔽的主要场所。④ 山地草原带。分布在海拔 2 400 ~ 2 600 m 的阴坡和 2 600 ~ 3 200 m 的阳坡。该带坡度较缓（平均 20° 左右），降水偏少，气温较高。主要植物总盖度 35% ~ 45%。暗腹雪鸡夏季也来这里觅食，但数量较少，而冬季这里阳光直射，气温较高。积雪较少，是暗腹雪鸡冬季觅食、栖息的主要场所。

　　暗腹雪鸡在非繁殖期结群活动，繁殖期配对散居。喜在灌丛下岩石的凹陷处筑巢，巢内铺垫有羽毛和草叶。繁殖期后由亲鸟带领幼雏组成族群，秋末冬初，几个这样的族群合在一起，有时可多达 20 ~ 30 只，一般在 10 只左右，少则 3 ~ 5 只。集群的生物学意义在于防御敌害，在群体中如一鸟最先发现猛禽或人，即发出信号，整个鸡群随即逃避。

　　暗腹雪鸡每年 5 月进入繁殖期，多在 5—7 月产卵，产卵高峰期在 5 月，一般在永久积雪的高山带产卵。每窝可产卵 5 ~ 17 枚。经过求偶、占区、筑巢、产卵、孵化和育雏的繁殖期过程。

　　暗腹雪鸡冬季集群在阳坡越冬，翌年 4 月开始分群、配对，至 7 月底繁殖结束，历时 100 d 左右，配对后一部分仍留在阳坡占区。占区后雄鸟经常在自己的领域内有一系列的行为吸引雌鸟，雄鸟两腿叉开，比身体略宽，整个身体下蹲，腹部几乎触及地面，两翅微微披开，翘起尾羽，呈扇状，露出洁白的尾下覆羽，覆羽球状膨开并不停地左右摆动尾羽，进行求偶炫耀。雄鸟因其领域辽阔，所以常站在领域内一块比较凸出的岩石上或山顶上，发出高亢而悠闲的"Ge-er，Ge-er，Ge-er，Ge-er"叫声，一方面是吸引雌鸟和炫耀领域，另一方面是在保护领域和为正在产卵或孵卵的雌鸟示警方面起重要作用。暗腹雪鸡在一个繁殖期内多数是单配型，一经配对，再不分离，但雄鸟并不排斥第 2 只雌鸟进入其领域。配对、占区后，雌鸟便在领域内阳坡面选择巢址筑巢，包括阳坡面的高山裸岩、高山草甸、山地草原上部和阴坡森林草原（极少）。巢周边的小环境为岩石旁、较平坦的地面、巢前有灌草丛掩蔽。巢相当简陋、碟状，在天然凹坑内或用爪扒一浅坑，垫以少许枯枝、草茎和自身腹羽而成，巢外径平均为 28.50（24 ～ 33）cm × 25.57（21 ～ 30）cm，内径 22.43（20 ～ 28）cm × 21.29（17 ～ 24）cm，巢高 9.43（6 ～ 16）cm，巢深 6.57（4 ～ 12）cm，内垫物厚 2.86（2 ～ 4）cm。

雄鸟求偶时在雌鸟前方或侧方，两翅下垂触及地面，尾羽上翘，展开如扇，洁白的尾下覆羽伸展开，似白色绒球，胸部具黑斑羽毛蓬起，头稍后仰，并抖动双翅接近雌鸟或绕雌鸟转圈，雌鸟对雄鸟的表演无任何反应，照常啄食。雄鸟表演一段时间后，便用嘴在雌鸟头部轻啄几下，雌鸟蹲伏，雄鸟迅速从其侧后方踏上雌鸟背，并用嘴牵住雌鸟头部，尾部下压，雌鸟尾羽上翘，接受交配，整个交配约 7 ～ 10s。繁殖期可进行多次交配，多在晨昏交配，交配高峰在上午 6:00—8:30，下午 18:30—20:00。4 月下旬开始产卵，6 月下旬结束，持续时间约 2 个月，产卵高峰为 5 月。每巢产卵大概 4 ～ 8 枚，平均每巢产卵 6.3 枚。卵淡赭石色，稍沾绿，内壳淡绿色，具有棕褐色或褐色斑点，尖端小而多，钝端大而少，有的卵还具块斑。

暗腹雪鸡 5 月初进入孵化期，孵卵全由雌鸟承担。轻易不离巢，一般白昼仅取食 1 次，取食时间 30 ～ 50 min。多在早晨 9:00—10:00 间离巢后一般不飞，迅速跑至雄鸟附近，雌鸟觅食，雄鸟警戒。整个孵化期雌鸟都在离巢 30 ～ 100 m 能看见巢的山顶上或比较突出的岩石上，并不时地发出高亢而悠闲的"ge-er，ge-er，ge-er"的叫声，遇警则向远离巢的方向边飞边发出"gua-，gua-，gua-"的叫声，似有将危险物引向他处之意。雌鸟在孵化时，紧紧地伏在卵上，缩着脖子，一动不动地望着前方，即使行人经过巢旁时，雌鸟并不离巢，只有当人有意识地注视时，才突然离巢飞走，并很快地与雄鸟相聚在一起。因巢多位于浓密的灌丛后面，光线较暗，加之它的体色与周围环境酷似，很难被发现。

雏鸟破壳靠破卵齿啄破卵壳，然后用喙扩大裂缝，在钝端卵壳部分身体向上

顶起，绒羽一干，即可站立行走。早成性鸟，初出壳的雏鸟飞羽已经长出，翅长
3 210±3 121（28～36）mm，一半富于角灰色的羽鞘内，另一半羽瓣明显。这
种孵化期长，在壳内进一步发育与栖息于严酷的自然环境相适应。雏鸟出壳后活
动能力较强，是适应不良自然环境和逃避天敌危害的结果，从而大大提高了雏鸟
的成活率。初生雏鸟质量49.0～56.1 g，上体沙棕，头顶有黑斑，背部羽毛尖
端为浅棕色，前额、头顶两侧及眼纹均为黑色，眼后裸区嫩黄，额、喉污白色，
胸部灰白，腹部白色，覆腿羽灰白，嘴及蜡膜黑色，嘴峰尖端有一米粒大小的污
白色破卵齿，跗、趾淡黄色，爪角灰色。

雏鸟出壳后，卵壳弃于巢内而不加以清除，能站立行走时，便弃巢随亲鸟觅
食。群雏以雌鸟为核心，时拢时散，自己或由亲鸟协助寻找食物。雄鸟始终起着
警戒守护作用，遇险时，雄鸟首先发出警戒信号，而后双亲均扑打双翅，故作声
响，呈受伤状作短距离移飞，吸引攻击动物去攻击它。雏鸟立即钻入石缝、土块
下或灌丛基部静卧，即使人走至身边也不动，极难发现，双亲飞离。在确认危险
解除后，亲鸟返回原地，并发出"gululu-，gululu-，gululu-"的寻找声，雏鸟以
"diliuliu-，diliuliu-，diliuliu-"的叫声呼应，又聚拢在一起。夜幕降临前，雌鸟
选择一避风的岩石，将雏鸟置于翅下过夜，雄鸟在旁守护。有时几只雌鸟稀疏成
群，相互之间只隔几米，如果一亲雌鸟死亡，它的幼雏会同其他雏鸟混合。雄鸟
不照顾幼雏，雏鸟随亲鸟生活到下一个繁殖期，即达性成熟。

暗腹雪鸡主要分布在中国西部、西北部的喜马拉雅山西段、天山、阿尔泰
山、昆仑山、帕米尔高原和祁连山等高山地带，以及相邻的印度北部、克什米
尔、巴基斯坦、阿富汗和中亚的一些国家和地区。

暗腹雪鸡被列入《中国濒危动物红皮书》的鸟类卷中被列为稀有种。普遍认
为种群数量已经处于一个相当低的水平。被列入《世界自然保护联盟濒危物种红
色名录》（IUCN）2012 年 ver3.1——无危（LC）。

暗腹雪鸡，经过人工培育驯化后，能在海拔高度 1 500～2 000 m 的地区饲
养繁衍。开放式（露天）饲养雪鸡在 14℃的环境温度下，生长速度是最快的，
但最好的产蛋率的环境温度为18℃。从雪鸡各项指标综合考虑，种雪鸡生产的
最佳环境温度以 12～16℃养殖效益最好。雪鸡繁殖期 3 个月之内结束，产蛋量
30～40 枚，饲养管理良好的一对雪鸡能产 40～60 枚蛋。驯养的雪鸡种蛋孵化
温度应比孵家禽时低 1～2℃，可恒温孵化。湿度以 58% 为宜，临近破壳可增
到 70%，晾蛋时蛋壳表面温度可达到 30℃，短期停电，蛋壳温度保持在 25℃左

右。初次喂饲野生雪鸡时，先以青绿饲草为主，配合饲料为辅，让其逐渐练习采食配合饲料。青绿饲料以雪鸡喜爱吃的天然植物性食物为主，如蒲公英、高山罂粟、豌豆、苜蓿、野葱、田旋花、苦苣菜、羊茅、猫尾草、黄芪等。孵化的雏雪鸡在适宜环境下生长速度比野外个体生长速度快，4～8周龄雏鸡平均日增重达10～15 g。

（二十五）雉鸡（*Phasianus colchicus*）

雉鸡，俗称野鸡，共有31个亚种。体形较家鸡略小，但尾羽却明显较家鸡的尾羽长得多，羽毛的硬度和弹性较家鸡的尾羽强。雄鸟羽色华丽，雄鸟前额和上嘴基部羽毛黑色，富有蓝绿色光泽。头顶棕褐色，眉纹白色，眼先和眼周裸出皮肤绯红色。在眼后裸皮上方，白色眉纹下还有一小块蓝黑色短羽，在相对应的

图 27　普通雉鸡外形

眼下亦有一块更大些的蓝黑色短羽。耳羽丛亦为蓝黑色，也有金属光泽。颈部有一黑色横带，一直延伸到颈侧与喉部的黑色相连，且具绿色金属光泽。在此黑环下有一比黑环更窄些的白色环带，一直延伸到前颈，形成一完整的白色颈环，其中前颈比后颈白带更为宽阔明显，更容易观察清楚。上背羽毛基部紫褐色，具白色羽干纹，端部羽干纹黑色，两侧为金黄色。背和肩栗红色。下背和腰两侧蓝灰色，中部灰绿色，且具黄黑相间排列的波浪形横斑。尾上覆羽黄绿色，部分末梢沾有土红色。小覆羽、中覆羽灰色，大覆羽灰褐色，具栗色羽缘。飞羽褐色，初级飞羽具锯齿形白色横斑，次级飞羽外翈具白色虫蠹斑和横斑。三级飞羽棕褐色，具波浪形白色横斑，外翈羽缘栗色，内翈羽缘棕红色。尾羽黄灰色，除最外侧两对外，均具一系列交错排列的黑色横斑。黑色横斑两端又连结栗色横斑。颏、喉黑色，具蓝绿色金属光泽。胸部呈带紫的铜红色，亦具金属光泽，羽端具有倒置的锚状黑斑或羽干纹。两胁淡黄色，近腹部栗红色，羽端具一大型黑斑。腹黑色。尾下腹羽棕栗色。分布在中国东部的几个亚种，颈部都有白色颈圈，与金属绿色的颈部形成显著的对比。尾羽长而有横斑。雌鸟较雄鸟为小，羽色亦不如雄鸟艳丽，羽色暗淡，头顶和后颈棕白色，具黑色横斑，尾羽也较短。肩和背栗色，杂有粗著的黑纹和宽的淡红白色羽缘。下背、腰和尾上覆羽羽色逐渐变淡，呈棕红色和淡棕色，且具黑色中央纹和窄的灰白色羽缘，尾亦较雄鸟为短，呈灰棕褐色。颏、喉棕白色，下体余部沙黄色，胸和两胁具黑色沾棕的斑纹。

雄性虹膜栗红色，雌性淡红褐色，嘴暗白色，雄性基部灰色或端部绿黄色，雌性基部灰褐色，跗跖黄绿色，雄性其上有短距，跗跖红绿色，雌性无距。

体重♂1 264～1 650 g，♀880～990 g；体长♂730～868 mm，♀590～612 mm；嘴峰♂33～36 mm，♀29～30 mm；翅♂213～245 mm，♀210～220 mm；尾♂435～528 mm，♀225～286 mm；跗跖♂61～79.5 mm，♀57～60 mm。

雉鸡栖息于低山丘陵、农田、地边、沼泽草地，以及林缘灌丛和公路两边的灌丛与草地中，分布高度多在海拔1 200 m以下，但在秦岭和中国四川，有时亦见上到海拔2 000～3 000 m的高度。杂食性，所吃食物随地区和季节而不同。营巢于草丛、芦苇丛或灌丛中地上，也在隐蔽的树根旁或麦地里营巢。巢呈碗状或盘状，较为简陋，多系亲鸟在地面刨弄一浅坑，内再垫以枯草、树叶和羽毛即成。巢的大小约为23 cm×21 cm，深6～10 cm。

雉鸡善于奔跑，脚力强健，特别是在灌丛中奔走极快，也善于藏匿。见人后一般先在地上疾速奔跑，很快进入附近丛林或灌丛，有时奔跑一阵还停下来，边飞边发出"咯咯咯"的叫声和两翅"扑扑扑"的鼓动声，飞行较短距离后落地观察是否还存在危险，或者隐藏起来。飞行速度较快，也很有力，但一般飞行不持久，飞行距离不大，常成抛物线式的飞行，落地前滑翔。落地后又急速在灌丛和草丛中奔跑窜行和藏匿，轻易不再起飞，有时人走至距离它很近时才又突然飞起。秋季常集成几只至10多只的小群进到农田、林缘和村庄附近活动和觅食。

雉鸡杂食性，所吃食物随地区和季节而不同。秋季主要以各种植物的果实、种子、植物叶、芽、草籽和部分昆虫为食，冬季主要以各种植物的嫩芽、嫩枝、草茎、果实、种子和谷物为食，夏季主要以各种昆虫和其他小型无脊椎动物以及部分植物的嫩芽、浆果和草籽为食，春季则啄食刚发芽的嫩草茎和草叶，也常到耕地扒食种下的谷籽与禾苗。

雉鸡广泛分布于欧洲东南部、小亚细亚、中亚、中国、蒙古国、朝鲜、俄罗斯西伯利亚东南部及越南北部和缅甸东北部，在中国分布也广泛。不少国家引进了该动物。

雉鸡繁殖期3—7月，中国南方较北方早些。产卵期在中国东北最早为4月末，而在贵阳4月末即见有雏鸟。1年繁殖1窝，南方可到2窝。每窝产卵6～22枚，南方窝卵数较少，多为4～8枚。卵橄榄黄色、土黄色、黄褐色、青灰色、灰白色等不同类型。卵的大小在南北不同地方亦有较大变化。繁殖期间雄鸟常发出"咯咯咯咯"的鸣叫，特别是清晨最为频繁。叫声清脆响亮，500 m外即可能听见。每次鸣叫后，多要扇动几下翅膀。发情期间雄鸟各占据一定领域，并不时在自己领域内鸣叫。如有别的雄雉侵入，则发生激烈的殴斗，直到赶走为止。

雉鸡一雄多雌制，发情时雄鸟围绕在雌鸟旁，边走边叫，有时猛跑几步，当接近雌鸟头侧时，则将靠近雌鸟一侧的翅下垂，另一侧向上伸，尾羽竖直，头部冠羽竖起，为典型的侧面型炫耀。

雉鸡的中国亚种已被全部列入中国国家林业局2000年8月1日发布的《国家保护的有益的或者有重要经济、科学研究价值的陆生野生动物名录》。被列入《世界自然保护联盟濒危物种红色名录》（IUCN）2012年ver 3.1——无危（LC）。

（二十六）石鸡（*Alectoris chukar*）

石鸡，也称为瓜瓜鸡，是中型雉类，共有 14 个亚种。体重 440～580 g，体长 27～37 cm，比山鹑稍大一些。喙为红色，石鸡头顶至后颈红褐色，额部较灰，头顶两侧亦沾浅灰色，眼上眉纹白色沾棕。有一宽的黑带从额基开始经过眼到后枕，然后沿颈侧而下，横跨下喉，形成一个围绕喉部的完整黑圈。眼先、两颊和喉皮黄白色、黄棕色至深棕色，随亚种而不同。耳羽栗褐色，后颈两侧灰橄榄色，上背紫棕褐色或棕红色，并延至内侧肩羽和胸侧。外侧肩羽肉桂色，羽片中央蓝灰色；下背、腰、尾上覆羽和中央尾羽灰橄榄色；外侧尾羽栗棕色，翅上羽和内侧飞羽与上背相似，初级飞羽浅黑褐色，羽轴浅棕色，外翈近末端处有棕色条纹或皮黄白色羽缘。外侧次级飞羽外翈近末端处亦有一浅棕色宽缘。两胁浅棕色或皮黄色覆羽，具显著的十余条黑色和栗色横斑。第 1 枚初级飞羽介于第 5 和第 6 枚飞羽之间，或与第 6 枚初级飞羽等长。第 3 枚初级飞羽常是最长的，三

图 28　石鸡外形（自拍）

级飞羽外翈略带肉桂色。颏黑色，下颌后端两侧各具一簇黑羽；上胸灰色，微沾棕褐色；下胸深棕色，腹浅棕色。尾圆，尾长约为翅长的 2/3。尾羽 14 枚，尾下覆羽亦为深棕色。雌雄在羽色上相似度极高，难以区分，仅在大小上有些不同，较准确的区分是看距突出于腿的长短，雄者具微小的瘤状距。脚珊瑚红色。虹膜栗褐色。眼的上方有一条宽宽的白纹。围绕头侧和黄棕色的喉部有完整的黑色环带。上体紫棕褐色，胸部灰色，腹部棕黄色。

虹膜栗褐色，嘴和眼周裸出部以及脚、趾均为珊瑚红色、爪乌褐色。

体重 ♂450 ～ 580 g，♀440 g ～ 520 g；体长 ♂292 ～ 370 mm，♀270 ～ 362 mm；嘴峰 ♂18 ～ 23 mm，♀17 ～ 22 mm；翅 ♂140 ～ 168 mm，♀141 ～ 153 mm；尾 ♂83 ～ 110 mm，♀82 ～ 108 mm；跗跖 ♂37 ～ 47 mm，♀37 ～ 43 mm。

石鸡栖息于低山丘陵地带的岩石坡和沙石坡上，以及平原、草原、荒漠等地区，很少见于空旷的原野，更不见于森林地带。白天活动，性喜集群，数量多少不等。有时白天成群窜到靠近山坡的农田地中觅食，遇惊后径直地朝山上迅速奔跑。紧急情况下亦飞翔，飞翔能力强且迅速，但飞较短的一段距离后即落入草丛或灌丛中。清晨和黄昏时，雄鸡常站在光裸的岩石上或高处引颈高声鸣叫，似"嘎嘎嘎或嘎拉嘎拉"声，故当地群众称之为"嘎嘎鸡"。开始鸣叫时比较缓慢，以后逐渐加快，并重复多次。以草本植物和灌木的嫩芽、嫩叶、浆果、种子、苔藓、地衣和昆虫为食，也常到附近农地取食谷物。

石鸡繁殖期 4 月末至 6 月中旬。4 月中下旬即开始发情，期间天刚亮即开始鸣叫，偶尔亦出现雄鸡间的争偶斗争。通常营巢于石堆处或山坡灌丛与草丛中，也有营巢于悬岩基部、山边石板下或山和沟谷间的灌丛与草丛中。巢极简陋，也甚隐蔽，主要为地面的凹坑，内垫以枯草即成。每窝产卵 7 ～ 17 枚，偶尔有多至 20 枚的。5 月初开始产卵，1 天 1 枚，雌鸟产完卵后，常不声不响地从山沟飞出，转到雄鸟近旁，然后与雄鸡相对"嘎嘎"地叫个不停。卵棕白色或皮黄色、具暗红色大小不等的斑点，卵的大小为（38.6 ～ 42.5）mm ×（28.3 ～ 31）mm，平均 39.5 mm × 30.6 mm，重 19 ～ 20 g。雏鸟早成性，孵出后不久即能跟随亲鸟活动。

石鸡分布于欧洲、西伯利亚、阿富汗、伊拉克、伊朗以及中国，均为留鸟。是巴基斯坦的国鸟。石鸡列入《世界自然保护联盟濒危物种红色名录》（IUCN）2016 年 ver 3.1——无危（LC）。

（二十七）戴胜（*Upupa epops*）

戴胜，共有9个亚种。依不同亚种体重55～80 g，体长26～28 cm，翼展42～46 cm。头、颈、胸淡棕栗色。头顶具凤冠状羽冠（鉴定性特征），羽冠色略深且各羽具黑端，在后面的羽黑端前更具白斑。嘴形细长（鉴定性特征），胸部还沾淡葡萄酒色；上背和翼上小覆羽转为棕褐色；下背和肩羽黑褐色而杂以棕白色的羽端和羽缘；上、下背间有黑色、棕白色、黑褐色三道带斑及一道不完整的白色带斑，并连成的宽带向两侧围绕至翼弯下方；腰白色；尾上覆羽基部白色，端部黑色，部分羽端缘白色；尾羽黑色，各羽中部向两侧至近端部有一白斑相连成一弧形横带。翼外侧黑色，向内转为黑褐色，中、大覆羽具棕白色近端横斑，初级飞羽（除第1枚外）近端处具一列白色横斑，次级飞羽有4列白色横斑，三级飞羽杂以棕白色斜纹和羽缘。腹及两胁由淡葡萄棕转为白色，并杂有褐色纵纹，至尾下覆羽全为白色。虹膜褐至红褐色；嘴黑色，基部呈淡铅紫色；脚铅黑色。幼鸟上体色较苍淡、下体呈褐色。

戴胜体重♂53～81 g，♀55～90 g；体长♂266～312 mm，♀245～300 mm；嘴峰♂47～59 mm，♀43～56 mm；翅♂140～158 mm，♀136～157 mm；尾♂95～124 mm，♀90～110 mm；跗跖♂18～27 mm，♀20～25 mm（普通亚种）。

戴胜栖息于山地、平原、森林、林缘、路边、河谷、农田、草地、村屯和果园等开阔地方，尤其以林缘耕地生境较为常见。多单独或成对活动。常在地面上慢步行走，边走边觅食，有警情时冠羽立起，起飞后松懈下来。受惊时飞上树枝或飞一段距离后又落地，飞行时两翅扇动缓慢，呈一起一伏的波浪式前进。停歇或在地上觅食时，羽冠张开，形如一把扇，遇惊后则立即收贴于头上。性情较为驯善，不太怕人。鸣声似"扑－扑－扑"，粗壮而低沉。鸣叫时冠羽耸起，旋又伏下，随着叫声，羽冠一起一伏，鸣叫时喉颈部伸长而鼓起，头前伸，并一边行走一边不断点头状。

戴胜主要以襀翅目、直翅目、膜翅目、鞘翅目和鳞翅目的昆虫和幼虫为食，如蝗虫、蝼蛄、石蝇、金龟子、虫、跳蝻、蛾类和蝶类幼虫及成虫为食，也吃蠕虫等其他小型无脊椎动物。觅食多在林缘草地上或耕地中，喜开阔潮湿地面，常常把长长的嘴在地面翻动寻找食物或插入土中取食。

戴胜每年5—6月繁殖，选择天然树洞和啄木鸟凿空的蛀树孔里营巢产卵，

图 29　戴胜外形

有时也建窝在岩石缝隙、堤岸洼坑、断墙残垣的窟窿中。繁殖期雄鸟间常为保护领地而格斗。格斗时双方互相逼近，先是高耸着羽冠、嘴尽量向下伸地对峙着，突然间互相咬着嘴尖，拔河似的拉成直线以保持一定的安全距离，接着二者相连着一同拍翼坠下脱开，在地上继续互相冲击，直至一方退让为止。雌鸟在一旁观望，最后和胜者结合成对。每窝产卵 7～9 枚，甚至有多达 12 枚的。卵为长卵圆形，颜色为浅鸭蛋青色或淡灰褐色。雌鸟产出第一枚卵后即开始孵卵。孵卵由雌鸟承担，孵化期 18 d。雏鸟晚成性。雏鸟刚孵出时体重仅 3.5 g，体长 45 mm，全身肉红色，仅头顶、背中线、股沟、肩和尾有白色绒羽。雌雄亲鸟共同育雏。经过亲鸟 26～29 d 的喂养，雏鸟即可飞翔和离巢。由于雏鸟的粪便亲鸟不处理，加之雌鸟在孵卵期间又从尾部腺体中排出一种黑棕色的油状液体，弄得巢很脏很臭，故戴胜又有"臭姑姑"之称。

戴胜主要分布在欧洲、亚洲和北非地区，在中国有广泛分布。在印度尼西亚、日本、挪威、菲律宾、英国、美国等为旅鸟。是以色列国鸟。被列入《世界自然保护联盟濒危物种红色名录》（IUCN）2012 年 ver 3.1——无危（LC）。

（二十八）家燕（*Hirundo rustica*）

家燕，为燕科燕属的鸟类。家燕雌雄羽色相似。喙短而宽扁，基部宽大，呈倒三角形，上喙近先端有一缺刻。口裂极深，嘴须不发达。虹膜暗褐色，嘴黑褐色，前额深栗色，上体从头顶一直到尾上覆羽均为蓝黑色而富有金属光泽。两翼小覆羽、内侧覆羽和内侧飞羽亦为蓝黑色而富有金属光泽。翅狭长而尖，初级飞羽、次级飞羽和尾羽黑褐色微具蓝色光泽，飞羽狭长。尾长接近体长，最外侧一对尾羽特形延长，飞行、静止状态尾呈深叉状，尾分叉像剪子，称之为"燕尾"，其余尾羽由两侧向中央依次递减，除中央一对尾羽外，所有尾羽内翈均具一大型白斑，飞行时尾平展，其内翈上的白斑相互连成"V"形。颏、喉和上胸栗色或棕栗色，其后有一黑色环带，有的黑环在中段被侵入栗色中断，下胸、腹和尾下

图 30-A　家燕外形

覆羽白色或棕白色，也有呈淡棕色和淡赭桂色的，随亚种而不同，但均无斑纹。上体发蓝黑色，还闪着金属光泽，腹面白色。脚短而细弱，趾三前一后，跗跖和趾黑色。体态轻捷伶俐，两翅狭长，飞行迅速如箭，忽上忽下，时东时西，能够急速变换方向。幼鸟和成鸟相似，但尾较短，羽色亦较暗淡。

家燕体重♂14～22 g，♀14～21 g；体长♂134～197 mm，♀132～183 mm；嘴峰♂6～9 mm，♀6～9 mm；翅♂101～121 mm，♀106～116 mm；尾♂68～112 mm，♀66～109 mm；跗跖♂8～12 mm，♀9～12 mm。

家燕是一种夏候鸟，喜欢栖息在人类居住的环境中。村落附近，常成对或成群地栖息于村子中的房顶、电线以及附近的河滩和田野里。也常结队在田野、河滩飞行掠过。家燕善飞行，每日活动时间较长，白天大多数时间都成群地在村庄及其附近的田野上空飞翔，有时又紧贴水面一闪而过，时东时西，忽上忽下，没有固定飞行方向，有时还不停地发出尖锐而急促的叫声。活动范围不大，通常在栖息地 2 km^2 范围内活动。以 7:00—8:00 和 17:00—18:00 最为活跃，中午常做短暂休息。有时亦与金腰燕一起活动。燕子是大自然的益鸟，主要以蚊、

蝇等昆虫为食。燕子在冬天来临之前的秋季，它们总要进行每年一度的长途旅行——成群结队地由北方飞向遥远的南方，去那里享受温暖的阳光和湿润的天气。

家燕主要以昆虫为食，食物种类常见有蚊、蝇、蛾、蚁、蜂、叶蝉、象甲、金龟甲、叩头甲、蜻蜓等双翅目、鳞翅目、膜翅目、鞘翅目、同翅目、蜻蜓目等昆虫。飞行时张着嘴捕食蝇、蚊等各种昆虫。鸣声尖锐而短促。

家燕繁殖期4—7月。多数1年繁殖2窝，第一窝通常在4—6月，第二窝多在6—7月。迁徙抵达繁殖区后不久即开始繁殖活动，雌雄鸟甚为活跃，常成对活动在居民点，时而在空中飞翔，时而栖于房顶或房檐下横梁上，并以清脆婉转的声音反复鸣叫。经过这种求偶表演后，雌雄家燕即开始营巢。巢多置于人类房舍内外墙壁上、屋椽下或横梁上，

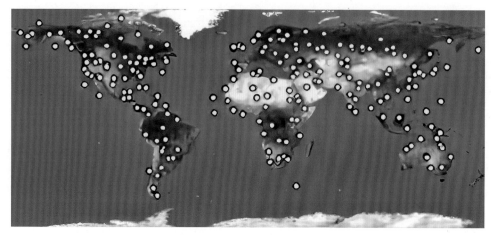

图 30-B　家燕分布

甚至在悬吊着的电灯头上筑巢。筑巢时雌雄亲鸟轮流从不同的水域岸边就近衔取泥、麻、线和枯草茎、草根，再混以唾液，形成小泥丸，然后再用嘴从巢的基部逐渐向上整齐而紧密地堆砌在一起，形成一个非常坚固的外壳。然后用 3～5 d 的时间衔取干的细草茎和草根，再用唾液将它们粘铺于巢底，形成一个干燥而舒适的内垫，最后再垫以柔软的植物纤维、头发和鸟类羽毛。每个巢从开始营造到最后结束，需 8～14 d 时间。巢的大小在南北方略有差异，长白山的窝测量为，外径 12～13 cm，内径 8～10 cm，高 5～8 cm，深 3～5 cm，巢开口向上，呈平底小碗状。

家燕全世界均有分布，南极为旅鸟，是爱沙尼亚和奥地利的国鸟。

（二十九）白鹡鸰（*Motacilla alba*）

白鹡鸰，是雀形目鹡鸰科的鸟类，属小型鸣禽，体重 23 g，体长约 18 cm，翼展 31 cm，寿命 10 年。体羽为黑白二色，白鹡鸰，额头顶前部和脸白色，头顶后部、枕和后颈黑色。背、肩黑色或灰色，飞羽黑色。翅上小覆羽灰色或黑色，中覆羽、大覆羽白色或尖端白色，在翅上形成明显的白色翅斑。尾长而窄，尾羽黑色，最外两对尾羽主要为白色。颏、喉白色或黑色，胸黑色，其余下体白色。虹膜黑褐色，嘴和跗跖黑色。

白鹡鸰体重 ♂15～30 g，♀17～29 g；体长 ♂156～195 mm，♀157～195 mm；嘴峰 ♂11～17 mm，♀11～16 mm；翅 ♂85～96 mm，♀81～98 mm；尾 ♂83～101 mm，♀82～97 mm；跗跖 ♂20～28 mm，♀22～27 mm。

图 31　白鹡鸰外形

白鹡鸰栖息于村落、河流、小溪、水塘等附近，在离水较近的耕地、草场等均可见到。经常成对活动或结 3 ～ 5 只的小群活动，迁徙期间也见成 10 多只至 20 余只的大群。多栖于地上、草丛或岩石上，有时也栖于小灌木或树上，多在水边或水域附近的草地、农田、荒坡或路边活动，或是在地上慢步行走，或是跑动捕食。遇人则斜着起飞，边飞边鸣。鸣声似 "jilin-jilin"，声音清脆响亮，飞行姿势像波浪式飞行，前进一短段距离后又落地，有时也较长时间地站在一个地方，尾不住地上下摆动。主要以昆虫为食，主要为鞘翅目、双翅目、鳞翅目、膜翅目、直翅目等昆虫，如象甲、蛴螬、叩头甲、米象、毛虫、蝗虫、蝉、螽斯、金龟子、蚂蚁、蜂类、步行虫、蛾、蝇、蚜虫、蛆等昆虫的蛹和幼虫等，是消灭昆虫的益鸟。此外也吃蜘蛛等其他无脊椎动物，偶尔也吃植物种子、浆果等植物性食物。觅食时地上行走，或在空中捕食昆虫。

白鹡鸰繁殖期在 3—7 月，多数在水域附近的岩石洞穴、石缝、河边土坎、田边石隙以及河岸、灌丛与草丛中等处筑巢，也在房屋屋脊、房顶和墙壁缝隙中营巢，甚至有在枯木树洞和人工巢箱中营巢的。由雌雄亲鸟共同承担，巢筑好后即开始产卵。巢呈杯状，外层粗糙、松散，多由枯草茎、细根、树皮和枯叶构成，巢呈杯状，内层紧密，主要由树皮纤维、麻、细草根等编织而成。巢内垫有兽毛、绒羽、麻等柔软物。巢的大小为 11 ～ 16 cm，内径 6 ～ 11 cm，深 4 ～ 5 cm，高 7 ～ 8 cm。每窝产卵 4 ～ 5 枚，但也有每窝少至 4 枚和多至 7 枚的。卵的大小为（19 ～ 22）mm ×（14.5 ～ 16）mm，重 2 ～ 2.6 g，灰白色、被有淡褐色斑。孵卵由雌雄亲鸟轮流进行，但以雌鸟为主，孵化期 12 d。雏鸟晚成性，孵出后由雌雄亲鸟共同育雏，14 d 左右雏鸟即可离巢。

白鹡鸰主要分布在欧亚大陆的大部分地区和非洲北部的阿拉伯地区，在中国有广泛分布，中国为中北部广大地区的夏候鸟，华南地区为留鸟，在海南越冬。

白鹡鸰被列入《世界自然保护联盟濒危物种红色名录》（IUCN）2012 年 ver 3.1——无危（LC）。被列入中国国家林业局 2000 年 8 月 1 日发布的《国家保护的有益的或者有重要经济、科学研究价值的陆生野生动物名录》。

（三十）紫翅椋鸟（*Sturnus vulgaris*）

紫翅椋鸟，体长 20 ～ 24 cm，是中等体型的椋鸟，也是迁徙性鸟类。其羽色具闪辉黑、紫、绿色等，具不同程度白色点斑，体羽新时为矛状，羽缘锈色而成扇贝形纹和斑纹，旧羽斑纹多消失。头、喉及前颈部呈辉亮的铜绿色；背、

图 32　紫翅椋鸟外形

肩、腰及尾上复羽为紫铜色，而且淡黄白色羽端，略似白斑；腹部为沾绿色的铜黑色，翅黑褐色，缀以褐色宽边，远观飞翔时的鸟群，羽毛几乎近似黑色。夏羽和冬羽稍有变化。虹膜深褐色。嘴黄色。脚略红。

紫翅椋鸟体重♂72～78 g，♀60～70 g；体长♂203～220 mm，♀200～215 mm；嘴峰♂24～26 mm，♀23～24 mm；翅♂121～135 mm，♀115～132 mm；尾63～71 mm；跗跖26～31 mm。

紫翅椋鸟食性较杂，以黄地老虎、蝗虫、草地暝等农田害虫和尺蠖、柳毒蛾、红松叶蜂等森林害虫为食，但在秋季也聚集在果园中窃食果子或在稻田中啄食稻谷。结群数量不等地在开阔地取食，遇到警情时，集体起飞，在空中无方向地绕飞几圈，停落到附近的树枝或有一定距离的草丛中。冬季集大群，迁至其分布区的南部。有时与粉红椋鸟（Sturnus roseus）混群活动，往往分成小群，聚集在耕地上啄食，每遇惊扰，即飞到附近的树上。喜栖息于树梢或较高的树枝上，在阳光下沐浴、理毛和鸣叫。叫声为沙哑的刺耳音及哨音。栖息于荒漠绿洲的树丛中，多栖于村落附近的果园、耕地或开阔多树的村庄内。近年多发现其群中有白化现象，其白化诱因有待于深入研究。

紫翅椋鸟4—6月繁殖，往往集群营巢，巢营在村内屋檐下，峭壁裂隙、塔内以及天然的树洞中。巢以稻草、树叶、草根、芦苇、羽毛等编成。每年繁殖1次，每次产4～7枚卵，卵色变化很大，呈乳黄色、翠绿或纯浅绿蓝色。孵卵期12 d，亲鸟每天育雏频繁出入，多达95～328次，且有时一次衔数条虫返巢育雏。

紫翅椋鸟主要分布于欧亚大陆及非洲北部，印度次大陆及中国的西南地区。中国为新疆西北部夏候鸟，迁徙时可见，为台湾冬候鸟。紫翅椋鸟被列入中国国家林业局2000年8月1日发布的《国家保护的有益的或者有重要经济、科学研究价值的陆生野生动物名录》。被列入《世界自然保护联盟濒危物种红色名录》（IUCN）2013年 ver 3.1——无危（LC）。

（三十一）粉红椋鸟（*Sturnus roseus*）

粉红椋鸟，是椋鸟家族中的普通一员，中等体型，成鸟体重60～73 g，体长19～22 cm，飞羽、尾羽为亮黑色，该物种鸟喙较其他的椋鸟短而钝，上嘴弯曲较明显，脚较粗壮，爪发达。雄鸟头部、颈、颏、喉和上胸黑色具紫蓝色金属光泽，有的喉具白色细纹。头顶羽毛长而尖，形成明显的羽冠。背、胸、腹及

图 33 粉红椋鸟外形

两胁为粉红（鉴定性特征），形似八哥，十分可爱。冬季头和胸具皮黄色尖端，背部具淡褐色羽缘，使粉红色变得不显著。尾上和尾下覆羽黑色具白色羽缘，两翅和尾黑色具蓝绿色的金属光泽。雌鸟与雄鸟毛色相似，但较黯淡。除背、胸、腹及两胁为粉红外，余羽棕黑，雌鸟图纹相似但较黯淡。虹膜黑色，嘴粉褐色，脚粉褐色。飞行时发"Ki-ki-ki"的叫声，也有平淡的"shrr"声。群鸟进食时发出卷舌音"chik-ik-ik-ik"的叫声。冬季头和胸具皮黄色尖端，背部具淡褐色羽缘，使粉红色变得不显著。幼鸟上体皮黄，两翼及尾褐色，下体色浅，嘴黄色。雌鸟和雄鸟相似，但头部羽冠较短，体羽缺少光泽而显得暗淡。虹膜暗褐色，鸟喙黄色或粉红色，上嘴基部黑色，冬季嘴为褐色，脚黄色。

幼鸟上体皮黄，两翼及尾褐色，下体色浅，嘴黄色。

粉红椋鸟体重♂68～80 g，♀65～72 g；体长♂200～242 mm，♀185～235 mm；嘴峰♂18～19 mm，♀19 mm；翅♂121～136 mm，♀118～132 mm；尾♂68～74 mm，♀74～77 mm；跗跖♂18～19 mm，♀29～31 mm。

粉红椋鸟为迁徙性候鸟，5月便迁徙至中国新疆西部繁衍生息，中国新疆是粉红椋鸟的主要繁殖地。在中国主要为夏候鸟，每年4月迁来中国繁殖，9—10月迁离中国。每年5—7月，粉红椋鸟就会成群结队地迁飞至繁殖地，先在食物丰富的低山地带落脚，然后集群占据石头堆、崖壁缝隙等处选择巢址。为了争夺有利地势，雄鸟之间经常发生激战。雄鸟头顶上部羽毛蓬展，用以恐吓其他雄鸟并吸引雌鸟。通过数日的选配，最终组建成"一夫一妻制"的家庭，开始共同筑巢，准备繁育后代。粉红椋鸟每年繁殖一代，巢呈杯状，主要由枯草茎和草叶构成。每窝产卵4～6枚，偶尔多至7～8枚和少至3枚。卵白色或淡蓝色，大小为（25～30）mm×（19.7～22）mm。卵产齐后间隔1 d开始由雌鸟孵卵，孵化期14～15 d。雏鸟晚成性，破壳而出后，经雌雄亲鸟共同喂养14～19 d后才随父母离巢，离巢后还需要父母喂养一段时间，并跟随父母学习捕食本领。

粉红椋鸟常见留鸟于中国西北至东北的开阔地带，迁徙至甘肃及西藏西部。迷鸟飞至中国上海、香港及泰国。迁徙时结大群生活于干旱的开阔地，繁殖季节追随家畜捕食被惊起的昆虫，主要在地上觅食，有时也在树上或灌丛中觅食。以蝗虫为主食，且食量惊人，每天捕食蝗虫120～180只，成为生物灭蝗的主力军。雏鸟成长过程中食量剧增，甚至超过成鸟。好胃口、大食量是粉红椋鸟成为灭蝗能手的原因之一。有着日出而作、日落而息的劳作习惯，它们也喜欢热闹，常常聚在一起吵声不断。冬季栖息在欧洲东部及亚洲中西部，在新疆繁殖季节时，是新疆区域内蝗虫的主要消灭者之一，需要建人工巢等措施来保护该鸟。

粉红椋鸟被列入《世界自然保护联盟濒危物种红色名录》（IUCN）2012 年 ver 3.1——无危（LC）。该物种也被列入中国国家林业局 2000 年 8 月 1 日发布的《国家保护的有益的或者有重要经济、科学研究价值的陆生野生动物名录》。

（三十二）大斑啄木鸟（*Dendrocopos major*）

大斑啄木鸟，又名赤䴕、臭奔得儿木、花奔得儿木、花啄木、白花啄木鸟、啄木冠、叼木冠。小型鸟类，体重 62 ~ 72 g，体长 20 ~ 25 cm。上体主要为黑色，额、颊和耳羽白色，肩和翅上各有一块大的白斑。尾黑色，外侧尾羽具黑白相间横斑，飞羽亦具黑白相间的横斑。下体污白色，无斑，下腹和尾下覆羽鲜红色。雄鸟枕部具一辉红色斑，后枕具一窄的黑色横带，后颈及颈两侧白色，形成一白色领圈，具一窄的黑色横带。额棕白色，眼先、眉、颊和耳羽白色，头顶黑色而具蓝色光泽。枕肩白色，背灰黑色，腰黑褐色而具白色端斑。两翅黑色，翼缘白色，飞羽内翈均具方形或近方形白色块斑，翅内侧中覆羽和大覆羽白色，在翅内侧形成一近圆形大白斑。中央尾羽黑褐色，外侧尾羽白色并具黑色横斑。颚纹宽阔呈黑色，向后分上下支，上支延伸至头后部，另一支向下延伸至胸侧。颏、喉、前颈至胸以及两胁污白色，腹亦为污白色，略沾桃红色，下腹中央至尾下覆羽灰红色（易识别的鉴定性特征）。雌鸟头顶、枕至后颈灰黑色而具蓝色光泽，耳羽棕白色，其余似雄鸟（东北亚种）。幼鸟（雄性）整个头顶暗红色，枕、后颈、背、腰、尾上覆羽和两翅黑褐色，较成鸟浅淡。前颈、胸、两胁和上腹棕白色，下腹至尾下覆羽浅桃红色。虹膜暗红色，嘴铅黑或蓝黑色，跗跖和趾褐色。

大斑啄木鸟体重 ♂63 ~ 79 g，♀62.5 ~ 72 g；体长 ♂201 ~ 242 mm，♀225 ~ 250 mm；嘴峰 ♂21 ~ 28 mm，♀26 ~ 28 mm；翅 ♂121 ~ 133 mm，♀122 ~ 133 mm；尾 ♂79 ~ 98 mm，♀91 ~ 97 mm；跗跖 ♂21 ~ 26 mm，♀22 ~ 26 mm。

大斑啄木鸟栖息于山地和平原针叶林、针阔叶混交林和阔叶林中，尤以混交林和阔叶林较多，也出现于林缘次生林和农田地边疏林及灌丛地带。

大斑啄木鸟常单独或成对活动，繁殖后期则成松散的家族群活动。多在树干和粗枝上觅食。觅食时常从树的中下部跳跃式地向上攀缘，如发现树皮或树干内

图 34　大斑啄木鸟外形

有昆虫，就迅速啄木取食，用舌头探入树皮缝隙或从啄出的树洞内钩取害虫。如啄木时发现有人，则绕到被啄木的后面藏匿或继续向上攀缘，搜索完一棵树后再飞向另一棵树，飞翔时两翅一开一闭，呈大波浪式前进，有时也在地上倒木和枝叶间取食。叫声“jen-jen”。大斑啄木鸟主要以甲虫、小蠹虫、蝗虫、吉丁虫、天牛幼虫及蚁科、蚊科、胡蜂科、鳞翅目、鞘翅目昆虫等各种昆虫、昆虫幼虫为食，也吃蜗牛、蜘蛛等其他小型无脊椎动物，昆虫性食物缺乏时，偶尔也吃橡实、松子和草籽等植物性食物。

大斑啄木鸟繁殖期 4—5 月，多见 3 月末即开始发情，期间常用嘴猛烈敲击树干，发出“咣咣咣”的连续声响，从而吸引异性。有时可见两雄在一起打斗而抢夺一雌，彼此搅作一团，上下翻飞，边飞边叫，一雄鸟被赶走后停止打斗。营巢于树洞中，巢洞多选择在空心的阔叶树树干上，有时也在粗的侧枝上，由雌雄鸟共同凿啄而成，每年都要啄新洞，不用旧巢。每个巢洞约需 15 d

完成。巢洞距地高多在 4～8 m，也有高至 10 m 甚至更高，也有低至 2 m 的情况。洞口圆形，直径为 4.5～4.6 cm，洞内径为 8.5～10 cm，洞深 18～28 cm。巢内无任何内垫物，仅有少许木屑。每窝产卵 3～8 枚，多为 4～6 枚。卵白色，椭圆形，光滑无斑，大小为（24～27）mm×（16～21）mm。雌雄轮流孵卵，孵化期 13～16 d。雏鸟晚成性，雏鸟孵出后通体赤裸无羽，肉红色。雌雄亲鸟共同育雏，经过 20～23 d 的喂养，雏鸟即可离巢飞翔。

　　本物种未列入保护目录，受到非法捕猎的威胁，因中医传统理论认为本物种全体有滋养补虚、消肿止痛的功效，刺激了对本物种的捕猎。另外由于本物种喜食很多林业害虫，因此被誉为"森林医生"，各地应加强保护宣传。

　　大斑啄木鸟广泛分布于欧亚大陆。在法罗群岛、直布罗陀、中国香港、冰岛、爱尔兰、美国等地为旅鸟。在中国分布于新疆、内蒙古东北部、黑龙江、吉林、辽宁、河北、河南、山东、江苏、安徽、山西、陕西、甘肃、青海、四川、贵州、云南、湖北、湖南、江西、浙江、福建、广东、广西、香港和海南岛。该物种已被列入中国国家林业局 2000 年 8 月 1 日发布的《国家保护的有益的或者有重要经济、科学研究价值的陆生野生动物名录》。也被列入《世界自然保护联盟濒危物种红色名录》（IUCN）2012 年 ver 3.1——无危（LC）。

（三十三）三趾啄木鸟（*Picoides tridactylus*）

　　三趾啄木鸟，是啄木鸟科、啄木鸟属的小型鸟类，体长 20～23 cm，雄鸟头顶金黄色，雌鸟黑色而具白色斑点。雄鸟鼻须污灰色，末端杂以黑色。额灰白色，羽基黑色。头顶金黄色，羽基亦为黑色。眼先黑色，杂以灰白色羽端。眼至耳覆羽黑色，眼后有一条白色纵纹，向后延伸至颈侧。眉纹和耳覆羽亦为黑色，并沾蓝色光泽。颊纹白色，颚纹黑色，甚为醒目，亦都延伸至颈侧。枕和后颈黑

图 35　三趾啄木鸟外形

色，中部杂以白色羽端，后颈黑色而具蓝色光泽，并杂以白色细纹。背和腰白色间缀有黑纹。尾上覆羽和中央两对尾羽黑色，其余尾羽黑色而具宽阔的白色横斑和端斑。肩和翅上覆羽黑褐色，飞羽黑色而具白色横斑，其中外翈白斑较小，略呈方形，内翈白斑较大，呈椭圆形或方形。初级飞羽具白色端斑，三级飞羽白斑大而显著，亦具白色端斑。颏、喉、前颈、上胸污白色，下胸、腹棕白色而杂以黑斑。两胁、覆腿羽及尾下覆羽黑色而具白色端斑。腋羽黑色，翼下覆羽白色而杂以黑色横斑。下体白色，胸侧具黑色纵纹，后胁具黑色横斑。

　　三趾啄木鸟雌鸟和雄鸟相似，但额和头顶黑色而具白色羽端。眉纹、后头、后颈和耳覆羽黑色而具蓝紫色光泽。眼后耳羽间杂以白色纵纹并延伸至头侧后方。背中央白色，胸和上腹污白色，胸侧和两胁污白色，密杂以黑色斑块。下腹和尾下覆羽白色而杂以黑褐色横纹。其余同雄鸟。三趾啄木鸟幼鸟和成鸟相似，但雄性幼鸟头顶黑色，仅具窄的杏黄色羽端，背白色，腰灰黑色而杂以白色斑点。三趾啄木鸟嘴角灰色或褐灰色。跗跖和趾黑褐色，仅3趾（鉴定性特征）。爪暗褐色。幼鸟嘴蓝灰色，脚黑褐色。

三趾啄木鸟主要栖息于山地和平原针叶林和针阔叶混交林中，尤以偏僻的原始针叶林中较常见，是典型的森林鸟类。除繁殖期成对外，常单独活动，繁殖后期亦见成家族群。多活动于森林的中上部，有时亦到地面活动和觅食。性活泼，行动敏捷，啄食迅速有力。多在枯枝上取食。平时较少鸣叫，繁殖期叫声似斑啄木鸟的"ga-ga-ga"的单音节声，但较斑啄木鸟低沉而沙哑。主要以天牛成虫和幼虫、叩头虫、鞘翅目成虫和鳞翅目幼虫以及蚁科成虫等各类昆虫为食，有时也吃植物种子，特别是松子，尤其是在冬季食物贫乏的季节。

三趾啄木鸟的繁殖期为5—7月。多见4月即开始成对和出现求偶行为，5月初即开始筑巢。营巢于树洞中，巢洞由雌雄亲鸟共同啄凿修建。通常选择空心的阔叶树上或枯立木上，也是不用旧巢，每年都要重新啄巢洞。每个巢洞约需15 d才能啄成。洞口为圆形，直径为4～5 cm，洞内径为6～14 cm，洞深20～30 cm，距地高2～8 m。每窝产卵3～6枚，多为4～5枚，卵白色，大小为（21～28）mm×（16～19）mm。雌雄轮流孵卵，孵化期14 d，雏鸟晚成性。

三趾啄木鸟在中国境内分布于内蒙古东北部呼伦贝尔盟，黑龙江小兴安岭，吉林省长白山，新疆西部喀什、天山和新疆西北部，青海东北部和南部，甘肃，四川北部、西部和西南部，云南西北部。中国境外分布于欧亚大陆、日本、阿拉斯加、加拿大和美国。

三趾啄木鸟已列入《世界自然保护联盟濒危物种红色名录》（IUCN）2014年 ver 3.1——无危（LC）。

（三十四）山斑鸠（*Streptopelia orientalis*）

山斑鸠，属于鸠鸽科斑鸠属的鸟类，共有6个亚种。山斑鸠雌雄相似度较高，体长约32 cm，嘴爪平直或稍弯曲，嘴基部柔软，被以蜡膜，嘴端膨大而具角质。前额和头顶前部蓝灰色，头顶后部至后颈转为沾栗的棕灰色，颈基两侧各有一块羽缘为蓝灰色的黑羽，形成显著黑灰色颈斑（易观察到的特征）。颈和脚均较短，胫全被羽。上体的深色扇贝斑纹体羽，羽缘棕色或红褐色，下背和腰蓝

图 36　山斑鸠外形

灰色，尾羽近黑，尾梢浅灰。尾上覆羽和尾同为褐色，具蓝灰色羽端，愈向外侧
蓝灰色羽端愈宽阔。最外侧尾羽外翈灰白色。肩和内侧飞羽黑褐色，具红褐色羽
缘。外侧中覆羽和大覆羽深石板灰色，羽端较淡。飞羽黑褐色，羽缘较淡。下体
为葡萄酒红褐色，颏、喉棕色沾染粉红色，胸沾灰，腹淡灰色，两胁、腹羽及尾
下覆羽蓝灰色。虹膜金黄色或橙色，嘴铅蓝色，脚洋红色，爪角褐色。下体多偏
粉色，脚红色。

　　山斑鸠常成对或单独活动或成小群活动，多在开阔农耕区、村庄及房前屋
后、寺院周围，或小沟渠附近，取食于地面。有时成对栖息于树上，或成对一起
飞行和觅食。如伤及雌鸟，雄鸟惊飞后数度飞回原处上空盘旋鸣叫。在地面活动
时十分活跃，常小步迅速前进，边走边觅食，头前后摆动。飞翔时两翅鼓动频
繁，直而迅速。有时亦滑翔，特别是从树上往地面飞行时。鸣声低沉，其声似
"ku-ku-ku" 反复重复多次。食物多为谷类，主要吃各种植物的果实、种子、草
籽、嫩叶、幼芽，也吃农作物，如稻谷、玉米、高粱、谷子、黄豆、绿豆、油菜
籽等，有时也吃鳞翅目幼虫、甲虫等昆虫。觅食多在林下地上、林缘和农田耕
地。起飞时带有高频"噗噗"声。

　　山斑鸠繁殖时间在4—7月。一般年产2窝，通常在迁来时多已成对。营

巢于森林中树上，也在宅旁竹林、孤树或灌木丛中营巢。通常置巢于靠主干的枝丫上，距地高多在 1.5 ～ 8 m。巢甚简陋，主要由枯的细树枝交错堆集而成，呈盘状，结构甚为松散，从下面可看到巢中的卵或雏鸟。巢的大小为外径（14 ～ 18）cm ×（16 ～ 20）cm，内径（8 ～ 10）cm ×（8 ～ 11）cm，高 4 ～ 8 cm，深 3 ～ 5 cm。巢内无内垫，或仅垫有少许树叶、苔藓和羽毛。每窝产卵 2 枚，卵白色，椭圆形，光滑无斑，大小为（28 ～ 37）mm ×（21 ～ 27）mm，重 7 ～ 12 g。雌雄亲鸟轮流孵卵，孵卵期间甚为恋巢，有时人在巢下走动或停留亦不离巢飞走，孵卵期 18 ～ 19 d。雏鸟晚成性，刚出壳时雏鸟裸露无羽，身上仅有稀疏几根黄色毛状绒羽。由雌雄亲鸟共同抚育，雏鸟将嘴伸入亲鸟口中取食亲鸟从嗉囊中吐出的半消化乳状食物"鸽乳"。经过 18 ～ 20 d的喂养，幼鸟即可离巢飞翔。

　　山斑鸠为全世界分布的鸟类。中国分布北自黑龙江，南至海南、香港和台湾、西至新疆、西藏，遍及全国各地。北方鸟南下越冬。山斑鸠被列入《世界自然保护联盟濒危物种红色名录》（IUCN）2012 年 ver 3.1——无危（LC）。该物种已被列入中国国家林业局 2000 年 8 月 1 日发布的《国家保护的有益的或者有重要经济、科学研究价值的陆生野生动物名录》。

（三十五）灰斑鸠（*Streptopelia decaocto*）

灰斑鸠，属于"三有"保护动物，为鸠鸽科斑鸠属的鸟类。中等体型 32 cm，全身灰褐色（鉴定性特征），额和头顶前部灰色，向后逐渐转为浅粉红灰色。后颈基处有一道半月形黑色领环，其前后缘均为灰白色或白色，使黑色领环衬托得更为醒目。背、腰、两肩和翅上小覆羽均为淡葡萄色，其余翅上覆羽淡灰色或蓝灰色，翅膀上有蓝灰色斑块，飞羽黑褐色，内侧初级飞羽沾灰。尾上覆羽也为淡葡萄灰褐色，较长的数枚尾上覆羽沾灰，中央尾羽葡萄灰褐色，外侧尾羽灰白色或白色，而羽基黑色，尾羽尖端为白色。颈后有黑色颈环，环外有白色羽毛围绕。虹膜红色，眼睑也为红色，眼周裸露皮肤白色或浅灰色，嘴近黑色，脚和趾暗粉红色，颏、喉白色，其余下体淡粉红灰色，胸更带粉红色，尾下覆羽和两胁蓝灰色，翼下覆羽白色。

灰斑鸠体重♂170～200 g，♀150～192 g，体长♂285～340 mm，♀250～320 mm，嘴峰♂14～17 mm，♀15～17 mm，翅♂169～183 mm，♀165～183 mm，尾♂135～150 mm，♀124～145 mm；跗跖♂20～23 mm，

图 37　灰斑鸠外形

♀21～24 mm。

灰斑鸠栖息于平原、山麓和低山丘陵地带树林中，也常出现于农田、耕地、果园、灌丛、城镇和村屯附近。成年灰斑鸠在树上筑巢，在树枝编织的巢中产下白色的蛋。灰斑鸠是群居物种，在谷类等食物充足的地方会形成相当大的群落。灰斑鸠的叫声是"咕咕—咕"，第二声较重，并重复多次。因为它的叫声听起来像是希腊语的"decaocto"（十八），因此得到这个学名。偶尔它也会发出大约 2 s 的巨大刺耳而又呆板空洞的鸣叫声，特别是在夏季着陆时。灰斑鸠和粉头斑鸠（*Streptopelia roseogrisea*）被论证是家养环鸽（*Streptopelia risoria*）的野生祖先。

灰斑鸠的繁殖期为 4—8 月。或许一年繁殖 2 窝。通常营巢于小树上或灌丛中，也在房舍和庭院果树上营巢。巢非常简陋，主要由细枯枝堆集而成。距地高度多在 3 m 以上，巢外径 14～20 cm，内径 8～13 cm。每窝产卵 2 枚，卵的颜色为乳白色，形状为卵圆形。卵的大小为（29～34）mm×（23～26）mm，重 7～9 g。主要由雌鸟孵卵。雄鸟多在巢附近休息和警戒。孵化需要 14～18 d，雏鸟晚成性。孵出后由雌雄亲鸟共同喂养，幼鸟在 15～19 d 的喂养后会羽翼丰满而飞翔离巢。易在人类的居住区周围经常出现。

灰斑鸠分布广泛，但种群数量稀少，不常见。中国分布于华北和西北地区，也有见于长江下游和华南地区。国外分布于欧洲东南部、中亚、印度、缅甸和日本等地。亚种（*stoliczkae*）分布于新疆喀什及天山地区，指名亚种分布于华北、四川至印度，缅甸亚种（*xanthocyclus*）为迷鸟，偶然出现在安徽、福州及云南。

灰斑鸠被列入中国国家林业局 2000 年 8 月 1 日发布的《国家保护的有益的或者有重要经济、科学研究价值的陆生野生动物名录》。也被列入《世界自然保护联盟濒危物种红色名录》（IUCN）2012 年 ver3.1——无危（LC）。

（三十六）岩鸽（*Columba rupestris*）

岩鸽，为鸠鸽科鸽属的鸟类。嘴爪平直或稍弯曲，嘴基部柔软，被以蜡膜，嘴端膨大而具角质；岩鸽雄鸟头、颈和上胸为石板蓝灰色，颈和上胸缀金属铜绿色，并极富金属光泽，颈后缘和胸上部还具紫红色光泽，形成颈圈状（鉴定性特征）。上背和两肩大部以灰色为主基色，翅上覆羽浅石板灰色，内侧飞羽和大覆羽具两道不完全的黑色横带，初级飞羽黑褐色，内侧中部灰色稍浅，外侧和羽端褐色，次级飞羽末端褐色，下背白色，腰和尾上覆羽暗灰色。尾石板灰黑色，先端黑色，近尾端处横贯一道宽阔的白色横带。颏、喉石板灰色较暗，自胸以下为灰色，往腹部逐渐变淡，与腋羽一样为白色。颈和脚均较短，胫全被羽。爪平直或稍弯曲。雌鸟与雄鸟相似，但羽色略暗，特别是尾上覆羽，胸也少紫色光泽，不如雄鸟鲜艳。虹膜橙黄色，嘴黑色，跗跖及趾暗红朱红色，爪黑褐色。

岩鸽体重♂180～305 g，♀201～290 g，体长♂290～350 mm，♀232～333 mm，嘴峰♂14～18 mm，♀15～18 mm；翅♂211～230 mm，♀210～230 mm，尾♂110～140 mm，♀108～141 mm，跗跖♂25～28 mm，

♀25 ～ 28 mm。

岩鸽主要栖息于山地岩石和悬岩峭壁处，最高可达海拔 5 000 m 以上的地区。常成群活动。多结成小群到山谷和平原田野上觅食。性较温顺。叫声"咕咕"，和家鸽相似。鸣叫时频频点头。主要以植物种子、果实、球茎、块根等植物性食物为食。岩鸽的繁殖期为 4—7 月。营巢于山地岩石缝隙和悬崖峭壁洞穴中。在平原地区也在古塔顶部和高的建筑物上营巢。在西藏地区，有时也在废弃房屋的墙洞里和屋檐下筑巢。巢由细枯枝、枯草和羽毛构成。呈盘状。每窝通常产卵 2 枚，或许 1 年繁殖 2 窝。卵的颜色为白色，大小为（35 ～ 38）mm ×（26 ～ 28）mm，重 12 ～ 13 g。雌雄亲鸟轮流孵卵。孵化期 18 d。雏鸟晚成性。

岩鸽分布于中国、蒙古国、西伯利亚南部、朝鲜、中亚、阿富汗、尼泊尔、印度锡金等喜马拉雅山地区。岩鸽新疆亚种（学名：*C. rupestris turkestanica*）分布于亚洲、阿富汗、尼泊尔、印度锡金，包括中国大陆的新疆、西藏等地。该物种的模式产地在阿尔泰山脉。被列入《世界自然保护联盟濒危物种红色名录》（IUCN）2012 年 ver 3.1——无危（LC）。

图 38　岩鸽外形

（三十七）原鸽（*Columba livia*）

原鸽，一般认为原鸽是家鸽的祖先，俗称"野鸽子"。体重194～347 g，体长295～355 mm，鸟类中的中等体型。全身石板灰色或蓝灰色。颈部胸部的羽毛具有悦目的紫绿色金属光泽，常随观察角度的变化而显由绿到蓝而紫的颜色变化，下颈及上胸有些金属绿色和紫色闪光，背面余部淡灰色。翼上及尾端各自具一条黑色横纹，尾部的黑色横纹较宽，尾上覆羽白色。下体自胸羽毛颜色逐渐变淡，尾具宽阔的黑端，但无白色横斑。雌雄同色，但雌鸟体色一般要暗一些。虹膜橙红色，嘴浅角质色，基部呈紫红色。跗跖及趾为黄铜色至洋红色，爪黑色。

分辨雌鸽与雄鸽的基本方法是辨别大小，雄鸽的肩膀宽，头形圆大，脚也较长，脊椎也较长，相反的雌鸽都较短。此外，雄鸽的颈粗短，颈羽富有金色光泽，叫声也较强，步伐大，求偶时会一边旋转，或是一边跳跃。雌鸽的颈细，叫声也较轻柔。虹膜为褐色；嘴为角质色；脚为深红色。如家鸽"oo-roo-coo"的叫声。

　　原鸽的自然栖息地通常包括岩壁、崖壁上的洞穴和海崖的鸟巢。野生形式与人类共生，在城市中特别丰富。留鸟，常成群活动，少者几只一群，多者数十只甚至近百只结集生活，时而栖于村落，时而停息在废墟，但大都在农田周围活动。主要以各种植物种子和农作物为食。结群活动和盘旋飞行，栖息在喜马拉雅山脉地区的原鸽飞行迅速而且常沿直线飞行并一般离开地面不高。巢为干草和小树枝搭建成的平板状巢，中央稍凹，一窝产卵两枚，卵白色。

　　原鸽遍布亚洲中部以至南部自印度、斯里兰卡，东抵缅甸和泰国，欧洲中部和南部，非洲北部，并被引入北美洲和中美洲。亚种（*neglecta*）于中国西北部及喜马拉雅山脉为地方性常见鸟；亚种（*nigricans*）分布于青海南部至内蒙古东部及河北。其他地方可能也有野化的鸽群。本物种未列入濒危名单，但被作为医药成分因捕猎而受到一定程度的威胁，中医传统理论认为原鸽去羽毛及内脏、取肉鲜用，有滋肾益气、祛风解毒和血调经止痛的功能。该物种已被列入中国国家林业局 2000 年 8 月 1 日发布的《国家保护的有益的或者有重要经济、科学研究价值的陆生野生动物名录》。

图 39 原鸽外形

（三十八）大杜鹃（*Cuculus canorus*）

大杜鹃，杜鹃科杜鹃属鸟类，别名郭公、布谷、鸠、喀咕。颏、喉、头侧及上胸黑褐色，杂以白色块斑和横斑，其余下体白色，杂以黑褐色横斑。虹膜黄色，嘴黑褐色，下嘴基部近黄色，脚棕黄色。大额浅灰褐色，头顶、枕至后颈暗银灰色，背暗灰色，腰及尾上覆羽蓝灰色，中央尾羽黑褐色，羽轴纹褐色，沿羽轴两侧白色细斑点，且多成对分布，末端具白色先斑，两侧尾羽浅黑褐色，羽干两侧也具白色斑点，且白斑较大，内侧边缘也具一系列白斑和白色端斑。两翅内侧覆羽暗灰色，外侧覆羽和飞羽暗褐色。飞羽羽干黑褐色，初级飞羽内侧近羽缘处具白色横斑。翅缘白色，具暗褐色细斑纹。下体颏、喉、前颈、上胸，以及头侧和颈侧淡灰色，其余下体白色，并杂以黑暗褐色细窄横斑，宽度仅 1 ～ 2 mm，横斑相距 4 ～ 5 mm，胸及两胁横斑较宽，向腹和尾下覆羽渐细而疏。幼鸟头顶、后颈、背及翅黑褐色，各羽均具白色端缘，形成鳞状斑，以头、颈、上背为细密，下背和两翅较疏阔。飞羽内侧具白色横斑，腰及尾上覆羽暗灰褐色，具白色端缘。尾羽黑色而具白色端斑，羽轴及两侧具白色斑块，外侧尾羽白色块斑较大。脚棕黄色。

大杜鹃主要为夏候鸟，部分旅鸟，分布于全国。春季于 4—5 月迁来，9—10 月迁走。性孤独，常单独活动。飞行快速而有力，常循直线前进。飞行时两翅振动幅度较大，但无声响。繁殖期间喜欢鸣叫，常站在乔木顶枝上鸣叫不息。有时晚上也鸣叫或边飞边鸣叫，叫声凄厉洪亮，很远便能听到它"布谷 - 布谷"的粗犷而单调的声音，每分钟可反复叫 20 次。鸣声响亮，二声一度，像"kuk-ku"。

大杜鹃主要以松毛虫、五毒蛾、松针枯叶蛾，以及其他鳞翅目幼虫为食。也吃蝗虫、步行甲、叩头虫、蜂等其他昆虫。大杜鹃栖息于山地、丘陵和平原地带的森林中，有时也出现于农田和居民点附近高的乔木树上。大杜鹃繁殖期 5—7 月。求偶是雌雄鸟在树枝上跳来跳去，飞上飞下互相追逐，并发出"呼 – 呼 –"的低叫声。之后雌鸟站在树枝上不动，两翅半下垂，头向前伸，雄鸟随即飞到雌鸟背上、颤抖双翅进行交尾，2 ～ 3 min 后，雄鸟飞离雌鸟，停栖于 30 ～ 40 m 处，稍停再飞到雌鸟身边，也曾见到 3 只大杜鹃在一起追逐争偶现象。大杜鹃无固定配偶，也不自己营巢和孵卵，而是将卵产于大苇莺、麻雀、灰喜鹊、伯劳、棕头鸦雀、北红尾鸲、棕扇尾莺等各类雀形目鸟类巢中，由这些亲鸟替它代孵代育。

该物种已被列入中国国家林业局 2000 年 8 月 1 日发布的《国家保护的有益的或者有重要经济、科学研究价值的陆生野生动物名录》。也被列入《世界自然保护联盟濒危物种红色名录》(IUCN) 2016 年 ver3.1——无危（LC）。

图 40　大杜鹃外形

（三十九）大白鹭（*Ardea alba*）

大白鹭，是一种大型涉禽，颈、脚甚长，喙峰长，黄色或污黄色，喙前端尖锐，利于捕食。两性差异较小，成鸟的夏羽全身乳白色（易识别特征），鸟喙黑色，头有短小羽冠，肩及肩间着生成丛的长蓑羽，一直向后伸展，通常超过尾羽尖端10多厘米，有时不超过。繁殖期间肩背部着生有三列长而直、羽枝呈分散状的蓑羽，一直向后延伸到尾端，有的甚至超过尾部30～40 mm。蓑羽羽干基部坚硬，呈象牙白色，至羽端逐渐变小，羽支纤细稀疏分散。冬羽的成鸟背无蓑羽，头无羽冠。下体全部呈白色，腹部羽毛沾有轻微黄色。嘴和眼先黑色，嘴角有一条黑线直达眼后，虹膜淡黄色。冬羽和夏羽相似，全身全为白色，但前颈下部和肩背部无长的蓑羽，喙和眼先为黄色，虹膜黄色，嘴、眼先和眼周皮肤繁殖期为黑色，非繁殖期为黄色，胫裸出部分肉红色，跗跖和趾黑色。

大白鹭体重♂840～1 100 g，♀625～1 025 g；体长♂897～981 mm，

图 41 大白鹭外形

♀820～855 mm；嘴峰♂95～118 mm，♀96～104 mm；翅♂348～379 mm，♀330～350 mm；尾♂115～162 mm，♀122～138 mm；跗跖♂145～170 mm，♀135～140 mm。

　　大白鹭栖息于海滨、水田、湖泊、红树林及其他湿地。常见与其他鹭类及鸬鹚等混在一起，多在开阔的水域地带活动。常成单只或10余只的小群活动，有时在繁殖期间亦见有多达300多只的大群。行动极为谨慎小心，遇人即飞走。大白鹭只在白天活动，步行时颈收缩成"S"形。飞时颈亦收缩成"S"形，刚飞行时两翅扇动较笨拙，脚悬垂于下，达到一定高度后，飞行则极为灵活，两脚亦向后伸直，远远超出于尾后，头缩到背上，颈向下突出成囊状，两翅鼓动缓慢。站立时头亦缩于背肩部，呈驼背状。步行时亦常缩着脖，缓慢地一步一步地前进。脚向后伸直，超过尾部。以直翅目、鞘翅目、双翅目昆虫，甲壳类、软体动物、水生昆虫以及小鱼、蛙、蝌蚪和蜥蜴等动物性食物为食。主要在水边浅水处涉水觅食，也常在水域附近草地上慢慢行走，边走边啄食。

　　大白鹭主要分布于全球温带地区，分布十分广泛。部分夏候鸟，部分旅鸟和冬候鸟。通常3月末到4月中旬迁到北部繁殖地，10月初开始迁离繁殖地到南方越冬。迁徙时常成小群或成家族群，呈斜线或呈一定角度迁飞。繁殖期4—7月。营巢于高大的树上或芦苇丛中，多集群营群巢，有时一棵树上同时有数对到数十对营巢，亦与苍鹭在一起营巢，由雌雄亲鸟共同进行。巢简单粗糙，通常由枯枝和干草构成，有时巢内垫有少许柔软的草叶。巢外径56～61 cm，内径52～54 cm，高22～25 cm，深15～20 cm。1年繁殖1窝，每窝产卵3～6枚，多为4枚。卵为椭圆形或长椭圆形，天蓝色，大小为（51.5～60）mm×（34～41）mm，重29～31 g。产出第一枚卵后即开始孵卵，由雌雄亲鸟共同承担，孵化期25～26 d，雏鸟晚成性，雏鸟孵出后由雌雄亲鸟共同喂养，大约经过1个月的巢期生活后即可飞翔和离巢。

　　大白鹭被列入《世界自然保护联盟濒危物种红色名录》（IUCN）2012年ver 3.1——无危（LC）。也被列入中国国家林业局2000年8月1日发布的《国家保护的有益的或者有重要经济、科学研究价值的陆生野生动物名录》。

（四十）白尾鹞（*Circus cyaneus*）

白尾鹞，属中型猛禽，体重 300 ～ 600 g，体长 41 ～ 53 cm。雄鸟前额污灰白色，头顶灰褐色，具暗色羽干纹，后头暗褐色，具棕黄色羽缘，耳羽后下方往下有一圈蓬松而稍卷曲的羽毛形成的皱领，后颈、上体蓝灰色，头和胸较暗，常缀以褐色或黄褐色羽缘。背、肩、腰蓝灰色，有时微沾褐色。翅尖黑色，尾上覆羽纯白色，中央尾羽银灰色，横斑不明显，次两对蓝灰色，具暗灰色横斑，外侧尾羽白色，杂以暗灰褐色横斑。腹、两胁和翅下覆羽白色，翅上覆羽银灰色，外侧 1 ～ 6 枚初级飞羽黑褐色，内翈基部白色，外翈羽缘和先端灰色，其余初级飞羽、次级飞羽和三级飞羽均为银灰色，内翈羽缘白色。飞翔时，从上面看，蓝灰色的上体、白色的腰和黑色翅尖形成明显对比。从下面看，白色的下体，较暗的

图 42 白尾鹞外形

胸和黑色的翅尖亦形成鲜明对比。雌鸟上体暗褐色，头至后颈、颈侧和翅覆羽具棕黄色羽缘、耳后向下至颏部有一圈卷曲的淡色羽毛形成的皱翎，尾上覆羽白色，中央尾羽灰褐色，外侧尾羽棕黄色，具黑褐色横斑。下体皮棕白色或皮黄白色或棕黄褐色，杂以粗著的红褐色或暗棕褐色纵纹，缀以暗棕褐色纵纹。常贴地面低空飞行，滑翔时两翅上举成"V"形，并不时地抖动。下体颏、喉和上胸蓝灰色，其余下体纯白色。幼鸟似雌鸟，但下体较淡，纵纹更为显著。

蜡膜黄色，嘴黑色，基部蓝灰色，蜡膜黄绿色，脚和趾黄色，爪黑色。

白尾鹞体重♂310～600 g，♀320～530 g；体长♂450～490 mm，♀447～530 mm；嘴峰♂15～16.5 mm，♀17～19 mm；翅♂246～355 mm，♀356～405 mm；尾♂226～245 mm，♀225～278 mm；跗跖♂64～75 mm，♀69～76 mm。

白尾鹞栖息于低山丘陵地带和平原，尤其是平原上的湖泊、沼泽、河谷、草原、荒野以及低山、林间沼泽和草地、农田耕地、沿海沼泽和芦苇塘等开阔地区。冬季有时也到村屯附近的水田、草坡和疏林地带活动。常沿地面低空飞行，频频鼓动两翼，飞行敏捷迅速，特别是在追击猎物的时候。有时又在草地上空滑翔，两翅上举成"V"形，缓慢地移动，并不时地抖动两翅，滑翔时两翅微向后弯曲。有时又栖于地上不动，注视草丛中猎物的活动。主要以小型鸟类、鼠类、蛙、蜥蜴和大型昆虫等动物性食物为食。白天活动和觅食，尤以早晨和黄昏最为活跃。捕食主要在地上。常沿地面低空飞行搜寻猎物，发现后急速降到地面捕食。

白尾鹞繁殖于欧亚大陆、北美，往南至墨西哥。越冬于欧洲南部、西部、北非、伊朗、印度、缅甸、泰国、中南半岛和日本。中国东北和新疆西部为夏候鸟，长江中下游、东南沿海、西藏南部、云南、贵州为冬候鸟，其他地方包括香港和台湾为旅鸟或偶见冬候鸟。春季迁到东北繁殖地的时间在3月末至4月初，离开繁殖地的时间在10—11月。繁殖期4—7月，繁殖前期常见成对在空中作求偶飞行，彼此相互追逐。营巢于枯芦苇丛、草丛或灌丛间地上。巢主要由枯芦苇、蒲草、细枝构成，呈浅盘状，大小直径为30～50 cm，高5～11 cm。每窝产卵4～5枚，偶尔少至3枚和多至6枚。卵刚产出时为淡绿色或白色，被有肉桂色或红褐色斑，卵的大小为（44～56）mm×（34～40）mm，平均48.5 mm×37.3 mm，重27～40 g，平均33 g。第一枚卵产出后即开始孵卵，由雌鸟承担，孵卵期29～31 d。雏鸟晚成性，刚孵出时被有短的白色绒羽。通常在孵出后的头几天雌鸟在巢中暖雏，雄鸟外出觅食喂雏，两三天后，雌鸟亦参与育雏活动，经过 35 ～ 42 d 的巢期生活，雏鸟才能离巢。

白尾鹞被列入《世界自然保护联盟濒危物种红色名录》（IUCN）2012 年 ver 3.1——无危（LC）。也被列入中国国家重点保护野生动物名录，属国家二级保护动物。

（四十一）豆雁（*Anser fabalis*）

豆雁，是体型较大的大型雁类，两性体型体色相似，雄性毛色更为亮丽。体长 69 ～ 80 cm，体重多在 3 kg 左右，外形大小和形状似家鹅。上体灰褐色或棕褐色，下体污白色，嘴黑褐色、具橘黄色带斑。头、颈棕褐色，肩、背灰褐色，具淡黄白色羽缘。翅上覆羽和三级飞羽灰褐色。初级覆羽黑褐色，具黄白色羽缘，初级和次级飞羽黑褐色，最外侧几枚飞羽外翈灰色，尾黑褐色，具白色端斑。尾上覆羽白色。喉、胸淡棕褐色，腹污白色，两胁具灰褐色横斑。尾下覆羽白色。虹膜褐色，嘴甲和嘴基黑色，嘴甲和鼻孔之间有一橙黄色横斑沿嘴的两侧边缘向后延伸至嘴角，有扁平的喙，边缘锯齿状，有助于过滤食物。脚橙黄色，爪黑色。腿位于身体的中心支点，行走自如。飞行时双翼拍打用力，振翅频率高，脖子较长。

豆雁体重♂2 200 ～ 4 100 g，♀2 750 ～ 3 100 g；体长♂718 ～ 802 mm，♀695 ～ 792 mm；嘴峰♂66 ～ 78 mm，♀54 ～ 74 mm；翅♂412 ～ 469 mm，♀404 ～ 455 mm；尾♂120 ～ 142 mm，♀113 ～ 132 mm；跗跖♂64 ～ 78 mm；♀63 ～ 84 mm。

豆雁在繁殖季节的栖息生境因亚种不同而略有变化。有的主要栖息于亚北极泰加林湖泊或亚平原森林河谷地区，有的主要栖息于开阔的北极苔原地带或苔原灌丛地带，有的栖息在很少植物生长的岩石苔原地带。迁徙时间为冬季，则主要栖息于开阔平原草地、沼泽、水库、江河、湖泊及沿海海岸和附近农田地区。有迁徙的习性，迁飞距离也较远。喜群居，飞行时呈有序的队列，有"一"字形、"人"字形等。以植物性食物为食，繁殖季节主要吃苔藓、地衣、植物嫩芽、嫩叶，包括芦苇和一些小灌木，也吃植物果实与种子和少量动物性食物。迁徙和越冬季节，则主要以谷物种子、豆类、麦苗、马铃薯、甘薯、植物芽、叶和少量软体动物为食。觅食多在早晨和下午，中午多在湖中水面上或岸边沙滩上栖息。

图 43　豆雁外形

　　豆雁的繁殖期为 5—7 月，成对或成群在一起营群巢。成鸟到达繁殖地后不久即开始营巢。营巢在多湖泊的苔原沼泽地上或偏僻的泰加林附近的河岸与湖边，也有在海边岸石上、河中或湖心岛屿上营巢的。巢多置于小丘、斜坡等较为干燥的地方，抑或在灌木中或灌木附近开阔地面上。营巢由雌雄亲鸟共同进行，先将选择好的地方稍微踩踏成凹坑，再用干草和其他干的植物打基础作底垫，内面再放以羽毛和雌鸟从自己身上拔下的绒羽。5 月末至 6 月中旬产卵，1 年繁殖 1 窝，每窝产卵 3 ～ 8 枚，多数为 3 ～ 4 枚。卵大小为（74.5 ～ 87）mm×（42 ～ 59）mm，乳白色或淡黄白色。为一夫一妻制，结合较为固定，雌雄共同参与雏鸟的养育。雌鸟单独孵卵，雄鸟在巢附近警戒，一般情况下雌鸟不离开巢，遇危险时它常将头向地上伸出，全身紧紧贴在地上，隐蔽起来躲避敌人，只有在当敌人已接近巢等紧急情况时才离巢，孵化期 25 ～ 29 d。雏鸟早成性，雏鸟孵出后常在雌雄亲鸟带领下活动在水域附近陆地上或沼泽地上，遇危险时亦常通过紧贴地面降低身体高度的方法避敌或进入水中逃避。成鸟通常在 7 月中旬至 8 月中旬换羽，此间基本失去飞翔能力，活动主要靠地上奔跑。幼鸟 3 年性成熟，有少数 2 龄时即表现出性要求的早熟现象。

豆雁分布于中国、西伯利亚、冰岛和格陵兰岛东部。越冬在西欧、伊朗、朝鲜、日本。豆雁在中国是冬候鸟，还未发现有在中国繁殖的报告。通常每年 8 月末至 9 月初即离开繁殖地，到达中国的时间最早在 9 月末 10 月初，大量在 10 月中下旬，最晚 11 月初。迁徙多在晚间进行，白天多停下来休息和觅食，有时白天也进行迁徙，特别是天气变化的时候。

豆雁被列入《世界自然保护联盟濒危物种红色名录》（IUCN）2012 年 ver 3.1——无危（LC）。也被列入中国国家林业局 2000 年 8 月 1 日发布的《国家保护的有益的或者有重要经济、科学研究价值的陆生野生动物名录》。

（四十二）灰雁（*Anser anser*）

灰雁，体大而肥胖，也属于大型雁类。体长 70 ～ 90 cm，翼展 147 ～ 182 cm，体重 2.5 ～ 4 kg，寿命 17 年。灰雁雌雄相似，雄略大于雌。嘴、脚肉色，上体灰褐色（鉴定性特征），下体污白色，飞行时双翼拍打用力，振翅频率高。脖子较长。腿位于身体的中心支点，行走自如。有扁平的喙，边缘锯齿状，有助于过滤食物。头顶和后颈褐色。嘴基有一条窄的白纹，繁殖期间呈锈黄色，有时白纹不明显。背和两肩灰褐色，具棕白色羽缘。腰灰色，腰的两侧灰白色，初级覆羽灰色，其余覆羽灰褐色至暗褐色，飞羽黑褐色，尾上覆羽白色，尾羽褐色，具白色端斑和羽缘。最外侧两对尾羽全白色。头侧、颊和前颈灰色，胸、腹污白色，杂有不规则的暗褐色斑，由胸向腹逐渐增多（易识别特征）。两胁淡灰褐色，羽端灰白色，尾下覆羽白色。虹膜褐色，嘴肉色，跗跖亦为肉色。幼鸟上体暗灰褐色，胸和腹前部灰褐色，没有黑色斑块，两胁亦缺少白色横斑。

灰雁体重 ♂2 750 ～ 3 750 g，♀2 100 ～ 3 000 g；体长 ♂790 ～ 880 mm，♀700 ～ 860 mm；嘴峰 ♂63 ～ 68 mm；♀52 ～ 67 mm；翅 ♂420 ～ 489 mm，♀319 ～ 435 mm；尾 ♂130 ～ 168 mm，♀116 ～ 145 mm；跗跖 ♂67 ～ 77 mm，♀67 ～ 74 mm。

除繁殖期外，灰雁成群活动，群通常由数十、数百，甚至上千只组成，特别是迁徙期间集群明显。在地上行走灵活，行动敏捷，休息时常用一只脚站立。游泳、潜水均好，但不能持久，非不得已时很少潜水。行动极为谨慎小心，警惕性很高，特别是成群在一起觅食和休息的时候，常有一只或数只灰雁担当警卫，不

图 44　灰雁外形

吃、不睡，警惕地伸长脖子，观察着四方，一旦发现敌人临近，它们首先起飞，然后其他成员跟着飞走。主要在白天觅食，夜间休息。清晨太阳还未出来时就成群飞往觅食地觅食，然后飞到其他水域中较为隐蔽的地方休息，直到日落黄昏才又飞回夜间休息地。

　　灰雁有迁徙的习性，迁飞距离也较远。迁徙飞行时呈有序的队列，有"一"字形、"人"字形等。主要栖息在不同生境的淡水水域中，常见出入于富有芦苇和水草的湖泊、水库、河口、水淹平原、湿草原、沼泽和草地。食物为各种水生和陆生植物的叶、根、茎、嫩芽、果实和种子等植物性食物，有时也吃螺、虾、昆虫等动物食物。一般 2～3 龄性成熟，但亦有在不到 2 龄时雄鸟即开始追逐雌鸟和驱赶其他雄鸟，并开始形成对。繁殖期 4—6 月，在一些营巢环境好的地方巢特别集中，巢间距仅 10 m 左右。雌雄共同营巢。巢由芦苇、蒲草和其他干草构成，巢四周和内部垫以绒羽。每窝产卵 4～8 枚，一般 4～5 枚。卵白色、缀有橙黄色斑点，大小为（84.5～90.5）mm ×（60～63.2）mm，重 156～178 g。4 月初至 4 月末产卵，通常 1 d 1 枚。卵产齐后开始孵卵，由雌鸟单独承担，雄鸟在巢附近警戒，孵化期 27～29 d。为一夫一妻制，雌雄共同参与雏鸟的养育。5 月初至 5 月末雏鸟陆续孵出，6 月中旬成鸟集中在偏僻、人迹罕至的水边芦苇丛中换羽。

　　灰雁分布于欧洲北部、西伯利亚、中亚、远东和中国等广泛的区域。灰雁被列入《世界自然保护联盟》（IUCN）国际鸟类红皮书，2009 年名录 ver3.1——无危（LC）。也被列入中国国家林业局 2000 年 8 月 1 日发布的《国家保护的有益的或者有重要经济、科学研究价值的陆生野生动物名录》。

（四十三）斑头雁（*Anser indicus*）

斑头雁，为中型雁类，体长 62 ～ 85 cm，体重 2 ～ 3 kg。斑头雁两性相似，但雌鸟略小。通体大都灰褐色，成鸟头顶污白色，具棕黄色羽缘，尤其在眼先、额和颊部较深。头和颈侧白色，头顶有二道黑色带斑，在白色头上极为醒目（鉴定性特征，由此得名斑头雁），前一道在头顶稍后，较长，延伸至两眼，呈马蹄铁形状；后一道位于枕部，较短。头部白色向下延伸，在颈的两侧各形成一道白色纵纹，后颈暗褐色。背部淡灰褐色，羽端缀有棕色，形成鳞状斑。翅覆羽灰色，外侧初级飞羽灰色，先端黑色，内侧初级飞羽和次级飞羽黑色，腰及尾上覆羽白色，尾灰褐色，具白色端斑。颏、喉污白色，缀有棕黄色，前颈暗褐色，胸和上腹灰色，下腹及尾下覆羽污白色，两胁暗灰色，具暗栗色宽端斑。虹膜暗棕色，嘴橙黄色，嘴甲黑色，脚和趾橙黄色。幼鸟头顶污黑色，不具横斑。颈灰褐色，两侧无白色纵纹。胸、腹灰白色，两胁淡灰色，无暗栗色端斑。

斑头雁体重 ♂2 300 ～ 3 000 g，♀1 600 ～ 2 700 g；体长 ♂700 ～ 850 mm；♀625 ～ 735 mm；嘴峰 ♂42 ～ 52 mm，♀35 ～ 46 mm；翅 ♂440 ～ 480 mm，♀398 ～ 440 mm；尾 ♂114 ～ 160 mm，♀116 ～ 150 mm；跗跖 ♂64 ～ 80 mm，♀60 ～ 73 mm。

斑头雁在高原湖泊完成繁殖活动，尤喜咸水湖，也选择淡水湖和开阔且多沼泽地带。越冬在低地湖泊、河流和沼泽地。主要以禾本科和莎草科植物的叶、茎、青草和豆科植物种子等植物性食物为食，也吃贝类、软体动物和其他小型无脊椎动物。生活在高原湿地湖泊亦见于耕地，迁徙和繁殖时结成小群，可见与棕头鸥混群繁殖，亦见与黑颈鹤、赤麻鸭等鸟类混群，常与人保持一定的距离。斑头雁是非常适应高原生活的鸟类，在迁徙过程中会飞越珠峰。性喜集群，繁殖期、越冬期和迁徙季节，均成群活动。

斑头雁在 3 月中旬 4 月初从中国南部越冬地迁往北部和西北部繁殖地，最迟在 4 月中下旬。迁徙时多呈小群，通常 20 ～ 30 只排成"人"字形或"V"形迁飞，边飞边鸣，鸣声高而洪亮，声音似"hang-hang"。成群活动在湖边草地或湖中未融化的冰上，并逐渐形成对和在群中出现追逐行为，4 月初完成配对，并

图 45　斑头雁外形

开始筑巢。一般营巢在人迹难至的湖边或湖心岛上，也有在悬崖和矮树上营巢的，常呈密集的群巢，有的巢间距仅为 0.3 m。营巢以雌鸟为主，雄鸟起协助和保护作用。营巢时雌雄鸟共同将营巢材料运至巢地，然后雌鸟卧伏在地上，以身体为中心，两脚不断地向后挖掘，使地面形成一个小圆坑，再铺以枯草茎和草叶即成。筑巢后开始出现交配活动。交配在水中进行，通常是雄鸟首先围绕着雌鸟游泳，并不断地上下伸缩着脖子和逐渐游向雌鸟身旁，同时发出轻微的 "gag-gag-" 声，并不时将头伸到水中做头浸水运动，待雌鸟有所反应后，雄鸟立刻爬到雌鸟背上，用嘴咬着雌鸟颈部羽毛，扇动两翅，进行交配。之后，雌雄双双游泳于水中。当产出第一枚卵后，雌鸟还要从自己腹部拔下绒羽铺在窝内，同时雄鸟还要继续运送巢材供给雌鸟修整巢。通常巢略高于地面，呈盘状，大小为外径 280 ～ 500 mm，内径 170 ～ 240 mm，巢高 20 ～ 95 mm，巢深 60 ～ 100 mm。通常在巢筑好后 10 ～ 12 d 约在 4 月中旬至 4 月末开始产卵。每窝产卵 2 ～ 10 枚，通常 4 ～ 6 枚，每隔 1 d 产 1 枚卵，产卵时间多在清晨 2 时左右。如巢被干扰和破坏，雌雁则用枯枝和泥土将卵掩埋并立刻弃巢，待危险解除后返回。如果季节允许，则繁殖第二窝。卵呈卵圆形，白色，经孵化后变为污白色，大小平均为（77.5～88.4）mm×（52.7～59.0）mm，重120～165 g。第一枚卵产出后即开始孵卵，由雌鸟单独承担。雄鸟通常在巢附近守卫警戒，有时将头插入翅下，单腿站立休息，孵化期28～30 d。雏鸟早成性，孵出后不久即能活动。秋季南迁从9月初开始，一直持续到10月中下旬。迁徙多在晚上进行，白天休息和觅食。有时白天亦进行。迁徙路线较为固定，从西北高原繁殖地经唐古拉山口迁往南部越冬地，如遇天气变化，气候恶劣，山口风力强大时，常常在山口周围云集数千只受阻的斑头雁，直到气候好转时才飞越过去。

斑头雁分布于中亚、克什米尔及蒙古国，越冬在印度、巴基斯坦、缅甸和中国云南等地。中国分布在中国青海、西藏的沼泽和湖泊繁殖，冬季迁至中国中部及南部，数量较多。在新疆仅仅为迁徙时停留。斑头雁被列入《世界自然保护联盟濒危物种红色名录》（IUCN）2012年 ver 3.1——无危（LC）。也被列入中国国家林业局2000年8月1日发布的《国家保护的有益的或者有重要经济、科学研究价值的陆生野生动物名录》。

（四十四）凤头麦鸡（*Vanellus vanellus*）

凤头麦鸡，为中型偏小的涉禽，体重180～280 g，体长29～34 cm。雄鸟夏羽额、头顶和枕黑褐色，头顶具细长而稍向前弯的黑色冠羽（鉴定性特征），像突出于头顶的角，甚为醒目。眼先、眼上和眼后灰白色和白色，并混杂有白色斑纹。眼下黑色，少数个体形成一黑纹。耳羽和颈侧白色，并混杂有黑斑。鼻孔线形，位于鼻沟里，鼻沟的长度超过嘴长的一半。背、肩和三级飞羽暗绿色或灰绿色，具棕色羽缘和金属光泽。翅形圆，飞羽黑色，最外侧三枚初级飞羽末端有斜行白斑，肩羽末端沾紫色。尾上覆羽棕色，尾羽基部为白色，端部黑色并具棕白色或灰白色羽缘，外侧一对尾羽纯白色。颏、喉黑色，胸部具宽阔的黑色横带，前颈中部有一黑色纵带将黑色的喉和黑色胸带连结起来，下胸和腹白色。尾下覆羽淡棕色，腋羽和翼下覆羽纯白色。跗跖修长，胫下部亦裸出。中趾最长，趾间具蹼或不具蹼，后趾形小或退化。翅形尖长，第1枚初级飞羽退化，形狭窄，甚短小。第2枚初级飞羽较第3枚长或者等长。三级飞羽特长。尾形短圆，尾羽12枚。

雌鸟和雄鸟基本相似，但头部羽冠稍短，喉部常有白斑。冬羽头淡黑色或皮

图 46　凤头麦鸡外形

黄色，羽冠黑色。颏、喉白色，肩和翅覆羽具较宽的皮黄色羽缘，余同夏羽。

　　幼鸟和成鸟冬羽相似，但冠羽较短，上体具皮黄色羽缘。虹膜暗褐色，嘴黑色，脚肉红色或暗橙栗色。

　　凤头麦鸡体重 ♂180 ～ 265 g，♀180 ～ 275 g；体长 ♂305 ～ 335 mm，♀290 ～ 333 mm；嘴峰 ♂24 ～ 27 mm，♀24 ～ 29 mm；翅 ♂215 ～ 238 mm，♀200 ～ 231 mm；尾 ♂100 ～ 120 mm，♀91 ～ 115 mm；跗跖 ♂44 ～ 56 mm，♀44 ～ 56 mm。

　　凤头麦鸡通常在湿地、水塘、水渠、沼泽等地栖息，有时也远离水域，如农田、旱草地和高原地区。有时亦栖息于水边或草地上，当人接近时，伸颈注视，发现有危险则立即起飞。主要吃甲虫、鞘翅目、鳞翅目昆虫、金花虫、天牛幼虫、蚂蚁、石蛾、蝼蛄等昆虫和幼虫，也吃虾、蜗牛、螺、蚯蚓等小型无脊椎动物和大量杂草种子及植物嫩叶。

　　凤头麦鸡在世界的分布较广泛。在中国北部为夏候鸟，南方为冬候鸟，其间（河北以南、长江以北）为旅鸟。春季最早于 3 月初至 3 月中旬即迁到东北繁殖地，繁殖期 5—7 月。一夫一妻制，通常成对或成松散的小群在一起营巢。多营巢于草地或沼泽草甸边的盐碱地上，巢极其简陋，系利用地上凹坑或将地上泥土扒成一圆形凹坑即成，内无铺垫或仅垫少许苔草草茎和草叶。5 月初开始产卵，每窝产卵 4 枚，偶见 3 枚和 5 枚。卵呈梨形或尖卵圆形，灰绿色或米灰色、被有不规则的黑褐色斑点，尤以钝端较多，卵产齐后即开始孵卵，雌雄鸟轮流承担，以雌鸟为主，孵化期 25 ～ 28 d。雏鸟早成性，出壳后的第二天即能离巢行走，奔跑迅速，遇人后先急速奔跑，然后隐藏在杂草根部不动，亲鸟则在空中来回飞行鸣叫。秋季于 9 月中下旬迁离繁殖地。常成群活动，特别是冬季，常集成数十至数百只的大群。善飞行，常在空中上下翻飞，飞行速度较慢，两翅迟缓地扇动，飞行高度亦不高。

凤头麦鸡被列入世界自然保护联盟（IUCN）2012 年鸟类红色名录 ver 3.1——无危（LC）。也被列入《中国国家重点保护野生动物名录》Ⅱ级。

（四十五）针尾鸭（*Anas acuta*）

针尾鸭，是中型略偏大的游禽，属水鸭类。体长 43 ～ 72 cm，体重 0.5 ～ 1 kg。雄鸟夏羽头顶暗褐色，具棕色羽缘，后颈中部黑褐色。头侧、颏、喉和前颈上部淡褐色，颈侧白色，呈一条白色纵带向下与腹部白色相连，雄鸭背部全部杂以淡褐色与白色相间的波状横斑。较长的肩羽有宽阔的绒黑羽端，最长的肩羽几全为绒黑色，具银灰色或棕黄色羽缘，翅上覆羽大多灰褐色，飞羽暗褐色，翅上具铜绿色翼镜。翼镜前缘为大覆羽的砖红色羽端，后缘为次级飞羽的白色端斑。三级飞羽银白色以至淡褐色，中部贯以宽阔的黑褐色纵纹。腰褐色，微缀有白色短斑。尾上覆羽与背相同，但各羽具黑褐色羽轴及白色羽缘。外侧尾羽灰褐色，外翈具灰白色羽缘，正中一对尾羽特别延长，呈绒黑色，并具金属绿色闪光，似针状，故得名针尾鸭（鉴定性特征）。下体白色，腹部微杂以淡褐色波状细斑。两胁与背同色，但较浅淡。尾下覆羽黑色，前缘两侧具乳黄色带斑。冬羽似雌鸟。雌鸭体型较小，上体大都黑褐色，杂以黄白色斑纹，无翼镜，尾较雄鸟短，但较其他鸭尖长。雌鸟头为棕色，密杂以黑色细纹。后颈暗褐色而缀有黑色小斑。上体黑褐色，上背和两肩杂有棕白色"V"形斑。下背具灰白色横斑。翅上覆羽褐色，具白色端斑，尤其是大覆羽的白色端斑特别宽阔，和次级飞羽的白色端斑在翅上形成两道明显的白色横带，飞翔时明显可见。下体白色，前颈杂以暗褐色细斑。胸和上腹微具淡褐色横斑，至下腹褐斑较为明显和细密。尾下覆羽白色。虹膜褐色，嘴黑色，脚灰黑色。

针尾鸭体重 ♂660 ～ 1 050 g，♀545 ～ 660 g；体长 ♂435 ～ 710 mm，♀525 ～ 600 mm；嘴峰 ♂46 ～ 54 mm，♀46 ～ 54 mm；翅 ♂241 ～ 274 mm，

图 47　针尾鸭外形

♀235～267 mm；尾 ♂110～202 mm，♀93～126 mm：跗跖 ♂36～42 mm，♀36～38 mm。

　　针尾鸭广布于欧亚大陆北部、北美西部。越冬在东南亚、印度、北非、中美洲，少数终年留居南印度洋的岛屿上。遍及中国东北和华北各省。中国新疆西北部及西藏南部有繁殖记录。冬季迁至中国北纬30°以南包括台湾的大部地区。飞行迅速。在各种内陆河流、湖泊、低洼湿地都可以见到它们的身影，在开阔的沿海地带，如空旷的海湾、海港等地常能够见到数百只的集群。主要以草籽和其他水生植物，如浮萍、松藻、牵牛子、芦苇、菖蒲等植物嫩芽和种子等植物性食物为食，也到农田觅食部分散落的谷粒。

　　针尾鸭繁殖期为 4—7 月。营巢于湖边、河岸地上草丛中或有稀疏植物覆盖的低地上，通常距水域 50～100 m 远。每窝产卵 6～11 枚，通常 1 年 1 窝，卵乳黄色，大小为（52～58）mm×（37～39）mm，重 40～51g。最早在 4 月末开始产卵，也有迟至 6 月末的。孵卵全由雌鸟承担，雄鸟通常仅在孵化期开始时在巢附近警戒，当人至巢域时，雄鸟飞到巢上空不断鸣叫，直到雌鸟离巢，孵化期 21～23 d。雏鸟早成性，孵出后不久即能行走和游泳，并在雌鸟带领下经过 35～45 d 即能飞翔。

　　针尾鸭被列入《世界自然保护联盟濒危物种红色名录》（IUCN）2012 年 ver 3.1——无危（LC）。也被列入中国国家林业局 2000 年 8 月 1 日发布的《国家保护的有益的或者有重要经济、科学研究价值的陆生野生动物名录》。

（四十六）赤麻鸭（*Tadorna ferruginea*）

赤麻鸭，体型中等偏大，体重约 1.5 kg，体长 51 ～ 68 cm，比家鸭稍大。全身赤黄褐色（鉴定性特征），翅上有明显的白色翅斑和铜绿色翼镜，嘴、脚、尾黑色。雄鸟头顶棕白色，颊、喉、前颈及颈侧淡棕黄色，下颈基部在繁殖季节有一窄的黑色领环。飞翔时黑色的飞羽、尾、嘴和脚、黄褐色的体羽和白色的翼上和翼下覆羽形成鲜明的对照。胸、上背及两肩均赤黄褐色。下背稍淡。腰羽棕褐色，具暗褐色虫蠹状斑。尾和尾上覆羽黑色。翅上覆羽白色，微沾棕色；小翼羽及初级飞羽黑褐色，次级飞羽外翈灰绿色，形成鲜明的绿色翼镜，三级飞羽外侧 3 枚外翈棕褐色。下体棕黄褐色，其中以上胸和下腹以及尾下覆羽最深。腋羽和翼下覆羽白色。雌鸟羽色和雄鸟相似，但体色明显偏淡，头顶和头侧几乎白色，颈基无黑色领环。幼鸟和雌鸟相似，但稍暗些，微沾灰褐色，特别是头部和上体。虹膜暗褐色，嘴和附跖黑色。

赤麻鸭体重 ♂1 000 ～ 1 656 g，♀969 ～ 1 689 g；体长 ♂516 ～ 670 mm，♀510 ～ 680 mm；嘴峰 ♂42 ～ 50 mm，♀36 ～ 46 mm；翅 ♂350 ～ 390 mm，♀312 ～ 380 mm；尾 ♂115 ～ 165 mm，♀115 ～ 165 mm；跗跖 ♂54 ～ 63 mm，♀50 ～ 58 mm。

赤麻鸭栖息于开阔草原、湖泊、农田等环境中，以各种谷物、昆虫、甲壳动

图 48　赤麻鸭外形

物、软体动物、蛙、小鱼、蚯蚓、虾、水生植物（叶、芽、种子）、农作物幼苗为食。觅食多在黄昏和清晨，有时白天也觅食，特别是秋冬季节，常见几只至20多只的小群在河流两岸耕地上觅食散落的谷粒，也在水边浅水处和水面觅食。迁徙时在停息地常常集成数十甚至近百只的更大群体，沿途不断停息和觅食。

赤麻鸭是迁徙性鸟类，繁殖期4—5月，主要繁殖于欧洲东南部、地中海沿岸、非洲西北部、亚洲中部和东部，越冬在日本、朝鲜半岛、中南半岛、印度、缅甸、泰国和非洲尼罗河流域等地。每年3月初至3月中旬当繁殖地的冰雪刚开始融化时就成群从越冬地迁来，10月末至11月初又成群从繁殖地迁往越冬地。多成家族群或由家族群集成更大的群体迁飞，常常边飞边叫，多呈直线或横排队列飞行前进。

赤麻鸭2龄时性成熟，在开阔的草原和荒漠水域附近天然洞穴或其他动物废弃洞穴、墓穴以及山间和湖泊岛屿上的土洞和石穴中营巢，亦见营巢于草原荒漠地上洞穴和胡杨树洞内，巢由少量枯草和大量绒羽构成。繁殖期比较稳定地配对。交配在水中或地上进行，交配前雌鸭颈部向前伸直，头低向地面，并发出"嘎嘎"叫声，来回在雄鸭周围走动，雄鸭此时也伸长脖子走向雌鸭，随后衔住雌鸭肩羽，上到雌鸭背上进行交配。通常1年繁殖1次，偶尔有1年繁殖2次的。每窝产卵6～15枚，每天产卵1枚，卵的大小为（64～69）mm×（45～47）mm，重74～85 g。卵椭圆形，淡黄色，卵产齐后即开始孵卵，由

雌鸟单独承担，雄鸟在巢附近警戒，遇危险时则高声鸣叫以示警，有时雄鸟还飞向入侵者做出攻击姿势进行恐吓。雌鸟离巢时用绒羽将卵盖住，然后才随雄鸟一起外出觅食。觅食结束后雄鸟又伴随雌鸟飞回巢中，然后才离开雌鸟栖息于巢附近警戒。孵化期27～30 d，5月初即有雏鸟孵出。已孵出的雏鸟和亲鸟一起游泳在水塘和小溪中，见人后雏鸟立刻藏入岸边草丛。雏鸟早成性，孵出后即长满了绒羽，并会游泳和潜水。雏鸟在亲鸟带领下经过50 d左右的雏鸟期生活后即具飞翔能力。

该物种数量多，分布范围广。被列入《世界自然保护联盟濒危物种红色名录》（IUCN）2012年 ver 3.1——无危（LC）。也被列入中国国家林业局2000年8月1日发布的《国家保护的有益的或者有重要经济、科学研究价值的陆生野生动物名录》。

（四十七）煤山雀（*Parus ater*）

煤山雀，共有 21 个亚种，是一种栖息于针叶林的小型（11 cm）鸣禽。喙短钝，略呈锥状。鼻孔略被羽覆盖。头顶、颈侧、喉及上胸黑色，多数亚种头顶具有尖状或长或短的黑色羽冠（鉴定性特征）。脸颊有略呈三角形的白色羽毛（鉴定性特征）。翅短圆。尾适中，方形或稍圆形。腿、脚健壮，爪钝。羽松软，雌雄羽色相似，均有不明显的金属光泽，飞羽和尾羽金属光泽明显。多数亚种雄性比雌性羽毛颜色亮丽，组成的色彩种类明显丰富。性活跃，常在枝头跳跃，在树皮上剥啄昆虫，或在树间作短距离飞行。翼上具两道白色翼斑以及颈背部的大块白斑使之有别于褐头山雀及沼泽山雀。背灰色或橄榄灰色，白色的腹部或有或无皮黄色。煤山雀亚种，*ater* 及 *insularis* 冠羽甚小，*rufipectus* 的冠羽短，*pekinensis* 冠羽适中，*aemodius* 及 *kuatunensis* 冠羽长，*ptilosus* 的冠羽甚长。*ater* 及 *ptilosus* 的下体偏白，而 *pekinensis*、*insularis* 及 *kuatunensis* 为黄褐色，*aemodius* 及 *rufipectus* 则为粉皮黄色。*rufipectus* 的尾下覆羽黄褐。虹膜为褐色，喙为黑色，边缘灰色，脚为青灰。进食时发出"pseet"叫声，告警为"tsee see see see see"声。鸣声似微弱的大山雀。非繁殖期喜集群。

煤山雀主要栖息于海拔 300 m 以下的低山和山麓地带的次生阔叶林、阔叶林和针阔叶混交林中，也出没于竹林、人工林和针叶林，冬季有时也到山麓脚下和邻近平原地带的小树丛和灌木丛活动和觅食，有时也进到果园、道旁和地边树丛、房前屋后和庭院中的树上。性较活泼而大胆，不甚畏人。行动敏捷，常在树枝间跳跃，或从一棵树飞到另一棵树上，平时飞行缓慢且飞行距离短，但在受惊后飞行加快。除繁殖期间成对活动外，其他季节多聚小群，有时也和其他山雀混群。偶尔也飞到空中和下到地上捕捉昆虫。不时发出"zi-zi-zi"声，繁殖期鸣声较为洪亮，尤其在春季繁殖初期鸣声更为急促多变。有储藏食物以备冬季之需的习惯，于冰雪覆盖的树枝下取食。主要以金花虫、金龟子、毒蛾幼虫、刺蛾幼虫、尺蠖蛾幼虫、库蚊、花蝇、蚂蚁、蜂、松毛虫、浮尘子、蝽象、瓢虫、螽斯等鳞翅目、双翅目、鞘翅目、半翅目、直翅目、同翅目、膜翅目等昆虫和昆虫幼虫为食，此外也吃少量蜘蛛、蜗牛、草籽、花等其他小型无脊椎动物和植物性食物。

煤山雀繁殖期为 3—5 月，通常营巢于天然树洞中，有时也在土崖和石隙中营巢。巢呈杯状，外壁主要由苔藓、松萝构成，常混杂有地衣和细草茎，内壁为

图 49　煤山雀外形

细纤维和兽类绒毛。巢距地高 1 ~ 8 m，巢的洞口 2 ~ 7 cm，内径 6 ~ 11 cm，深 11 ~ 38 cm。雌雄鸟共同营巢，雌鸟为主，每个巢 10 ~ 11 d 即可筑好。第一窝最早在 5 月初开始产卵，多数在 5 月中下旬；第二窝多在 6 月末 7 月初开始产卵，有时边筑巢边产卵。每窝产卵 5 ~ 12 枚，卵呈卵圆形或椭圆形，白色，密布以红褐色斑点，尤以钝端较多。卵的大小平均为 15 mm × 12 mm，卵重平均 0.93 g，每天产卵 1 枚，卵多在清晨产出，卵产齐后即开始孵卵，也有在产出最后一枚卵后隔 1 d 才开始孵卵的。孵卵由雌鸟承担，白天坐巢时间 7 ~ 8 h，夜间在巢内过夜。白天离巢时还用毛将卵盖住，有时也见雄鸟衔虫进巢饲喂正在孵卵的雌鸟，孵化期 13 ~ 14 d。雏鸟晚成性，雌雄亲鸟共同育雏，留巢期 17 ~ 18 d，6 月中旬双亲育雏约 3 周幼鸟即可离巢，出巢后常结群在巢附近活动几天，亲鸟仍给以喂食，随后幼鸟自行啄食。

　　该物种广泛分布于亚洲、欧洲和北非。有人工饲养。该物种被列入《世界自然保护联盟濒危物种红色名录》（IUCN）2012 年 ver 3.1——无危（LC）。也被列入中国国家林业局 2000 年 8 月 1 日发布的《国家保护的有益的或者有重要经济、科学研究价值的陆生野生动物名录》。

（四十八）蓝点颏 （*Luscinia svecica*）

蓝点颏，亦称"蓝喉歌鸲"，通称蓝靛颏儿。身体大小和麻雀相似，体长
12 ～ 13 cm，体重 17 ～ 18 g。颏部、喉部呈灰蓝色（鉴定性特征），下面有黑色
横纹。头部、上体主要为土褐色。头顶羽色较深，有白色眉纹，颏部、喉部亮蓝
色，中央有栗色块斑，胸部下面有黑色横纹色和淡栗色两道宽带，腹部白色，两
胁和尾下覆羽棕白色。尾羽黑褐色，基部栗红色。眉纹白色。尾羽黑褐色，基部
栗红色。下体白色。雌鸟酷似雄鸟，但颏部、喉部为棕白色。雌鸟酷似雄鸟，但
颏部、喉部为棕白色，喉部无栗色块斑，喉白而无橘黄色及蓝色，黑色的细颊纹
与由黑色点斑组成的胸带相连。与雌性红喉歌鸲及黑胸歌鸲的区别在尾部的斑纹
不同。虹膜暗褐色。嘴黑色。脚肉褐色。

幼鸟翅上覆羽有淡栗色块斑和淡色点斑，俗称"膀点"。

蓝点颏诸亚种的区别在喉部红色点斑的大小（藏西亚种最小）、蓝色的深浅
度（北疆亚种深，指名亚种浅）以及在蓝色及栗色胸带之间有无黑色带（指名亚
种）。幼鸟暖褐色，具锈黄色点斑。

图 50　蓝点颏外形

蓝点颏体重♂14～22 g，♀13～18 g；体长♂122～156 mm，♀130～158 mm；嘴峰♂10～14 mm，♀11～14 mm；翅♂67～77 mm，♀64～74 mm；尾♂50～64 mm，♀49～60 mm；跗跖♂24～28 mm，♀24～28 mm。

蓝点颏栖息于灌丛或芦苇丛中，不去密林和高树上栖息。常见于苔原带、森林、沼泽及荒漠边缘的各类灌丛。性情胆小机警，常在地下作短距离奔驰，稍停，不时地扭动尾羽或将尾羽展开。飞行甚低，一般只作短距离飞翔。常欢快地跳跃，在地面奔走极快。平时鸣叫为单音，繁殖期发出嘹亮的优美歌声，也能仿效昆虫鸣声。主要以昆虫、蠕虫等为食，也吃植物种子等。栖息于灌丛或芦苇丛中。繁殖期为5—7月，通常营巢于灌丛、草丛中的地面上，或地上凹坑内，也在树根和河岸崖壁洞穴中营巢。巢隐蔽性甚好，巢用枯草茎、枯草根、树叶等材料构成，巢底再用细草茎和草叶铺垫，有时也放置兽毛和羽毛。每巢产卵4～6枚。卵有光泽呈蓝绿色、淡绿色或灰绿色，被有褐色点斑、块斑或渍斑，尤以钝端斑点较密和较大，尖端斑点或块斑小而稀疏。卵的大小为（17～21）mm×（13～15）mm。孵卵由雌鸟承担，孵化期13～15 d。雏鸟晚成性，孵出后由雌雄亲鸟共同喂养，经过14～15 d的喂养，幼鸟即可离巢。

蓝点颏分布于中国大部分地区，以及欧洲、非洲北部、俄罗斯、阿拉斯加西部、亚洲中部、伊朗、印度和亚洲东南部等地。蓝点颏被列入中国国家林业局2000年8月1日发布的《国家保护的有益的或者有重要经济、科学研究价值的陆生野生动物名录》。也被列入《世界自然保护联盟濒危物种红色名录》（IUCN）2013年ver3.1——无危（LC）。为我国Ⅱ级保护动物，可人工饲养。

（四十九）花彩雀莺（*Leptopoecile sophiae*）

花彩雀莺，为鸟纲雀莺属，体重6～8 g，体长9～12 cm，是一种毛茸茸偏紫色的雀莺，体色艳丽多姿（识别性特征）。顶冠棕色，眉纹白。与凤头雀莺的区别为眉纹白，无羽冠，顶冠棕色，外侧尾羽有白边。尾长，羽毛松软。自嘴或一起为一道黑褐色斑纹，通过眼睛直到耳羽上方。前额及两侧有一宽阔的眉纹淡黄色，雄鸟头顶中央向后颈栗色或棕红色，有的具紫蓝色光泽。背及两肩稍沾沙色的灰色，腰和尾上覆羽呈带有紫色的灰蓝色，飞羽灰褐色。翼羽沙褐色，外侧三对尾羽外翈羽缘白色，其余尾羽外翈羽缘灰蓝色。颏栗色，胸及颈侧、两胁呈带栗色的灰蓝色。下体皮黄色或紫色，腹中央具栗色斑，有的为紫蓝色而腹为皮黄色，尾下覆羽栗色。雌鸟似雄鸟，但不具任何紫蓝灰色，所有雄鸟有鲜艳颜色的部位，在雌鸟都变淡或不具，如头呈淡赤褐色，头侧以及下体羽毛概呈淡茶色，两胁稍沾染蓝色。虹膜玫瑰红色或亮红色，嘴黑色，脚灰褐色。

花彩雀莺体重♂6～8 g，♀6～7 g；体长♂92～126 mm，♀92～115 mm；嘴峰♂7～9 mm，♀7～8 mm；翅♂47～52 mm，♀44～52 mm；尾♂51～57 mm，♀51～56 mm；跗跖♂16～21 mm，♀17～20 mm。

花彩雀莺主要栖息于林线以上海拔2 500～4 600 m（夏季）或海拔2 000 m（冬季）以上的高山和亚高山矮曲林、高山杜鹃灌丛等矮小灌丛和草地，最高可上到海拔5 000 m左右的高山荒漠地带，是一种高寒山地和高原鸟类，一般不进入茂密的森林，主要为留鸟。性活泼，行动敏捷，频繁地在树枝和灌木枝间穿梭、飞行、跳跃或觅食，有时也见于头朝下悬吊于枝叶上啄食叶背面的昆虫，有时又直接地飞到空中捕食飞行性昆虫，很少到地面觅食。活动时常常发出单调而细弱的"吱吱"声。主要以昆虫为食，冬季也吃少量植物果实和种子。

花彩雀莺繁殖期间单独或成对活动，其他季节则多成群，有时亦与柳莺或其他小鸟混群。繁殖期最早开始于4月下旬，最迟到7月末。1年繁殖1窝或2窝，通常营巢于海拔2 500～4 200 m的山地灌丛中，巢距地高10～60 cm。偶尔也到1 m以上的灌木上部枝杈间或藤本植物上营巢。在好的营巢位置上，有

图51 花彩雀莺外形

时也见 2～3 个巢彼此靠得很近，呈松散的群巢。巢多置于茂密的枝叶丛下，较为隐蔽。巢通常为球形或椭圆形，也有呈杯状或不规则形状的，用苔藓、植物须或动物毛构成，内垫有鸟类羽毛。出入口开在顶端，其四周固定有很多羽毛，以至不能看到巢内的鸟和卵，有时巢口用羽毛做成漏斗状，以容易飞进而难以飞出。巢的大小为外径 9.5～11 cm，高 15.5～15.7 cm，出入口 2.3～3.0 cm。营巢主要由雌鸟承担，雄鸟偶尔运送一些巢材。每窝产卵 4～6 枚，卵白色，被有紫黑色斑点、红色或黑色深层斑，卵的大小为（13.3～16.7）mm×（10.6～12.2）mm。雌雄亲鸟共同孵卵和育雏。

该物种分布范围广，分布于中亚、喜马拉雅山脉、中国西部。包括印度、哈萨克斯坦、尼泊尔、巴基斯坦、俄罗斯、塔吉克斯坦和土库曼斯坦。在中国为罕见留鸟。指名亚种见于中国新疆喀什、天山及哈密地区、甘肃北部、青海祁连山东北部、青海南部。新疆亚种见于新疆塔里木盆地及青海柴达木盆地。指名亚种见于塔里木盆地的山区，阿尔金山和柴达木盆地周围，以及西藏西部的狮泉河，青藏亚种生活于西藏东部至甘肃、四川及青海东部。

花彩雀莺亚种分化明显，青藏亚种较指名亚种色深，下体全紫，腰蓝色而非紫罗兰色。疆西亚种色较淡，腹部蓝粉色上伸至胸。疆南亚种的色最淡，下体皮黄色上延至喉基部。被列入《世界自然保护联盟濒危物种红色名录》，无危。因鸟羽毛色彩斑斓，可人工饲养。

（五十）长尾雀（*Carpodacus sibiricus*）

长尾雀，为雀形目朱雀属，中等偏小的体型（17 cm）而尾长的雀鸟（鉴定性特征）。嘴甚粗厚。繁殖期雄鸟的脸、腰及胸粉红，额及颈背苍白，头顶羽毛较长呈亮粉红色（观察特征），羽尖白色，而后颈和上背灰褐沾红（观察特征），羽缘白色，具黑色羽干纹，两翼多具白色。上背褐色而具近黑色且边缘粉红的纵纹。下背和腰为纯红色。繁殖期外色彩较淡。雌鸟全身具灰色纵纹，腰及胸棕色。与朱鸦的区别为嘴较粗厚，外侧尾羽白，眉纹浅淡霜白色，腰粉红。亚种（*lepidus*）及（*henrici*）尾较短。北方分布的该鸟类亚种，羽毛颜色明显比南方的亚种亮丽，颜色种类丰富。虹膜是褐色，嘴为浅黄，脚是灰褐。

长尾雀主要生活于山区，多见于低矮的灌丛、亚热带常绿阔叶林和针阔混交林，在平原和丘陵多见于沿溪小柳丛、蒿草丛和次生林，也出没于公园和苗圃中。成鸟常单独或成对活动，幼鸟结群活动。取食似金翅雀。叫声为悦耳的流水

图 52　长尾雀外形

般三音颤鸣 "pee you een" 或上扬的 "sit-it it"。鸣声似苍头燕雀的颤音。食物以杂草为主，而未见有谷物，喜食红色的果实，并在繁殖期以大量昆虫及其幼虫喂雏鸟。

　　长尾雀国外分布于俄罗斯、日本北部、朝鲜半岛、西伯利亚南部、哈萨克斯坦。国内分布于中国大陆的东北、内蒙古、宁夏、甘肃、新疆、河北、四川、云南等地。该物种已被列入中国国家林业局 2000 年 8 月 1 日发布的《国家保护的有益的或者有重要经济、科学研究价值的陆生野生动物名录》。被列入《世界自然保护联盟濒危物种红色名录》。

（五十一）金额丝雀（*Serinus pusillus*）

金额丝雀，为雀科丝雀属的鸟类，是一种体型较小的褐色斑驳的雀鸟，体重10～14 g，体长109～131 mm。头及颈部近黑，额至顶冠有鲜红色块斑（鉴定性特征，故名金额丝雀）。体羽的飞羽形成灰色和黄色相间的条纹，胸部毛色变浅，腹部羽毛颜色最浅。雄雌同色，体羽在繁殖期更为亮丽。幼鸟似成鸟但头色较淡，额及脸颊暗棕色，顶冠及颈背具深色纵纹。叉形尾，嘴短而呈圆锥形。虹膜深褐色，嘴灰色，腿深褐色。

金额丝雀鸣声似红额金翅雀，悦耳的起伏颤音及"啾啾"叫。叫声叽喳或轻柔的"dueet"或于飞行时发出颤音。

图53　金额丝雀外形

金额丝雀栖于海拔 2 000 ～ 4 400 m 林线以上的低矮桧树带或有矮小灌丛的裸岩山坡。主要在山区溪边柳丛、杨柳丛、野蔷薇丛中或草原谷地、河谷及岩石滩上活动和觅食。留鸟，部分游荡。除繁殖期成对外，其他季节多成小群，群鸟飞行时振翼迅速并间有骤然的起伏。多在地面取食。以植物果实、种子和草籽等植物性食物为食。繁殖期间也捕食部分昆虫和昆虫幼虫。分布于俄罗斯、伊朗、伊拉克、阿富汗、巴基斯坦、克什米尔、尼泊尔、印度以及中国新疆、西藏等地。被列入《世界自然保护联盟濒危物种红色名录》。

（五十二）乌鸫（*Turdus merula*）

乌鸫是鸟纲、鸫科、鸫属的鸟类。雄性的乌鸫除了黄色的眼圈和喙外，全身都是黑色、黑褐色或乌褐色（鉴定性特征），有的沾锈色或灰色。上体包括两翅和尾羽是黑色。下体黑褐，色稍淡，颏缀以棕色羽缘，喉亦微染棕色而微具黑褐色纵纹。嘴黄，眼珠呈橘黄色，羽毛不易脱落，脚近黑色。嘴及眼周橙黄色。雌鸟较雄鸟色淡，喉、胸有暗色纵纹。虹膜褐色，鸟喙橙黄色或黄色，主要栖息于次生林、阔叶林、针阔叶混交林和针叶林等各种不同类型的森林中，海拔高度从数百米到 4 500 m 左右均可遇见，尤其喜欢栖息在林区外围、林缘疏林、农田旁树林、果园和村镇边缘，平原草地或园圃间。是杂食性鸟类，食物包括昆虫、蚯蚓、种子和浆

图 54　乌鸫外形

果。乌鸫是瑞典国鸟。被列入《世界自然保护联盟濒危物种红色名录》。

乌鸫体重♂55 ～ 126 g，♀84 ～ 121 g；体长♂230 ～ 296 mm，♀210 ～ 296 mm；嘴峰♂20 ～ 26 mm，♀20 ～ 28 mm；翅♂138 ～ 160 mm，♀140 ～ 158 mm；尾♂94 ～ 130 mm，♀89 ～ 120 mm；跗跖♂35 ～ 41 mm，♀33 ～ 40 mm。

乌鸫在地面取食，静静地在树叶中翻找无脊椎动物、蠕虫，冬季也吃果实及浆果。它的食物在秋冬两季主要为植物性，春夏两季主要为动物性。所吃的动物以昆虫的幼虫为主，如毛虫、孑孓、蝇蛆等。乌鸫食量很大，就以苏联鸟类专家特来杜爱尔教授喂的一只旅鸫雏鸟来说，它 14 d 就吃了 68 只幼虫，其重量达雏鸟体重的 41% 以上。乌鸫所食植物为樟果、榕果及其他杂草种子。常结小群或单独在地面上奔跑觅食，有时又跳跃式前行，亦常至垃圾堆及厕所等处找食。

乌鸫栖息于林地、村镇边缘，平原草地或园圃间，栖落树枝前常发出急促的"吱、吱"短叫声，歌声洪亮动听，并善仿其他鸟鸣。胆小，眼尖，对外界反应灵敏。乌鸫因全身有乌黑的羽毛而得名。它的叫声犹如击石，音似"鹊－鹊－鹊－鹊"，又名乌吉。春季繁殖期间，它既能吟咏，又能仿效别的鸟叫。叫声婉转，有时像笛声，有时像箫韵，韵律多变，因此它又被称为"百舌"。

乌鸫雄鸟向雌鸟求爱时，先是努力显示自己，尽量显示自己的特殊本领。它围绕着雌鸟进行精彩的飞行表演，或转圈，取得雌鸟的垂青，然后就进行交配。乌鸫喜欢在小溪、池塘、绿荫的道路附近筑巢。巢以枝条、须根、枯草、松针等混泥而造成深杯状，营置于乔木的枝梢上或枝丫间。巢深 4 ～ 6 cm。1 年产卵 2 窝，每窝 4 ～ 5 枚卵。卵呈浅绿色而缀以淡灰色斑纹。孵卵期为 12 ～ 15 d，饲养雏鸟 13 ～ 14 d 后离巢。乌鸫被列入《世界自然保护联盟濒危物种红色名录》（IUCN）2012 年 ver 3.1——无危（LC）。

乌鸫分布广泛，有 14 个亚种。中国几乎全境分布，是常见的留鸟。新疆西部的喀什、阿克苏、巴楚、乌什（在平原为冬候鸟、在天山为繁殖鸟），新疆罗布泊，青海柴达木盆地，西藏、贵州、河南、湖南、上海、浙江、安徽、江西、福建、四川、重庆、云南、广东、海南及台湾（冬候鸟）均有分布。因叫声好听，有人饲养。

（五十三）红脚鹬 （*Tringa totanus*）

红脚鹬，为鸻形目的鹬科，脚较细长，呈亮橙红色（鉴定性特征），繁殖期变为暗红色。体长 28 cm，夏羽头及上体褐灰色，具黑褐色羽干纹。后头沾棕。

图 55 红脚鹬外形

背和两翅覆羽具黑色斑点和横斑。下背和腰白色。尾上覆羽和尾也是白色，但具窄的黑褐色横斑。初级飞羽黑色，内侧边缘白色，大覆羽羽端白色，次级飞羽白色，第一枚初级飞羽羽轴白色。自上嘴基部至眼上前缘有一白斑。额基、颊、颏、喉、前颈和上胸白色，具细密的黑褐色纵纹。飞行时腰部白色明显，次级飞羽具明显白色外缘。下胸、两胁、腹和尾下覆羽白色。两胁和尾下覆羽具灰褐色横斑。腋羽和翅下覆羽也是白色。冬羽头与上体灰褐色，黑色羽干纹消失，头侧、颈侧与胸侧具淡褐色羽干纹，下体白色，其余似夏羽。尾上具黑白色细斑。虹膜黑褐色，嘴长直而尖，基部橙红色，尖端黑褐色。幼鸟则为橙黄色。

幼鸟似冬羽，但上体具皮黄色斑或羽缘，胸沾有皮黄褐色。胸、两胁和尾下覆羽微具暗色纵纹。中央尾羽缀桂红色。

红脚鹬体重♂97～157 g，♀105～145 g；体长♂260～283 mm，♀250～287 mm；嘴峰♂38～45 mm；♀41～46 mm；翅♂147～160 mm，♀150～161 mm；尾♂59～67 mm，♀58～68 mm；跗跖♂45～51 mm，♀45～50 mm。

红脚鹬常成小群迁徙。红脚鹬栖息于沼泽、草地、河流、湖泊、水塘、沿海海滨、河口沙洲等水域或水域附近湿地上。休息时则成群。性机警，飞翔力强，受惊后立刻冲起，从低至高成弧状飞行，边飞边叫。主要以螺、甲壳类、软体动物、环节动物、昆虫和昆虫幼虫等各种小型陆栖和水生无脊椎动物为食。

红脚鹬的繁殖期为5—7月。到达繁殖地的初期常呈小群活动，以后逐渐分散，成对进入各自的繁殖地，有时也呈数对集中在一处营巢繁殖。雄鸟求偶时两翅上举，在雌鸟周围不断抖动，头上下晃动，且不时细声鸣叫。通常营巢于海岸、湖边、河岸和沼泽地上。巢多置于水边草丛中较为干燥的地上，或沼泽湿地中地势较高的土丘上。一般较为隐蔽。巢多利用地面凹坑，或在地上扒一圆形浅坑，大小为直径 15 cm 左右，内再垫以枯草和树叶即成。每窝产卵 3 ~ 5 枚，通常 4 枚。卵的形状为梨形，颜色为淡绿色或淡赭色，被有黑褐色斑点。卵的大小为（41 ~ 49）mm×（28 ~ 32）mm。雌雄轮流孵卵，以雌鸟为主。孵化期23 ~ 25 d。

红脚鹬分布较为广泛。被列入《世界自然保护联盟濒危物种红色名录》（IUCN）2012 年 ver3.1——无危（LC）。

（五十四）大朱雀（*Carpodacus rubicilla*）

大朱雀，体形较大，为不常见留鸟。体羽深红色，羽中央具白色或带粉白色斑点，颊为深红色（鉴定性特征）。雄性成鸟的头部、颏至上胸光亮洋红色，除眼先和眼周外均具白色光泽斑点，颊及耳羽亮粉红色；颈、背和短的尾上覆羽、小和中覆羽等呈带粉红的黄褐灰色，微具羽干纹；腰粉红色；尾羽及长的尾上覆羽褐至黑褐色，外侧一对尾羽具宽阔的白色外缘，其余尾羽羽缘与背同色。大覆羽淡褐色，亦具与背同色的羽缘。小翼羽、初级覆羽和飞羽暗褐色，次级飞羽较淡并具宽阔的较苍白的粉红色羽缘。初级飞羽羽缘淡粉红色，第一枚的羽缘近白色。下体余部粉红色。翼下覆羽和腋羽淡灰而沾红。雌鸟体羽淡灰色，稍暗的颊具有阴暗或带褐色斑纹。上体从头至短的尾上覆羽，包括肩羽和小、中覆羽黄褐色，长的尾上覆羽和尾羽褐色，外侧一对尾羽具窄的白边，其他尾羽具淡褐色狭边。飞羽黑褐色，具淡灰色羽缘。下背和腰无斑纹，下体淡灰沾黄，具少量窄的褐色羽干纹。虹膜暗褐色，嘴黄褐色，脚黑褐色。

大朱雀体重♂37 ~ 52 g，♀330 ~ 52 g；体长♂173 ~ 205 mm，♀167 ~ 198 mm；嘴峰♂12 ~ 15 mm，♀12 ~ 15 mm；翅♂103 ~ 130 mm，♀108 ~ 118 mm；尾♂79 ~ 96 mm，♀75 ~ 95 mm；跗跖♂20 ~ 28 mm，♀21 ~ 29 mm。

大朱雀为高山鸟类，见于海拔 3 000 m 以上的山区。单个或成对活动，鸣声高而悠扬，音似"weep"。飞翔时发出尖锐的"twit, ping"声音。性胆怯而机警，特别是在觅食时。此鸟喜栖开阔地区的草地、草甸、山坡岩壁、稀疏荆棘的石砾堆以及溪边灌丛中，很少到松林中，平原更难发现。食物以植物性为主，如

图 56 　大朱雀外形

榆树、桦树种子和其他植物，以及一些小型昆虫。

　　大朱雀繁殖期为 5—7 月。5 月开始配对，天山早在 5 月下旬即可见巢和卵，6 月在西藏拉达克和噶尔县亦见其巢和卵。巢材全为较粗的干草，很少有细枝。每窝 3 ～ 5 枚。卵呈深蓝色，表面带有紫褐色斑纹。卵的大小平均为 24 mm × 17 mm。7 月可见到孵出的幼雏，8 月中下旬曾见到亲鸟带领幼鸟活动。该物种分布范围广，被列入《世界自然保护联盟濒危物种红色名录》（IUCN）2012 年 ver 3.1——无危（LC）。

（五十五）紫啸鸫（*Myophonus caeruleus*）

　　紫啸鸫，为雀形目啸鸫属，全身羽毛呈黑暗的蓝紫色，各羽先端具亮紫色的滴状斑（鉴定性特征），嘴、脚为黑色。此鸟远观呈黑色，近看为紫色。紫啸鸫雌雄羽色相似。前额基部和眼先黑色，其余头部和整个上下体羽深紫蓝色，各羽末端均具辉亮的淡紫色滴状斑，此滴状斑在头顶和后颈较小，在两肩和背部较大，腰和尾上覆羽滴状斑较小而且稀疏。两翅黑褐色，翅上覆羽外翈深紫蓝色，内翈黑褐色，翅上小覆羽全为辉紫蓝色，中覆羽除西南亚种无白色端斑外，均具白色或紫白色端斑。飞羽亦为黑褐色，除第一枚初级飞羽外，其余飞羽外表均缀紫蓝色。尾内翈黑褐色，外翈深紫蓝色，其外表亦为深紫蓝色。头侧、颈侧、颏喉、胸、上腹和两胁等下体亦具灰亮的淡紫色滴状斑，且滴状斑较大而显著，特别是喉、胸部滴状斑更大，常常比背、肩部滴状斑大而显著。腹、后胁和尾下覆羽黑褐色有的微沾紫蓝色。

　　幼鸟和成鸟基本相似，上体包括两翅和尾表面概为紫蓝色无滴状斑，中覆羽先端缀有白点。下体乌棕褐色，喉侧杂有紫白色短纹，胸和上腹杂有细的白色羽干纹。虹膜暗褐或黑褐色，嘴黑色（西藏亚种和西南亚种嘴黄色），脚黑色。嘴短健，上嘴前端有缺刻或小钩，颈椎 15 枚。鸣肌发达。离趾型足，趾三前一后，后趾与中趾等长。腿细弱，跗跖后缘鳞片常愈合为整块鳞板。雀腭型头骨。

　　紫啸鸫体重♂136 ～ 210 g，♀136 ～ 190 g；体长♂280 ～ 352 mm，♀260 ～ 330 mm；嘴峰♂23 ～ 34 mm，♀25 ～ 31 mm；翅♂166 ～ 190 mm，♀160 ～ 185 mm；尾♂113 ～ 147 mm，♀110 ～ 138 mm；跗跖♂47 ～ 56 mm，♀46 ～ 56 mm。

　　紫啸鸫主要栖息于海拔 3 800 m 以下的山地森林溪流沿岸，尤以阔叶林和混交林中多岩的山涧溪流沿岸较常见。单独或成对活动，地栖性，常在溪边岩石或乱石丛间跳来跳去或飞上飞下，有时也进到村寨附近的园圃或地边灌丛中活动，性活泼而机警。在地面活动时主要是跳跃前进，停息时常将尾羽散开并上下摆动，羽毛紫色光泽明显，有时还左右摆动。在地上或浅水处觅食，主要以昆虫和昆虫幼虫为食，偶尔吃少量植物果实与种子。善鸣叫，繁殖期间雄鸟鸣声清脆高

图 57　紫啸鸫外形

六、多变而富有音韵，其声颇似哨声，甚为动听。告警时发出尖厉高音"eer-ee-ee"，似燕尾，受惊时慌忙逃至覆盖物下并发出尖厉的警叫声。

在中国长江以南地区为留鸟，长江以北地区为夏候鸟。每年4月迁往北方繁殖地繁殖，9—10月迁到南方繁殖地越冬。繁殖期4—7月，通常营巢从山脚到海拔3 800 m的山涧溪流岸边。巢多置于溪边岩壁突出的岩石上或岩缝间，也在瀑布后面岩洞中和树根间的洞穴中营巢，巢旁多有草丛或灌丛隐蔽，有时也营巢于庙宇上或树杈上。巢呈杯状，主要由苔藓、苇茎、泥、枯草等材料构成，内垫有细草茎、须根等柔软物质，营巢由雌雄鸟共同承担。每窝产卵3～5枚，多为4枚，卵为红色或淡绿色，被有红色、暗色或淡色斑点，中国科学院青藏高原综合科学考察队在西藏找到的一窝，有5枚卵，为灰天蓝色，钝端被有大小不等的紫色斑点，也有报告卵纯淡绿色、无斑，或为黄绿色或淡褐色而具暗淡不一的细小斑点。卵的大小为（31～37）mm×（20.5～27）mm。雌雄亲鸟轮流孵卵。雏鸟晚成性，雌雄亲鸟共同育雏。

该物种分布范围广，种群数量较丰富，未接近物种生存的脆弱濒危临界值标准，被列入《世界自然保护联盟濒危物种红色名录》（IUCN）2012年ver 3.1——无危（LC）。

（五十六）黑胸歌鸲（*Luscinia pectoralis*）

黑胸歌鸲，是鸫科、歌鸲属小型鸣禽，体重6～9 g，体长13～16 cm。下体颏、喉雄鸟深红色，雌鸟白色，胸黑色（鉴定性特征），腹白色。特征明显，野外不难识别。雄鸟体型结实而优雅的灰色，上体石板灰褐色或橄榄褐色，背部稍着灰色。头和颈侧为黑色，眉纹和颧纹则为白色，在暗色的头部极为醒目。颏和喉宝石红色或赤红色，宽阔的胸带黑色。耳羽与背略同，两翅表面、前部与背同，向后转橄榄褐，两胁杂以褐色。上体全灰，中央尾羽黑而基部及羽端白；两翅和尾黑褐色，外侧尾羽具白色端斑。下体近白，臀沾灰。雌性成鸟的上体橄榄褐色，两翅淡褐，羽缘暗黄。尾羽暗褐，外侧尾羽端白，眼先黑褐，眉纹白，颏和喉亦白，头侧、胸和两胁淡褐，腹和尾下覆羽转为白色沾棕。

分布广泛的亚种（*tschebaiewi*）的雄鸟具粗的白色下颊纹，雌鸟下颊纹不明显。雌鸟褐色较浓，喉白，胸带灰。亚种*ballioni*及*confusa*无白色下颊纹，红色喉块较小，*confusa*的上体灰色较深。虹膜为深褐，嘴为黑色，脚为棕黑。

黑胸歌鸲在白日里长久地重复亮而尖的鸣声且叫声婉转悠扬。鸣叫时头朝后甩，喉部挺出，两翼低垂，尾部上翘呈扇形且轻弹。叫声包括粗涩的金属样音，近巢区时有粗哑的"it-it"音，告警时为拖长的"siiii siiii"音。

黑胸歌鸲主要栖息隐匿于海拔 3 000～4 500 m 的高山灌丛草甸和亚高山针叶林中，尤以河谷、溪边灌丛、冷杉林和山坡稀疏松林、灌丛草地较常见，冬季也下到山脚和低山山谷地带。从突出的低栖处鸣叫，其余时惧生，在近地面活动或齐足跳动。

黑胸歌鸲善在空中飞捕昆虫。口裂大，喙宽阔而扁平，一般较短，上喙正中有棱嵴，先端微有缺刻，鼻孔覆羽，翅一般短

图 58 黑胸歌鸲外形

圆，飞行灵便，腿较短，脚弱，尾一般中等，方形或楔形，少数种类中央尾羽特长。雌雄羽色相似或不同，后者雄鸟羽色多艳丽，前者一般羽色较暗淡，以灰、褐为主。以昆虫为主食，常伫立静候于枝头，一旦飞虫临近即迎头衔捕，然后又回原地栖止。

黑胸歌鸲主要以甲虫、鳞翅目幼虫、步行虫、苍蝇幼虫等昆虫为食。在树上或洞穴内以苔藓、树皮、毛、羽等编成碗状巢。每窝产卵 4～5 枚居多，少数仅 1～2 枚。繁殖习性与莺科相近。被列入《世界自然保护联盟濒危物种红色名录》。

（五十七）红背红尾鸲（*Phoenicurus erythronotus*）

红背红尾鸲，是鹟科、红尾鸲属小型鸟类，体重 16～21g，体长为 14～17cm。雄鸟前额、头顶、枕至后颈灰色或浅蓝灰色，前额、眼先、脸颊、颈侧一直到肩端黑色。背、腰、尾上覆羽和下体棕红或锈红色（鉴定性特征），两翅黑褐色，翅上初级覆羽中部有大块白斑极为醒目，翅上小覆羽、内侧中覆羽和大覆羽白色，小翼羽大部白色，眼和眼以下脸颊有一大块黑斑，向后经耳羽、颈侧一直延伸到翅端，于头顶形成明显黑白界限。飞羽暗褐色或褐色，外翈羽缘浅灰色，脸中央至尾下覆羽白色或棕白色，翅下覆羽和腋羽白色。下体浅灰褐色而沾橙棕色，尾下覆羽浅棕色。尾羽棕色或锈红色，中央一对尾羽暗褐色，最外侧一对尾羽具暗褐色端斑。秋季刚换新羽后头部具粉褐色羽缘，掩盖了头顶的灰色，背和下体的棕红色亦被宽阔的灰色羽缘所掩盖，腹和尾下覆羽皮黄色，较夏羽淡，但到冬季以后，上述羽缘亦都消退，全身羽毛又恢复到夏羽状态。雌鸟较雄鸟体色淡，上体包括头顶、头侧、后颈、颈侧以及两翅等整个上体全为褐色或灰褐色，小翼羽几全白色，飞羽具淡色羽缘，尤以次级飞羽较明显，翅上覆羽缺少白斑，仅翅中覆羽具宽阔的浅棕色羽缘和一块小的白斑，较雄鸟小，眼周有一不明显的白环。下体淡灰褐色微缀以棕橙色，腹和肛周较淡，尾下覆羽浅棕色或黄褐色。虹膜暗褐色，嘴黑色，跗跖和趾亦为黑色。

红背红尾鸲体重♂17～21 g，♀16～21 g；体长♂148～165 mm，♀150～165 mm；嘴峰♂10～12 mm，♀10～12 mm；翅♂81～90 mm，♀79～88 mm；尾♂67～73 mm，♀64～80 mm；跗跖22～25 mm。

红背红尾鸲主要栖息于多岩石的山地灌丛和针叶林中，尤以林下植物茂密的山间溪流和沟谷森林以及多灌丛的砾石滩和林缘灌丛地带较常见，有时也活动于荒漠中的绿洲和富有灌木的沙石滩。常单独活动，多在地上、岩石上或灌木枝头活动和觅食，有时也见在树上活动，主要以昆虫为食。性活泼。鸣声清脆，常频繁地上下摆尾。雄鸟在春季甚喧闹。尾上下轻弹而不往两边甩。越冬于中海拔地带的荒漠灌丛及林地。中国为夏候鸟，4月迁来中国繁殖，10—11月迁离中国。繁殖期5—7月。通常营巢于石头或树根下面地上，巢四周常覆盖有厚的苔藓掩盖，甚为隐蔽。巢底层系一些粗的枝条作巢基，然后用苔藓和草茎混合编织而成，巢呈杯状，内垫有羊毛和毛发。巢的大小为外径10～12 cm，内径5～6 cm，高9～11cm，深4～5 cm。每窝产卵3～6枚，卵淡绿色，被有灰

图 59　红背红尾鸲外形

褐色斑。卵的大小为 18.4 mm × 13.9 mm。

红背红尾鸲在中国分布于新疆西部天山、西南部喀什、塔里木盆地西缘、北部阿尔泰山、准噶尔盆地和中部及东部盆地。被列入《世界自然保护联盟濒危物种红色名录》（IUCN）2016 年 ver 3.1——无危（LC）。

（五十八）绿背山雀（*Parus monticolus*）

绿背山雀，也叫青背山雀，是雀形目中一种体型略大的山雀。雄雌同形同色，最为显眼的是肩部绿色区域与颈部黑色区域交界处有一条细的亮黄色环带（鉴定性特征）。雌雄羽色相似，额、眼先、头顶、枕至后颈黑色具蓝色光泽，眼下、面颊、耳羽和颈侧白色，后颈黑色向两侧延伸，沿白色脸颊下缘与颏、喉和前胸黑色相连，使脸颊白斑被围成一个近似三角形的白斑。上背和两肩黄绿色，后颈黑色下面亦有一白斑，白斑与上背间黄色，下背和腰蓝灰色。翅上覆羽黑褐色，小覆羽具暗灰色羽缘，大覆羽和中覆羽外翈具灰蓝色羽缘和宽阔的灰白色端斑，在翅上形成两道明显的白色翅带。飞羽黑褐色，除最外侧两枚初级飞羽外，其余初级飞羽外翈羽缘灰蓝色，向羽端逐渐变为灰白色，次级飞羽外翈羽缘亦为灰蓝色，羽端白色，三级飞羽具宽阔的灰白色端斑。颏、喉和前胸黑色微具蓝色金色光泽，其余下体灰黄色，两胁灰黄沾绿色，腹部中央有一宽的黑色纵带，其前端与黑色的胸相连，后端延伸至尾下覆羽。尾上覆羽暗灰蓝色，羽缘较淡，尾黑褐色，外翈羽缘灰蓝色，最外侧一对尾羽外翈几全为白色，其余外侧尾羽具白色端斑。尾下覆羽黑色具宽阔的白色端斑，腋羽黄色，翅下覆羽黑褐色、羽端白色，胫羽黑色，胫下部具白色羽端。雌鸟腹部中央黑色纵带较雄鸟稍较细窄，其余和雄鸟相似。幼鸟和成鸟相似，体色较暗淡而少光泽，头侧白斑沾黄，腹部黄色亦较淡，腹中央不具黑色纵带或黑色纵带不明显。虹膜是褐色，喙为黑色，足亦为黑色。亚种（*yunnanensis*）较指名亚种上体绿色更为鲜亮。虹膜是褐色，嘴为黑色，脚是青石灰色。

绿背山雀体重♂9～15g，♀9～17g；体长♂108～140 mm，♀108～133 mm；嘴峰♂8～11 mm，♀8～0.8 mm；翅♂60～70.5 mm，♀63～67.5 mm；尾♂52～63 mm，♀51～63 mm；跗跖♂18～21 mm，♀8～21 mm（西南亚种）。

绿背山雀夏季主要栖息在海拔 1 200～3 000 m 的山地针叶林和针阔叶混交林、阔叶林和次生林。冬季常下到低山和山脚及平原地带的次生林、人工林和林

图 60 绿背山雀外形

缘疏林灌丛，有时也出现在果园、庭院和农田地边的树丛中。性活泼，行动敏捷，冬季成群，鸣叫时发出"喷吱、喷吱"的声音。整天不停地在树枝叶间跳跃或来回穿梭活动和觅食，也能轻巧地悬垂在细枝端或叶下面啄食昆虫，偶尔也飞到地上觅食。鸣声和大山雀近似，似'呀呀－嘿嘿'或'呀呀－嘿'，受惊时常发出急促的'呀呀－嘿嘿'或'呀－，呀－'声，并低头翘尾，不时左右窥视。主要以昆虫和昆虫幼虫为食。所吃种类主要有金龟甲、步行虫、瓢虫、蚂蚁等鞘翅目和鳞翅目昆虫。此外也吃少量草籽等植物性食物。繁殖期4—7月。营巢于天然树洞中，也在墙壁和岩石缝隙中营巢，主要由雌鸟承担。巢呈杯状，主要由羊毛之类的动物毛构成，有时混杂有少量苔藓和草茎。巢的大小据对在四川宝兴海拔 2 200 m 处的一棵李树树干洞中的一个巢测量，外径 9 cm，内径 6 cm，高 8 cm，巢深 5 cm，巢距地高 1.5 m。每窝产卵通常 4～6 枚，有时多至 7～8 枚。卵白色、具红褐色斑点，大小为 17.1 mm×12.8 mm，和大山雀的卵很相似。孵卵由雌鸟承担，雄鸟常带食物喂雌鸟，雏鸟晚成性。分布于巴基斯坦、克什米尔、尼泊尔、锡金、不丹、孟加拉国、印度、缅甸和越南等地。在中国西南的西藏南部、云南、贵州、四川各省可见，绿背山雀在中国的分布北限可达陕西、甘肃南部的秦岭一线，东限长江中游的湖北省，在台湾也有本物种分布。新疆北部塔城、阿勒泰地区低矮山区常见。为我国"三有"保护动物。

（五十九）戴菊（*Regulus regulus*）

戴菊，为雀形目戴菊科的一种小型鸟类，体重 5～6 g，体长 9～10 cm。雄鸟上体橄榄绿色，前额基部灰白色，额灰黑色或灰橄榄绿色，头顶中央有一前窄后宽略似锥状的橙色羽冠（鉴定性特征），其先端和两侧为柠檬黄色，头顶两侧紧接此黄色斑外又各有一条黑色侧冠纹。眼周和眼后上方灰白或乳白色，其余头侧、后颈和颈侧灰橄榄绿色。背、肩、腰等其余上体橄榄绿色，腰和尾上覆羽黄绿色。尾黑褐色，外翈橄榄黄绿色，两翅覆羽和飞羽黑褐色，除第一、第二枚初级飞羽外，其余飞羽外翈羽缘黄绿色，内侧初级飞羽和次级飞羽近基部外缘黑色形成一椭圆形黑斑，最内侧 4 枚飞羽先端淡黄白色，中覆羽和大覆羽先端乳白色或淡黄白色，在翅上形成明显的淡黄白色翅斑。下体污白色，羽端沾有少许黄色，体侧沾橄榄灰色或褐色。雌鸟大致和雄鸟相似，但羽色较暗淡，头顶中央斑不为橙红色而为柠檬黄色。虹膜褐色，嘴黑色，脚淡褐色。

戴菊体重♂5～6g，♀5～6g；体长♂92～105 mm，♀80～94 mm；嘴峰♂7～10 mm，♀7～10 mm；翅♂51～58 mm，♀48～55 mm；尾♂35～46 mm，♀35～43 mm；跗跖♂15～19 mm，♀15～19（东北亚种）。

戴菊主要栖息于海拔 800 m 以上的针叶林和针阔叶混交林中。在西藏喜马拉雅山地区，有时可上到海拔 4 000 m 左右紧邻高山灌丛的亚高山针叶林，是典型的古北区泰加林鸟类。迁徙季节和冬季，多下到低山和山脚林缘灌丛地带活动。主要以各种昆虫为食，尤以鞘翅目昆虫及幼虫为主。除繁殖期单独或成对活动外，其他时间多成群。性活泼好动，行动敏捷，白天几乎不停地在活动，常在针叶树枝间跳来跳去或飞飞停停，边觅食边前进，并不断发出尖细的"zi-zi-zi"叫声。主要为留鸟，部分游荡或迁徙。

戴菊繁殖期 5—7 月。最早在 5 月上旬即见有成对活动和雌雄间的追逐，交配多在树冠侧枝上进行，伴随有翅膀扇动和金黄色冠羽耸起现象。雄鸟也不断发出"zi-zi-zi"的叫声。5 月中旬即有个体开始营巢，巢多筑在云杉的侧枝上或细枝丛中，有时甚至筑在距树干 2～5 m 远处的侧枝上，距地高 5～22 m。巢极隐蔽，常利用松树上悬挂的松萝和茂密的枝叶掩盖。营巢活动由雌雄鸟共同承担，营巢时先将蛛丝和其他巢材放在侧枝上的细枝间，然后卧伏在巢材上用身体反复压挤并用蛛丝等丝状物反复缠粘而成，每个巢营筑时间 9 ～ 12 d。巢呈碗状，结构甚为精致，巢材主要为松萝和苔藓，混杂有少量细草、松针、细枝和树木韧皮纤维，内垫有兽毛和鸟类羽毛。巢的大小为外径 9 ～ 11 cm，内径 6 ～ 7 cm，高 8 ～ 9 cm，深 6 ～ 7 cm 出没。巢筑好后第二天或间隔 1 d 即开始产卵，每窝产卵 7 ～ 12 枚。卵白玫瑰色，被有细的褐色斑点，尤以钝端较多，卵大小为（12.8 ～ 14）mm×（10 ～ 11）mm。雌雄轮流孵卵，孵化期 14 ～ 16 d。雏鸟孵出后的前几天，一般是一亲鸟轮流在巢中暖雏，另一亲鸟外出觅食喂雏，以后则由雌雄亲鸟共同觅食喂雏，通常从日出前开始，到日落后结束，每天喂食时间长达 14 ～ 15 h，平均每 5 min 喂食 1 次，觅食多在巢附近 60 m 范围内的针叶树上。经过雌雄亲鸟 16 ～ 18 d 的喂养，幼鸟即可离巢。幼鸟离巢后，常跟随亲鸟呈家族群活动和觅食，遇危险时亲鸟首先发出惊叫声，幼

图 61　戴菊外形

鸟立刻分散隐蔽在细枝丛中或松萝中。刚离巢的幼鸟多在林下幼树和灌木枝上活动，有时挤在一起取暖。亲鸟此时也常给幼鸟喂食，大约在离巢一周后，幼鸟才能独立生活和觅食，但仍以家族群形式活动，常一只跟着一只从一棵树飞向另一棵树，休息时或晚间则多栖息在一起。

戴菊在中国主要分布于新疆、青海、甘肃、陕西、四川、贵州、云南、西藏、黑龙江和吉林长白山等地，迁徙或越冬于辽宁、河北、河南、山东、甘肃、青海、江苏、浙江、福建等地，也偶见于台湾。为我国"三有"保护动物。

（六十）冬鹪鹩（*Troglodytes troglodytes*）

冬鹪鹩，是一种小型鸣禽，有44个亚种，广泛分布于北半球，传入旧大陆后简称鹪鹩。成鸟体重8～13 g，体长9～10 cm，翼展13～17 cm。雄性成鸟的额、头顶、枕部及后颈棕褐色，由鼻孔至眼后具一条乳黄白色细的眉纹。眼先、耳羽及颊部羽色较淡，杂有黄褐色点斑和条纹。背、肩及整个上体为棕褐色，腰及尾上覆羽棕褐色较重，各羽均具黑褐色横斑，腰羽靠近端部尚具白色点斑，部分个体还具白色羽干纹。颏、喉部污白，具浅棕色羽缘。前颈、胸部棕灰，具黑褐色细横斑。腹部和两胁浓棕，具宽的稀疏黑褐与棕白色相间排列的横斑，此横斑的粗细与深浅有个体变异，尾下覆羽红棕色，具黑褐及棕色横斑和明显的白色端斑。腋羽污白染有浅棕色。翅上覆羽与上体同色，具黑褐色横斑，小覆羽、中覆羽有明显的白色端斑，飞羽黑褐色，外侧的1～5枚初级飞羽外翈具多条棕黄白色横斑与黑褐色横斑相间排列，第3、第4、第5枚初级飞羽等长，形成翼尖，次级飞羽外翈棕褐色，具宽大的黑褐色横斑，三级飞羽内外翈棕褐色，均具黑褐色横斑。尾棕褐色与尾上覆羽同色，除外侧两枚稍短，其余尾羽几等长，大多数标本尾羽具9～10条黑褐色细横斑，排列比较整齐。成鸟夏羽与冬羽变化甚少，仅下体羽色较淡，腹部的棕白色横斑几变为白色。

雌性成鸟与雄鸟同色。虹膜暗褐色，上嘴黑褐，下嘴较浅，跗跖与趾暗肉褐色。幼鸟与成鸟近似，唯羽色偏红，眉纹不显著，头顶、枕部羽有狭的黑褐色羽缘。中覆羽无明显白色端斑。颏、喉、胸部羽色较深，且具窄的黑褐色羽缘。尾上覆羽泛有白色端斑。

冬鹪鹩体重♂7～13 g，♀7～10 g；体长♂91～110 mm，♀84～105 mm；嘴峰♂9～13 mm，♀9～12 mm；翅♂46～54 mm，♀44～54 mm；尾♂30～42 mm，♀30～40 mm；跗跖♂15～20 mm，♀14～19 mm。

图 62　冬鹪鹩外形

　　冬鹪鹩善于鸣啭，叫声多变悦耳。栖息于森林、灌木丛、小城镇和郊区的花园、农场的小片林区、城市边缘的林带、灌木丛、岸边草丛。食物以昆虫为主。夏时多生活中、高山区的潮湿密林及灌木丛中，尤其喜居于有较多的倒木、朽木成堆和林下灌木丛生的背光阴暗密林、山溪及沿河两岸的林缘地带。一般独自或成双或以家庭集小群进行活动，性极活泼而又怯懦，很善于隐蔽，见人临近隐匿起来。尽管飞行高度很低，但也不易观察到。它们在灌木丛中迅速移动，常从低枝逐渐跃向高枝，尾巴翘得很高。歌声嘹亮，尤其是雄鸟，这是一种善于鸣啭的鸣禽。也是一种领地意识非常强烈的小鸟。雄鸟主要负责驱逐入侵者。一旦发现敌情，它会蹲下扇动自己的翅膀并拍击背部，不停地晃动尾羽进行恐吓。雌鸟是最后一道防线，负责拦阻试图入巢的侵入者。飞行时，一般约离地面 1 m 高度呈直线地近地面飞翔，飞行不远即行栖止，飞行迅速而敏捷，在林区也常见它由一株树的低处侧枝分级逐渐跳跃至树顶。栖止时常高翘其尾。耐寒性很强，在中国东北林区，霜冻的清晨极为活跃，常起落于流冰之上，在严冬看到它在冰洞中穿飞而能与褐河乌相媲美。

冬鹪鹩繁殖在 5—7 月间，繁殖季节多分布于从海拔 700 ～ 4 000 m 高的中、高山地带阴暗潮湿的密林中做巢。夏时生活在中、高山的潮湿密林和灌木丛中，冬时迁至低山区和平原地带。配偶关系属一夫多妻制，而无固定的配偶关系。营巢处所不选择而因地制宜，在低山带丘陵平原区，有隐蔽的地方，均可选择筑巢，营巢地点虽诸多不同，但大多在靠近水源处或潮湿阴暗、苔藓松罗密布和腐木较多的地方营巢，巢的外形因营巢处所的不同可有球形巢和碗状巢两种类型。在树洞中营巢一般距地面 0.5 ～ 2.6 m，而多在 1 m 左右的高度。每年繁殖 1 窝，在中国东北多数在 5 月中旬筑巢，筑巢日期一般不少于 10 d，于 5 月下旬产卵，个别的还要早些，日产卵 1 枚，亦有产 2 卵后隔 1 d 再产的。每窝卵 4 ～ 6 枚，多数为 5 ～ 6 枚，产卵过程 8 ～ 10 d。在华北地区河北省 7 月上旬巢内有卵未孵化。卵白色，卵圆形，在钝端具较多的红褐色细斑，卵的大小为（11.5 ～ 12.8）mm × 17 mm、重量为 1.1 ～ 1.3 g。在产完最后一枚卵的次日，即行孵化。由雌性孵卵，在整个孵卵期和育雏期很少见到雄鸟在巢附近活动和鸣叫。孵化期约为 13 ～ 14 d，幼雏留巢期约在 15 d 以上，一般幼鸟孵出后需 16 ～ 17 d 才离巢出飞。冬鹪鹩除在巢后期带领雏鸟过一段时间的家族生活，全年的大部分时间常单独活动。

在非繁殖季节的冬季也常鸣唱，歌声洪亮清脆，唯不甚婉转，鸣叫时常做昂首翘尾之姿，每鸣叫一段后，再更换一地重唱，雌鸟鸣唱声调似雄鸟，但音色低而曲短。

冬鹪鹩被列入《世界自然保护联盟濒危物种红色名录》（IUCN）2012 年 ver 3.1——无危（LC）。

（六十一）山鹛（*Rhopophilus pekinensis*）

山鹛，是一种体形修长的莺类，尾尤其长，上体以灰色为基色，头、颊、背、翅均为灰色中夹带纵向褐色斑纹。叫声颇具特色，为极其嘹亮圆润的"啾 – 啾 –"，似猫叫而更嘹亮刚强，似狼嚎而更圆润悦耳。山鹛雌雄羽色相似。上体沙黄色，自额至背缀有棕色。上体各羽均具粗著的暗褐色纵纹，纵纹两侧沾栗棕色，羽缘沾沙灰色，头顶较背多栗色而少灰色，有时头顶全为栗色而具黑褐色纵纹。腰以下及全为沙褐色，纵纹亦模糊不清。尾长、微呈凸状，中央一对尾羽最长、灰褐色或沙灰色，具细的黑褐色羽干纹，外侧尾羽黑褐色、先端污灰白色或

图 63　山鹛外形

沙白色。尾羽表面具不甚明显的暗褐色横斑。两翅褐色，羽缘沙灰色。眉纹棕灰白色或白色，眼先暗褐色，颊和耳羽沙灰褐色，贯眼纹黑褐色，颧纹暗黑褐色。下体颏、喉、胸和腹白色，有时微沾灰白色或皮黄色，颈侧有淡棕色纵纹，胸侧和两胁杂有栗棕色纵纹，下胁和覆腿羽纯淡棕色，尾下覆羽灰褐色微沾棕色。虹膜暗褐色或黄褐色，嘴角褐色或灰褐色，下嘴肉黄色或粉黄色，脚灰褐色或棕褐色。

山鹛体重 ♂14 ～ 21 g，♀20 ～ 21 g；体长 ♂160 ～ 195 mm，♀169 ～ 190 mm；嘴峰 ♂10 ～ 14 mm，♀11 ～ 13 mm；翅 ♂60 ～ 66 mm，♀60 ～ 70 mm；尾 ♂92 ～ 105 mm，♀87 ～ 97 mm；跗跖 ♂24 ～ 26 mm，♀19 ～ 24 mm。

山鹛主要栖息于有稀疏树木生长的山坡和平原疏林灌木与草丛中，尤其喜欢低山丘陵和山脚平原地带的低矮树木和灌木丛。典型的食虫鸟类，主要以象甲、金龟甲等昆虫为食。繁殖期 5—7 月。通常营巢于灌森林木或幼树下部的树杈上，距地面 0.14 ～ 1.45 m，巢有茂密的灌木枝叶掩护，甚为隐蔽，不注意难以发现，巢呈深杯状。主要用枯草茎、榆树叶和一些柔软的植物纤维构成，内垫有细草茎，外面有时还缠有蜘蛛网、羊毛等。巢的大小为外径 6.3 cm × 17.2 cm，内径 5.5 cm × 5.4 cm，高 5.6 cm，深 2.7 cm。巢筑好后通常间隔 3 ～ 4 d 才产卵，每窝产 4 ～ 5 枚。卵乌白色或绿白色，被有黑褐色、赭褐和紫色斑点，尤以钝端较密。卵为椭圆形，大小为 20.2 mm × （15.4 ～ 15.7）mm。

山鹛分布于中国、韩国和朝鲜。仅在中国北方有分布，在中国西部的新疆、青海、甘肃、陕西，华北的河北、山西、河南、内蒙古、北京等省（区、市）。指名亚种分布于辽宁南部西至宁夏贺兰山的黄河河谷地，甘肃由陕西南部的秦岭至甘肃南部，新疆亚种从青海及内蒙古西部至新疆西部的喀什地区。已被列入中国国家林业局 2000 年 8 月 1 日发布的《国家保护的有益的或者有重要经济、科学研究价值的陆生野生动物名录》。被列入《世界自然保护联盟濒危物种红色名录》（IUCN）2016 年 ver 3.1——无危（LC）。

（六十二）绿头鸭（*Anas platyrhynchos*）

绿头鸭，鸭科鸭属的大型鸭类。雄鸟头、颈绿色，具辉亮的金属光泽（鉴定性特征）。颈基有一白色领环。上背和两肩褐色，密杂以灰白色波状细斑，羽缘棕黄色。下背黑褐色，腰和尾上覆羽绒黑色，微具绿色光泽。中央两对尾羽黑色，向上卷曲成钩状，外侧尾羽灰褐色，具白色羽缘，最外侧尾羽大都灰白色。两翅灰褐色，翼镜呈金属紫蓝色，其前后缘各有一条绒黑色窄纹和白色宽边。颏近黑色，上胸浓栗色，具浅棕色羽缘，下胸和两胁灰白色，杂以细密的暗褐色波状纹。腹部淡色，亦密布暗褐色波状细斑。尾下覆羽绒黑色。

雌鸟头顶至枕部黑色，具棕黄色羽缘；头侧、后颈和颈侧浅棕黄色，杂有黑褐色细纹；贯眼纹黑褐色；上体亦为黑褐色，具棕黄或棕白色羽缘，形成明显的"V"形斑；尾羽淡褐色，羽缘淡黄白色；两翅似雄鸟，具紫蓝色翼镜；颏和前颈浅棕红色，其余下体浅棕色或棕白色，杂有暗褐色斑或纵纹。虹膜棕褐色，雄鸟嘴黄绿色或橄榄绿色，嘴甲黑色，跗跖红色。雌鸟嘴黑褐色，嘴端暗棕黄色，跗跖橙黄色。幼鸟似雌鸟，但喉较淡，下体白色，具黑褐色斑和纵纹。

绿头鸭体重 ♂1 000 ～ 13 00 g，♀910 ～ 1 015 g；体长 ♂540 ～ 615 mm，♀470 ～ 550 mm；嘴峰 ♂53 ～ 61 mm，♀49 ～ 59 mm；翅 ♂270 ～ 285 mm，♀250 ～ 286 mm；尾 ♂72 ～ 112 mm，♀69 ～ 125 mm；跗跖 ♂40 ～ 55 mm，♀39 ～ 50 mm。

图 64　绿头鸭外形

　　绿头鸭主要栖息于水生植物丰富的湖泊、河流、池塘、沼泽等水域中，冬季和迁徙期间也出现于开阔的湖泊、水库、江河、沙洲和海岸附近沼泽和草地。鸭脚趾间有蹼，但很少潜水，游泳时尾露出水面，善于在水中觅食、戏水和求偶交配。以野生植物的叶、芽、茎、水藻和种子等植物性食物为食，也吃软体动物、甲壳类、水生昆虫等动物性食物，秋季迁徙和越冬期间也常到收割后的农田觅食散落在地上的谷物。觅食多在清晨和黄昏，白天常在河湖岸边沙滩或湖心沙洲和小岛上休息或在开阔的水面上游泳。

　　绿头鸭冬季在越冬地时即已配成对，1 月末 2 月初即见有求偶行为，3 月中、下旬大都已经结合成对，繁殖期 4—6 月。营巢于湖泊、河流、水库、池塘等水域岸边草丛中地上或倒木下的凹坑处，也在蒲草和芦苇滩上、河岸岩石上、大树的树杈间和农民的苞米楼上营巢，营巢环境极为多样。巢用干草茎、蒲草和苔藓构成。巢的大小为外径 25 ～ 30 cm，内径 15 ～ 20 cm，深 4 ～ 10 cm，高

8～13 cm。每窝产卵7～11枚，卵白色或绿灰色，大小为（56～60）mm×（40～43）mm，重48～59 g。雌鸭孵卵，孵化期24～27 d，6月中旬即有幼鸟出现。雏鸟早成性，雏鸟出壳后不久即能跟随亲鸟活动和觅食。

绿头鸭分布广泛，被列入《世界自然保护联盟濒危物种红色名录》（IUCN）2012年 ver 3.1——无危（LC）。也被列入中国国家林业局2000年8月1日发布的《国家保护的有益的或者有重要经济、科学研究价值的陆生野生动物名录》。

四、兽类

（一）雪豹（*Panthera uncia*）

食肉目，猫科、豹亚科，豹属。濒危物种，国家Ⅰ级保护动物，已被世界列入自然保护联盟（IUCN）红色名录及《中国生物多样性红色名录》濒危（EN）物种，予以保护。现存野外个体中，中国数量最多，而新疆的天山是中国对雪豹

图65-A　雪豹外形（自拍）

的重要保护地。

　　雪豹体型体貌似豹而略小，体重 35 ～ 45 kg，体长 110 ～ 130 cm，尾长约 90 ～ 100 cm（易识别特征）。全身呈灰白色，遍体布满黑色斑点和黑环（显著性特征）。头部黑斑小而密，背部、体侧及四肢外缘形成不规则的黑环，越往体后黑环越大，背部及体侧黑环中有几个小黑点，四肢外缘黑环内灰白色，无黑点，在背部由肩部开始，黑斑形成三条线直至尾根，后部的黑环边宽而大，至尾端最为明显，尾尖黑色。耳背灰白色，边缘黑色。鼻尖肉色或黑褐色，胡须颜色黑白相间、颈下、胸部、腹部、四肢内侧及尾下均为乳白色，冬夏体毛密度及毛色差别不大，毛长密而柔软，底绒丰厚。尾粗大，尾毛长且蓬松，是豹类中最美丽的一种。

　　雪豹的眼虹膜呈黄绿色，强光照射下，瞳孔似呈圆状。舌面长有许多端部为角质化的倒刺，舌尖和舌缘的刺形成许多肉状小突。前足 5 趾、后 4 趾。前足比后足宽大，趾端具角质化硬爪、略弯，尖端锋利。趾间、掌垫与趾间均具有较浓而长的粗毛。腹下有 4 对乳头。肛门部有一对乳腺孔。

　　雪豹的颅形稍宽而近于圆形。脑室较大。额骨宽突。鼻骨短宽，其前端尤为

图 65-B　雪豹外形（自拍）

宽大。颧弓粗大。上颌骨额突呈三角形，且超过鼻骨的后端。眶间较宽。成兽的人字嵴高耸，尤老体更为显著。异状骨的突起向后伸出，尖而细直。鼓室扁而低，副枕突较长，在下方超出听泡。下颌骨骨体宽厚，下缘平直。

雪豹牙齿的上、下门齿均呈一横列，中央的一对门齿较小，外侧门齿最大。犬齿发达，其内侧刃部锐利。上颌前臼齿左右各3枚，第二枚前臼齿形小，仅具一个齿尖。第三枚前臼齿侧扁，呈三角形，在主尖之后有一不甚明显的低尖。上裂齿外侧具4个齿尖。第二尖峰（前尖）最大，高而尖，内缘前端仅具一个低小齿尖（原尖）。臼齿形小似横列。下前臼齿左右仅具2枚，第一、第二前臼齿缺如，第三四前臼齿均发达，第三前臼齿侧扁呈山字形，主尖位中央，前后各有一小齿尖。第四下前臼齿主尖高大，位于中央，前有一小齿尖，后有二小齿尖。下

图 65-C　小雪豹外形

臼齿形大。后齿尖峰略高于前尖峰。

幼兽通体带有浅玫瑰紫色。身上的黑色环斑轮廓不清、黑灰相杂。

雪豹栖息地海拔在2 000～6 000 m，常活动于高山裸岩，是典型的高山猫科动物。性凶猛、机敏，行动灵巧，以北山羊、岩羊、盘羊等为主食，也捕食野兔、旱獭及雪鸡、马鸡、虹雉等鸟类的小动物。雪豹具有夜行性，昼伏夜出，每日清晨及黄昏为捕食、活动的高峰。其行动敏捷机警，动作灵活，善于跳跃，3～4 m的高崖可纵身而下。白天很少出来，有时会躺在高山裸岩上晒太阳。其上下山有一定的路线，喜走山脊和溪谷，经常沿着踩出的小径行走。雪豹一年换一次毛。

雪豹平时独栖，仅在发情期前后才成对居住，一般有固定的巢穴，设在岩石洞中、乱石凹处、石缝里或岩石下面的灌木丛中，大多在阳坡上，往往好几年都不离开一个巢穴，窝内常常有很多雪豹脱落的体毛。巡猎时也以灌丛或石岩上作临时的休息场所。

在食物缺乏时雪豹也盗食家畜、家禽。其猎食往往采取伏击或偷袭的方法，常在野羊活动地区附近隐藏，其进食时一般先食腹部、内脏，然后再吃肌肉，最后食头。食时用前爪抓肉，类似小猫，并以臼齿撕裂咬食。为了猎食，雪豹往往出去很远，常按一定的路线绕行于一个地区。雪豹饱食后可以一个星期不进食。雪豹在袭击牧民的羊群时，总是先悄悄地潜伏在岩石峭壁的缝隙里，而且每次只猎杀一只羊。雪豹在食物极度短缺时也吃植物果腹充饥。

雪豹是高原地区的岩栖性的动物。经常在永久冰雪高山裸岩及寒漠带的环境中活动，在祁连山4 500 m以下至4 100 m以上的山顶脊部，在珠穆朗玛峰北坡5 400 m高的雪地上曾见雪豹的足迹。常栖于海拔2 500～5 000 m高山上。夏季可在3 000～6 000 m的高山上见到，冬季多随着食物的迁徙而下降至2 000～3 500 m。有的雪豹在冬季仍生活在5 000 m的高山上。雪豹并非全部都生活在海拔高的地方或是山上，内蒙古包头以西约10 km的乌拉山（最高仅2 185 m）一带的雪豹常年是在1 000 m左右的环境中生活。也有居住在600～1 500 m高的草原地带。雪豹的配偶期多在冬末1—3月。此时，它们的食欲不振，经常嘶叫相互寻找，若两只雄兽相遇必有一番恶斗。雌兽的发情期每次都将持续5～7 d，它们每次交配约十余次，每次时间都较短。仅数秒或十余秒。交配姿态与虎、豹相同。交配时，雄豹发出特有的鸣叫声。若没有怀孕，雌兽则过1～2个月后再继续发情。

　　配偶期过后，雌雄性各自回到自己的领域。妊娠期 98 ～ 103 d，一般在 4 月中旬或 6 月初产仔，每胎 3 ～ 5 仔，大多在清晨生产。刚出生的幼仔体重 300 ～ 700 g，体长约 24 cm，尾长 16 ～ 18 cm，通体带有浅玫瑰紫色，身上的黑色环斑轮廓不清、黑灰相杂，体质很弱，叫声似小猪。闭着眼睛，到 7 ～ 9 d 才睁眼。10 d 后开始爬。前半个月雌豹精心护理哺育它的幼崽，很少离开。1 个月后幼崽体重可达 1 ～ 1.5 kg，一个半月后幼兽能开始吃一点碎肉。幼兽 2 个月时体重可达 4 kg，体长 800 mm，可以跟随母豹外出活动。3 ～ 4 个月后可参与捕食，在 18 ～ 22 个月后离开母亲，独立生活。一旦独立，它们将会离开故土，长途跋涉，穿越广袤的地带以寻求新的栖息地。这可能有助于减少近亲繁殖现象

图 65-D　两只雪豹同框

的发生。雪豹 2～3 岁时性成熟。雪豹在野外的寿命一般 8～13 年。

雪豹是中亚和南亚山地的特有物种，分布为斑状分布，分布面积广达 123 万 km²，跨越中亚的 12 个国家，包括哈萨克斯坦、乌兹别克斯坦、塔吉克斯坦和吉尔吉斯斯坦等苏联地区的中亚各国，蒙古国、阿富汗、印度北部、尼泊尔、巴基斯坦、克什米尔等地，以及中国的西藏、四川、新疆、青海、甘肃、宁夏、内蒙古等省区的高山地区，如喜马拉雅山、可可西里山、冈底斯山、天山、帕米尔高原、昆仑山、唐古拉山、阿尔泰山、阿尔金山、祁连山、贺兰山、阴山、乌拉尔山等。在平原地区偶尔也有踪迹。雪豹有两个亚种，其亚种名分别为 "*U. u. uncia*" 和 "*U. u. uncioides*"。前者分布于中亚及东北方的蒙古国和俄罗斯，后者分布于中国西部地区和喜马拉雅山。

中国物种红色名录评估等级为极危。原因为生境严酷和脆弱、人类的过度干扰和放牧、食物资源下降、存在偷猎及非法贸易。中国红皮书等级为濒危。中国红皮书等级生效年代为 1996 年。CITES 附录为附录 I。CITES 附录生效年代为 1997 年。国家保护级别生效年代为 1989 年，国家 I 级保护动物国际濒危动物。雪豹经过中国政府指导保护区的保护，野外个体数量表现出增多势头，从难以发现其踪迹到遇到概率增加，野外安置的红外相机拍到几只同框的概率不断增大，这些都证明在中国的雪豹数量在增长，也证明保护措施正确有力。

（二）狼（*Canis lupus Linnaeus*）

CITES 附录等级为 II 级保护等级：国家二级保护动物。共 46 个亚种，体型中等、匀称，四肢修长，趾行性，利于快速奔跑。头腭尖形，颜面部长，鼻端突出，耳尖且直立，嗅觉灵敏，听觉发达。狼的嘴长而窄，长着大约 44 颗牙齿，犬齿有 4 个，上下各 2 个，能有 3.8 cm 长，足以刺破猎物的皮以造成巨大的伤害。狼裂齿也有 4 个，是臼齿分化出来的，这也是食肉类的特点，裂齿用于将肉撕碎。12 颗门牙则比较小，用于咬住东西。犬齿及裂齿发达，上臼齿具明显齿尖，下臼齿内侧具一小齿尖及后跟尖，臼齿齿冠直径大于外侧门齿高度。体型与狼狗极为相似，是犬科体型最大的种，体重 20～40 kg，足长体瘦，斜眼，上腭骨尖长，嘴巴宽大弯曲，耳竖立，胸部略窄小，尾挺直状下垂夹于两后腿之间。体毛棕灰，耳尖牙利。毛粗而长，毛色随产地而异，多毛色棕黄或灰黄色，略混黑色，下部带白色。前足 4～5 趾，后足一般 4 趾，爪粗而钝，不能或略能伸缩。尾多毛，较发达。机警，多疑，善于快速及长距离奔跑，常采用穷追的方式获得猎物。

　　狼多喜群居（孤狼多是雄性），属于食肉动物，追逐食草动物及啮齿动物等为食，也食用昆虫、老鼠等，能耐饥饿，可在一周时间不进食。栖息于森林、沙漠、山地、寒带草原、针叶林、草地，甚至冰原也有狼群生存。除南极洲和大部分海岛外，分布全世界。夜间活动多，嗅觉敏锐，听觉很好。狼是猎食动物，狼群以核心家庭的形式组成，包括一对配偶及其子女，有时也包括收养的未成年幼狼。狼群拥有着极为严格的等级制度。一群狼的数量正常在 7 只左右，也有部分狼群达到 30 只以上，通常以家庭为单位的家庭狼由一对优势配偶领导，而以兄弟姐妹为一群的则以最强一头狼为领导。狼群有领域性，且通常也就是其活动范围，群内个体数量若增加，领域范围会缩小。狼群之间的领域范围不重叠，会以嚎声向其他群宣告范围。幼狼成长后，会留在群内照顾弟妹，也可能继承群内优势地位，有的则会迁移出去（大多为雄狼）。狼群以家族成员为主，成员数在 2～37 只，由于有着极为严格的等级制度和领域范围，因此狼群不可能与别的狼群合作。头狼会身挺高，腿直，神态坚定，耳朵是直立向前。狼翻肚皮表示亲昵讨好（绝对信任），往往尾部会抬高并微微地向上卷曲。这种动作显示的是级

别高处于主导地位的狼可能一直盯着一个唯唯诺诺的地位低下的狼。玩耍时，狼会全身低伏，嘴唇和耳朵向两边拉开，有时会主动舔或快速伸出舌头。愤怒的狼的耳朵会平平地伸出去，背毛也会竖立，嘴唇会皱起，门牙露出，尾巴平举，有时也会弓背或咆哮。恐惧中的狼会试图使它的身子显得较小，从而不那么显眼，或拱背防守，尾收回，露出最易受伤害的部位。服从的狼把身体蜷缩起来，尾巴夹在胯部的两侧，呜呜低嚎，头部埋进臂弯，以示臣服。

　　每年 2—4 月狼开始交配，狼的怀孕期为 63 d 左右。低海拔的狼在 2 月交配，高海拔的狼则在 4 月交配。小狼 1 周左右睁眼，5 周后断奶，8 周后被带到狼群聚集处。年产 1 胎，每胎 5～10 仔。世界性广泛分布，但当前狼的分布区已大大缩小，特别是在北美和西欧。狼在国内分亚洲狼和阿拉伯狼，分布在除台湾、海南岛及其他一些岛屿外的各个省区，但主要分布在东北、内蒙古、新疆以及西藏人口密度较小的地区。由于狼会捕食羊等家畜，因此到 20 世纪末期前被人类大量捕杀，一些亚种如日本狼、纽芬兰狼、佛罗里达黑狼、基奈山狼等都已经灭绝。今亚种的确切数量仍旧未定。

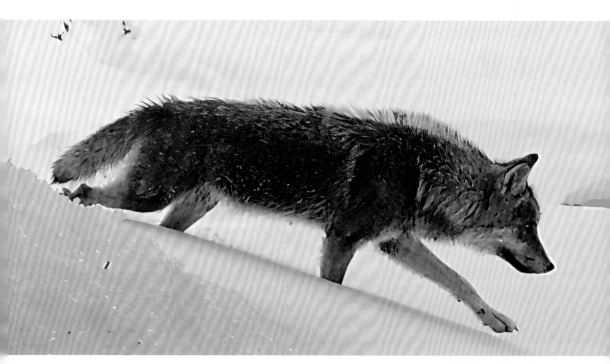

图 66　狼的外形（自拍）

（三）赤狐（*Vulpes vulpes*）

共有 47 个亚种。赤狐是犬科狐属中体型最大、最常见的狐狸，成兽体长 62～72 cm，肩高 40 cm，尾长 20～40 cm，体重 5～7 kg，后足长 13.5～17.2 cm，头骨之颅基长 13.4～16.9 cm。身体细长，面部狭，吻尖而长，鼻骨细长，额骨前部平缓，中间有一狭沟，耳较大，高而尖，直立。耳背之上半部黑色，与头部毛色明显不同，头部灰棕。四肢较短，尾粗而长，超过体长的一半。躯体覆有长的针毛，冬毛具丰盛的底绒。毛色因季节和地区不同而有较大变异，一般背面棕灰或棕红色，腹部白色或黄白色。南方地区如广西所产毛被薄而短，北方所产毛长而丰密。一般背面毛色棕黄或趋棕红，或呈棕白色，毛尖灰白，变异甚多，北方干旱地区所产富白色毛尖，故色调浅淡。双耳背面上部及四肢外侧均趋黑色延伸至足面，吻部两侧具黑褐色毛区。喉及前胸以及腹部毛色浅淡，呈乌灰及乌白色。尾形粗大，覆毛长而蓬松，尾部上面红褐色而带黑、黄或灰色细斑，尾梢白色，尾下面亦呈棕白色。幼年毛色呈浅灰褐色。耳背面黑色或黑褐色明显带，四肢外侧黑色条纹延伸至足面。背部红棕，颈肩及两侧略带黄，耳后有黑色。后肢较呈暗红色，足掌长有浓密短毛，具尾腺，能施放奇特臭味，称"狐臊"，乳头 4 对。雄性略大。

赤狐中还有不少体色的变异类型，如全身毛色为黑色的叫黑狐或黪狐；全身底毛为黑色，但毛尖带有白色，在光照下呈现出银色光辉的，叫银狐或玄狐；全身为赤褐色，肩部有黑色十字形毛的叫十字狐；此外还有倭刀狐等。但不同的色型并不代表不同的亚种，而且不管是什么色型，尾巴的尖端均为白色。产银狐较多的地区是美国东北部和加拿大，其次是北欧和西伯利亚北部。在不同地区，银狐与赤狐的比例是由 1∶20 到 1∶5，这种突变与产地的湿度和光照等气候条件有着密切的关系。

赤狐听觉、嗅觉发达，警惕性高，行动敏捷。喜欢单独活动，在夜晚捕食。通常夜里出来活动，白天隐蔽在洞中睡觉，长长的尾巴有防潮、保暖的作用，但在荒僻的地方，有时白天也会出来寻找食物。短爪很锐利，跑得也很快，追击猎物时速度可达每小时 50 多千米，而且善于游泳和爬树。主要以旱獭及鼠类为食，也吃野禽、蛙、鱼、昆虫等，还吃各种野果和农作物。

赤狐在每年的 12 月至翌年 2 月发情、交配，生活在北方地区的要推迟 1～2个月繁殖，此时雄兽之间会发生争偶的激烈争斗。求偶期间，雄兽和雌兽通过尿

图 67　赤狐的外形（自拍）

液中散发出的类似麝香一样的气味互相吸引，受到雌兽引诱的雄兽会发出古怪而又可怕的尖叫声，进行一种复杂的求婚方式。雄兽不仅参与抚育后代，而且在雌兽产仔之前便开始修整洞穴备用，外出帮助觅食等。雌兽的怀孕期为 2～3 个月，于 3—4 月间产仔于土穴或树洞里，年产 1 胎，每胎多为 5～6 仔，最多可达 13 仔，幼仔出生的时候，雄兽总是待在雌兽的旁边。初生的幼仔皮毛又黑又短，软弱无力，体重为 60～90 g，出生后 14～18 d 才睁开眼睛，在这段时间里，雌兽精心地抚养和照顾赤狐们，从不离开，食物则由雄兽供给，整个哺乳期约为 45 d。

赤狐分布于整个北半球，包含欧洲、北美洲、亚洲草原以及北非地区，是食肉目中分布最广的动物之一。其中有三个亚种列入《华盛顿公约》CITES 保护动物——附录Ⅲ。

（四）兔狲（*Otocolobus manul*）

国家二级重点保护动物，已被《中国生物多样性红色名录》列为濒危（EN）物种，予以保护。体形粗壮而短，大小似家猫，体重 2～3 kg，体长 50～65 cm。耳短而宽，耳尖呈钝圆形，两耳距离较远，耳背为红灰色。兔狲的额部较宽，吻部很短，瞳孔为淡绿色，收缩时呈圆形，但上下方有小的裂隙，呈圆纺锤形。全身体毛浓密细长呈棕黄色，绒毛丰厚，为背毛长度的一倍多。背中线棕黑色，体后部有较多隐暗的黑色细横纹，头顶部灰色，带有一些黑斑，眼内角至吻端为白色，面颊部有两个细黑纹，下颌黄白色，体腹面乳白色，颈下方和前肢之间浅褐色，四肢毛色较背部稍淡，亦有 2～3 条短而模糊的黑色横放，尾粗圆，长度为 20～30 cm，具 6～8 条黑色横纹，尾的尖端长毛为黑色。毛皮厚密贵重。

新西伯利亚的兔狲有三个亚种，皮毛颜色不同。兔狲高原亚种背面沙黄色，背毛基部浅灰色，上部锈棕色，尖端黄白色。兔狲指名亚种背面青灰色，背毛基部浅灰色，毛尖黑褐或头顶为灰色，具有少数黑色的斑点。颊部有 2 条细的横纹。身体的背面为浅红棕色、棕黄色或银灰色，全身被毛极密而软，绒毛丰厚如同毡子一般，尤其是腹部的毛很长，头顶为灰色，背部中线处色泽较深，常具有暗黑色泽，后部还有数条隐暗的黑色细横纹，或通体淡黄白色，颊部具 2 条细黑纹，下颏色白。腰及臀部有 6～7 条隐约可见的暗色横纹，尾部毛色与体背近似。

图 68　兔狲外形

兔狲有几个特征和其他的猫科动物有所区分。它的脚短，臀部较肥重，且毛发也很长、很厚。这使得它看起来特别地矮胖且多毛。毛发会随着季节而改变，冬天时会较灰且较不花。它的耳朵位置较低，且其有一副貌似猫头鹰的面容。

兔狲栖息于灌丛草原、荒漠草原、荒漠与戈壁地区、林中、丘陵及山地，亦能生活在林中、丘陵及山地。在上述生境的岩石缝隙或石洞居住，也可利用大型啮齿类（如旱獭）的弃洞作窝。栖居高度可达海拔 4 500 m 左右的山地。能适应寒冷、贫瘠的环境，常单独栖居于岩石缝里或利用旱獭的洞穴，通路弯曲，深 2 m 以上。夜行性，多在黄昏开始活动和猎食。视觉和听觉发达，遇危险时则迅速逃窜或隐蔽在临时的土洞中。腹部的长毛和绒毛具有很好的保暖作用，有利于长时间地伏卧在冻土地或雪地上，伺机捕猎。叫声似家猫，但较粗野。主要以鼠类为食，也吃野兔、鼠兔、沙鸡等。

兔狲多在 2 月交配，4—5 月繁殖，每胎 3～4 仔。每年早春发情，夏初产崽，北方的兔狲繁殖期一般比南方地区的稍晚，繁殖期持续 42 d，雌性发情期 26～42 h。妊娠期 9～10 周，一般每胎三四头，最多的一次可产 6 仔，小兔狲一般在 4～5 个月后，周身长满毛茸茸的灰色外套，并开始独立。人工饲养的兔狲寿命可达 12 年。栖息于灌丛草原、荒漠草原、荒漠与戈壁，亦能在上述生境的岩石缝隙或石洞生活居住，也可利用大型啮齿类的弃洞作窝，栖居山地海拔高度可达 4 500 m 左右。

兔狲分布于亚洲中部地带向东至西伯利亚。在国内主要分布在新疆、北京、内蒙古、宁夏、青海、陕西、四川、西藏等省（区、市）。它有三个亚种，皮毛颜色不同。兔狲高原亚种背面沙黄色，背毛基部浅灰色，上部锈棕色，尖端黄白色。兔狲指名亚种背面青灰色，背毛基部浅灰色，毛尖黑褐，或头顶为灰色，具有少数黑色的斑点。颊部有 2 条细的横纹。身体的背面为浅红棕色、棕黄色或银灰色，全身被毛极密而软，绒毛丰厚如同毡子一般，尤其是腹部的毛很长，头顶为灰色，背部中线处色泽较深，常具有暗黑色泽，后部还有数条隐暗的黑色细横纹，或通体淡黄白色。颊部具两条细黑纹，下颏色白。腰及臀部有 6～7 条隐约可见的暗色横纹，尾部毛色与体背近似。

兔狲被列入《华盛顿公约》CITES Ⅱ级保护动物。也被列入《世界自然保护联盟濒危物种红色名录》（IUCN）2008 年 ver 3.1——近危（NT）。也被列入 1988 年中国《国家重点保护野生动物名录》定为 Ⅱ级保护动物。

（五）猞猁（*Lynx lynx*）

属于猫科，外形似猫而体型远大于猫，国家Ⅱ级重点保护动物，已被《中国生物多样性红色名录》列为濒危（EN）物种，予以保护。猞猁外形似猫，但比猫大得多，属于中型的猛兽。体重 25～40 kg，体长 80～130 cm，尾长 16～23 cm。身体粗壮，四肢较长而矫健。耳基宽，两只直立的耳朵尖端都生长着耸立的长长的深色丛毛，长达 4～5 cm，其中还夹杂着几根白毛，耳长通常不及头体长的 1/4。耳壳和笔毛能够随时迎向声源方向运动，有收集音波的作用，如果失去笔毛就会影响它的听力。两颊有下垂的长毛，腹毛也很长。脊背的颜色较深，呈红棕色，中部毛色深；腹部淡，呈黄白色；眼周毛色发白，两颊具有 2～3 列明显的棕黑色纵纹。背部的毛发最厚，背部的毛色变异较大，有乳灰、棕褐、土黄褐、灰草黄褐及浅灰褐等多种色型，身上或深或浅点缀着深色斑点或者小条纹。这些斑点有利于它的隐蔽和觅食。两颊具下体浅棕、土黄棕、浅灰褐或麻褐色，或为灰白而间杂浅棕色调。腹面浅白、黄白或沙黄色。有些部位的色调是比较恒定的，如上唇暗褐色或黑色，下唇污白色至暗褐色，颌两侧各有一块褐黑色斑，尾端一般纯黑色或褐色，四肢前面、外侧均具斑纹，胸、腹为一

图 69-A　猞猁外形

致的污白色或乳白色。尾极短粗，尾尖呈钝圆，尾端呈黑色。其冬毛长而密，冬季，大爪子上包被着长而密的毛茸茸的兽毛，在厚厚的积雪上移动，相当于提供了雪靴的效果。

猞猁的两性特征区别不大，仅在身材和体重上有所表现：雄性猞猁比雌性猞猁身材稍微大一点，体重也稍微重一点（3～5 kg）。

猞猁为喜寒动物，主要分布在北温带寒冷地区，即使在北纬30°以南，也是栖居在寒冷的高山地带，是分布得最北的一种猫科动物。栖息环境极富多样性，从亚寒带针叶林、寒温带针阔混交林至高寒草甸、高寒草原、高寒灌丛草原及高寒荒漠与半荒漠等各种环境均有其足迹。它们的栖居高度可由海拔数百米的平原到5 000 m左右的高原。生活在森林灌丛地带，密林及山岩上较常见，栖居于岩洞、石缝之中。猞猁是一种离群独居、孤身活跃在广阔空间里的野生动物，是无固定窝巢的夜间猎手。白天，它可躺在岩石上晒太阳，或者为了避风雨，静静地躲在大树下。它既可以在数公顷的地域里孤身蛰居几天不动，也可以连续跑出十几千米而不停歇。与许多大型猫科动物类似，擅于攀爬及游泳，耐饥性强。可在一处静卧几日，不畏严寒，喜欢捕杀狍子等中大型兽类，以鼠类、野兔等为食，也捕食小野猪和小鹿等为食。晨昏活动频繁，活动范围视食物丰富程度而定，有占区行为和固定的排泄地点。猞猁的性情狡猾而又谨慎，遇到危险时会迅速逃到树上躲避起来，有时还会躺倒在地，假装死去，从而躲过敌人的攻击和伤害。

猞猁的巢穴多筑在岩缝石洞或树洞内。每年2—4月交配，妊娠期2个月左

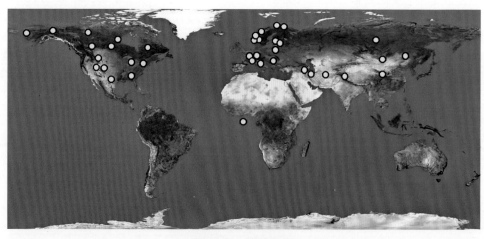

图 69-B　猞猁分布

右，每胎 2 ～ 4 仔，寿命可达 12 ～ 15 年。幼仔在大约 1 个月大的时候开始吃固体食物，一般到第二年才会离开妈妈。离开妈妈的小猞狸们为了生存有时会继续在一起生活几周甚至几个月。雌性达到生殖成熟在 20 ～ 24 个月，雄性在 30 ～ 34 个月。野外猞狸的寿命为 12 ～ 15 年。圈养状态下能活 24 年。

猞狸广泛分布于欧洲和亚洲北部。中国分布于新疆、西藏、青海、甘肃、内蒙古、河北的山区。猞狸被列入中国国家二级保护动物。也被列入《濒危野生动植物种国际贸易公约》附录Ⅱ。也被列入《世界自然保护联盟濒危物种红色名录》（IUCN）2014 年 ver 3.1——无危（LC）。

（六）北山羊（*Capra sibirica*）

又叫悬羊、野山羊等，国家Ⅱ级重点保护动物。体重 40 ～ 60 kg，体长 105 ～ 150 cm，尾长 12 ～ 15 cm，肩高 10 cm 左右，但最大的体重可达 120 kg。形似家山羊而体型较大，雌雄体都有角，但雄羊角特别长、大，呈弧形向后弯曲，长度一般为 100 cm 左右，最高纪录为 147.3 cm。角的形状为前宽后窄，横剖面近似三角形，粗度在 25 ～ 30 cm，角的前面还有大而明显的横嵴，数目有 14 ～ 15 个，虽然并不盘旋，但弯度一般也达到半圈乃至 2/3 圈，却像两把弯刀，倒插长在羊头上。雌兽的体形较小，通常只有雄兽的 1/3。颔部有须，雄性长，雌性短，长度大约为 15 cm。夏毛棕黄色，腹部及四肢内侧白色，冬毛长而色浅淡。四肢稍短，显得比较粗壮，蹄子狭窄。头顶凸起，额部平坦，眼睛大小中等，耳朵较短。尾长 10 ～ 20 cm，尾尖棕黑色。全身毛色随季节不同而变化，夏季背部为棕黄色，体侧为浅棕色，腹面为白色，雄兽从头的枕部沿背脊一直到尾巴的基部，有一条黑色的纵纹。冬季毛长而色浅，呈黄色或白色。夏天栖息于高山草甸及裸岩区，冬春迁至海拔较低的地区活动。

北山羊栖息于海拔 3 500 ～ 6 000 m 的高原裸岩和山腰碎石嶙峋的地带，冬天也不迁移到很低的地方，所以堪称为栖居位置最高的哺乳动物之一。但 2007 年在中国新疆阿尔泰山东部查干山区，发现不少北山羊种群迁徙到海拔 1 000 多米的冬牧场。夏天栖息于高山草甸及裸岩区，冬春迁至海拔较低的地区活动。多在晨昏活动，采食各种野草，喜欢成群活动。性机警，视、听、嗅觉都很灵敏。非常善于攀登和跳跃，蹄子极为坚实，有弹性的踵关节和像钳子一样的脚趾，能够自如地在险峻的乱石之间纵情奔驰。白天多在裸岩上休息，早晨和黄昏才到较低的高山草甸处去觅食和饮水。喜欢成群活动，一般为 4 ～ 10 只，也有数十只

图 70-A　北山羊外形（自拍）

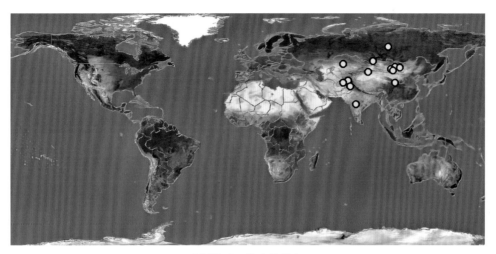

图 70-B 北山羊分布

甚至百余只的较大群体，由身强力壮的雄兽担任首领。它的警惕性极高，在觅食的时候要留下 2～3 只雌兽放哨，站立在离群体不远的巨石上，注视着四周的动静。一旦发现异常情况，群体便立即从容不迫地爬上悬崖峭壁，常常使有"爬山能手"之称的雪豹也无可奈何。

北山羊通常 11—12 月发情交配，雄兽之间互相以长角撞击，直到一方体力不支，败退逃走为止，胜者也并不追击。雄兽追逐雌兽时常做出低头伸颈的姿势。雌兽的怀孕期为 170～180 d，翌年 5—6 月产仔，每胎 1～2 仔。哺乳期为 2 个月，1～2 岁性成熟。寿命为 12～18 年。耐粗饲、抗病力强。

北山羊分布于印度北部、阿富汗和蒙古国等地，在中国分布于新疆和甘肃西北部、内蒙古西北部等地。北山羊被列入《世界自然保护联盟濒危物种红色名录》（IUCN）2008 年 ver 3.1——无危（LC）。也被列入中国红皮书，濒危等级为濒危（E）。也被列入《中国国家重点保护野生动物名录》Ⅰ级。

（七）盘羊（*Argali sheep*）

盘羊躯体粗壮，体重 65～185 kg，体长 1.2～2 m，肩高 90～120 cm，肩高等于或低于臀高，可达 120 cm。雌雄均有角但形状和大小均明显不同。雄性的角自头顶长出后，两角略微向外侧后上方延伸，随即再向后下方及前方弯转，角尖最后又微微往外上方卷曲，粗大，长达 1 m 以上，向下螺旋状扭曲一圈多呈螺旋状，外侧有环棱（鉴定性特征），雌性的角非常短，而且弯度不大。角基

图 71-A　盘羊（自拍）

一般特别粗大而稍呈浑圆状，至角尖段则又呈刀片状，角长可达 1.45m 上下，巨大的角和头及身体显得不相称。雌羊角形简单，角体也明显较雄羊短细，角长不超过 0.5 m，角形呈镰刀状。但比起其他一些羊类，雌盘羊角还是明显粗大。头大颈粗，尾短小。盘羊的腿比身材瘦，四肢粗短，蹄的前面特别陡直，适于在岩石间攀爬。有眶下腺及蹄腺。乳头 1 对，位于鼠鼷部。毛的颜色从淡棕色至白灰色，胸、腹部的颜色浅一些。脖子白色，没有类似赤羊的鬃毛。通体被毛粗而短，唯颈部披毛较长。体色一般为褐灰色或污灰色，脸面、肩胛、前背呈浅灰棕色，耳内白色部浅黄色，胸、腹部、四肢内侧和下部及臀部均呈污白色。前肢前面毛色深暗于其他各处，尾背色调与体背相同，雌羊的毛色比雄羊的深暗。

　　盘羊的腿比较长，身材比较瘦，与其他野绵羊相比其爬山技巧比较差，因此在逃跑时一般避免逃向太陡峭的山坡。盘羊是群居动物，其习性与其他野生绵羊一样。在发情期外雄羊和雌羊各自形成 5～10 头羊组成的群。采食或休息时常有一头成年羊在高处守望，能及时发现很远地方的异常，当危险来临，即向群体发出信号。它们能在悬崖峭壁上奔跑跳跃，来去自如，而且极耐渴，能几天不喝水，冬天无水就吃雪。盘羊的视觉、听觉和嗅觉敏锐，性情机警，稍有动静，便迅速逃遁。常以小群活动，每群数量不多，数只至十多只的较常见，似乎不集成大群活动。冬季雌雄合群在一起活动，配种时期每只雄盘羊和数只雌盘羊一起生活，配种季节结束后又分开活动，雌盘羊产仔在第二年夏季。以草和树叶为生。

　　盘羊发情期在冬季，这样幼羊可以在春季出生。盘羊在秋末和初冬发情交

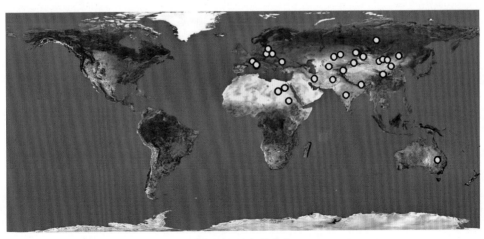

图 71-B　盘羊分布

221

配，妊娠期150～160 d，翌年5月至6月产仔，每胎产仔1～3只。幼仔适应环境的本领很强，出生后毛一干便能直立起来吃奶，几小时后即可随雌兽活动，1月龄左右开始吃草，哺乳期持续半年以上，1～2岁性成熟。寿命为10～15年。

盘羊主要分布于亚洲中部广阔地区，包括中国、俄罗斯、哈萨克斯坦、乌兹别克斯坦和蒙古国。中国主要分布在新疆、青海、甘肃、西藏、四川、内蒙古地区。有人利用野生公盘羊的精子作父本，进行绵羊育种，想把盘羊的控制体型的基因引入人类养殖的物种中来。盘羊被列入《世界自然保护联盟濒危物种红色名录》（IUCN）2008年ver3.1——近危（NT）。也被列入《华盛顿公约》CITES II级保护动物。

（八）大耳猬（*Hemiechinus auritus*）

为猬科、大耳猬属的动物。大耳猬体型较小，体长约200 mm，耳大、尖，耳尖钝圆（鉴定性特征），为40～50 mm，高出周围棘刺。耳后至尾基部的体背覆以坚硬的棘刺，长达35 mm，棘刺自基部至刺尖依次为暗褐色、白色、暗

图72-A 大耳猬外形

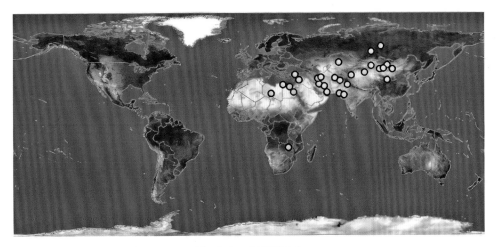

图 72-B　大耳猬分布

褐色、白色的节环，少数棘刺全为白色。头顶棘刺不向左右分披，相互连接。体侧及腹部覆以较短软毛，纹灰白色，头橙黄色，耳灰黄色，体侧灰黄色，腹部灰白色。尾短不及 35 mm，浅棕褐色。大耳猬头骨眶间区窄，前额"V"形膨胀。人字脊不向上后方突出，故枕髁和枕大孔从背面可见，基枕骨略呈三角形。

　　大耳猬为荒漠、半荒漠地带刺猬的典型代表，常栖息于农田、庄园、乱石荒漠等处，主要在菜园、芦苇、灌丛中活动。大耳猬昼伏夜出、胆小怕光、多疑孤僻，白天躲藏于窝内，夜间出来活动觅食，在离开洞穴外出觅食的过程中，走出一段路后，总要原路返回，往返多次，确认安全后，才会继续向前推进，直达目的地，并且每次外出时，总是沿着同一条路线活动。因此，有大耳猬出没的通道，总是特别光滑而平整。大耳猬的视觉和听觉都较弱，但嗅觉非常灵敏，平时出外觅食以及防敌主要依靠其灵敏的嗅觉。冬眠，当气温降到 0～8℃开始冬眠，冬眠期长达半年，一般自秋季 10—11 月开始冬眠，到翌年 3—4 月出眠。但如果常年温度适宜，也可以不冬眠。以家族群落为单位栖息和繁殖，杂食性，主要以昆虫为主，如蝼蛄、金龟子、蟋蟀、蝗虫等。有时也食鼠类、幼鸟、鸟卵、蛙、小蛇、蜥蜴等小动物。另外，也吃一些植物的幼果、幼芽、薯类、花生、玉米等植物性食物。大耳猬 4～5 月龄时就达性成熟，可以交配繁殖后代。冬眠结束后，即可进入发情期。母刺猬发情期间表现不安，来回爬动，阴部有分泌物。一般每年早春 2—3 月开始交配，妊娠期 34～37 d，平均 35 d，6—7 月产仔，年产 1 胎，每胎 3～6 仔，最多 9 仔，少数 1 年可繁殖 2 次。幼刺猬 10 d 左右睁眼，其哺乳期为 40 ～ 50 d，幼仔在出生 40d 后便开始主动摄食，50 ～ 60 d 便离开母体独立生活，当年生长 4 ～ 5 个月便成年。

大耳猬分布于亚洲、非洲等地的阿富汗、中国、塞浦路斯、埃及、伊朗、伊拉克、以色列、吉尔吉斯斯坦、黎巴嫩、利比亚、蒙古国、巴基斯坦、叙利亚、塔吉克斯坦、土耳其、土库曼斯坦、乌兹别克斯坦、乌克兰。在中国主要见于新疆、内蒙古、甘肃、宁夏、青海、陕西、四川等地。大耳猬已列入世界自然保护联盟（IUCN）2008 年濒危物种红色名录。

（九）草兔（*Lepus capensis*）

草兔是兔属中体形较大的一种。体重 1 ～ 3.5 kg，平均体重为 2 kg，体长 36 ～ 68 cm，尾长 9 ～ 15 cm，后足长 9 ～ 12 cm，耳长 10 ～ 12 cm。耳尖暗褐色，外侧黑色，耳中等长，占后足长的 83%。身体背面毛色变化大，由沙黄色至深褐色，通常带有黑色波纹，也有的背毛呈肉桂色、浅驼色或灰驼色，体侧面近腹处为棕黄色。颈部浅土黄色。喉部呈暗土黄色或淡肉桂色。臀部通常较背部为淡，体腹面除喉部外均为纯白色。足背面土黄色。尾的背面为黑褐色，有大条黑斑，其余部分纯白，两侧及下面白色。尾长占后足长的 80%，为中国野兔尾最长的一个种类。

草兔颅骨眶上突前后凹刻均明显。鼻骨后端稍超过前颌骨后端，前端超出上门齿后缘垂直线，上门齿沟极浅，齿内几无白垩质沉淀。脑袋略比华南兔的宽。颧弧后端与前端约等宽或稍宽于前端。内鼻孔明显地宽于腭桥前后方向最窄处。听泡长为颅长的 13.8% ～ 14.2%。下颌骨后部上缘较华南兔的倾斜。髁突不如华南兔的发达。乳头 3 对。

草兔的耳朵可以向着它感兴趣的方向随意地灵活转动。当它来到一个新的环境时或者见到一个没有见过的物体时，就会竖起警惕的双耳来仔细探听动静。相反，如果处在它认为是安全的环境中时，就会让耳朵向下垂。此外，它的耳朵密布着无数的毛细血管，当它体内的热量过大时，它的耳朵还可以作为调节体温的散热器，竖立时可以散热，紧贴在脊背上时则可以保温。

草兔的眼睛很大，置于头的两侧，为其提供了大范围的视野，可以同时前视、后视、侧视和上视，真可谓眼观六路。但唯一的缺欠是眼睛间的距离太大，要靠左右移动面部才能看清物体，在快速奔跑时，往往来不及转动面部，所以常常撞墙、撞树。

图 73-A　草兔外形

　　草兔主要栖息于农田或农田附近沟渠两岸的低洼地、草甸、田野、树林、草丛、灌丛及林缘地带。主要夜间活动。听觉、视觉都很发达。主要以玉米、豆类、种子、蔬菜、杂草、树皮、嫩枝及树苗等为食，对农作物及苗木有危害。草兔终生生活于地面，不掘洞，善于奔跑。幼兔出生即具毛被，能睁眼，不久就能跑。草兔只有相对固定的栖地。除育仔期有固定的巢穴外，平时过着流浪生活，但游荡的范围一定，不轻易离开所栖息生活的地区。春、夏季节，在茂密的幼林和灌木丛中生活，秋、冬季节，百草凋零，草兔的匿伏处往往是一丛草、一片土圪垯，或其他认为合适的地方，草兔用前爪挖成浅浅的小穴藏身。这种小穴，长约 30 cm，宽约 20 cm，前端浅平，越往后越深，最后端深 10 cm 左右，呈簸箕状。草兔匿伏其中，只将身体下半部藏住，脊背比地平稍高或一致，凭保护色的作用而隐形。受惊逃走或觅食离去，再藏时再挖。

　　草兔每年三胎或四胎，早春 2 月即有怀胎的母兔。孕期一个半月左右，年初月份每胎 2～3 只，4、5 月每胎 4～5 只，6、7 月每胎 5～7 只，月份增加，天气转暖，食料丰富，产仔数也增加。春夏如果是干旱季节，幼仔成活率高，秋

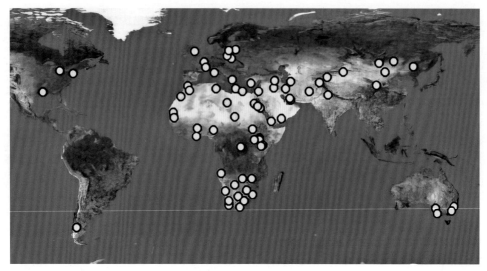

图 73-B　草兔分布

后草兔的数量剧增。如果雨季来得早，幼兔因潮湿死于疫病的多，秋后数量就不那么多。除去各种原因的死亡，一只母兔一年平均可增殖 6 ～ 9 只幼兔。但经过一冬的猎捕，到来年春天，草兔数量又剧减。

　　草兔分布于欧洲、俄罗斯和蒙古国，中国东北、华北、西北和长江中下游一带。该物种已被列入中国国家林业局 2000 年 8 月 1 日发布的《国家保护的有益的或者有重要经济、科学研究价值的陆生野生动物名录》，也被列入《世界自然保护联盟哺乳纲兔类红色名录》（IUCN）2008 年 ver 3.1——无危（LC）。

（十）塔里木兔（*Lepus yarkandensis*）

　　又叫南疆兔、莎车兔，体形较小，体重 1.2 ～ 1.6 kg，体长为 29 ～ 43 cm，尾长 6 ～ 11 cm。毛色较浅，耳朵较大，耳尖不呈黑色，是它与雪兔最明显的区别。利用长耳壳可接收到较远距离的微弱声响，及时发现并逃脱天敌。体毛短而直，冬季的毛色非常浅，从头部、背部至尾巴的背面均为浅沙棕色。夏季背部为沙褐色，杂以灰黑色的细斑，体侧为沙黄色，颏、喉及腹部为白色。头部和颜面的颜色与背部相同，两颊较为浅淡，眼周色深，呈深沙褐色。颈部下面有沙黄色的横带。尾巴背面的颜色与背部相同，腹面呈白色。雌兽有 3 对乳头，2 对在胸部，1 对在腹部。

　　塔里木兔是塔里木盆地的特有种，也是塔里木古陆块的残存种类。塔里木兔是典型的荒漠地带物种，栖息在塔里木盆地海拔900～1 200 m的河流和湖泊附近，以及沿河两岸的胡杨和红柳林中、盆地中央的塔克拉玛干沙漠四周的半沙漠草原和塔里木河河水泛滥地区等。塔里木兔虽地处古北界，却是东洋界的种类，属于古北界中的东洋界成分。塔里木兔一般在早晨和黄昏活动，但随着季节的不同而有一定变化。冬季为了躲避敌害，仅在黎明之前和黄昏之后才出来觅食，大多活动在长有红柳的松软沙丘地带，挖掘芦苇、罗布麻、甘草、骆驼刺等植物的根为食，白天则隐匿于灌丛之下。夏季在白天也经常出来活动，常集中到河边饮水，喜食灌木、半灌木的外皮、幼嫩枝条和绿草等。

图74　塔里木兔外形

　　塔里木兔的繁殖期是夏季，雄兽和雌兽追逐求偶的活动从2月可以一直延续到7月。雌兽每年繁殖2～3窝，每窝产2～5仔。初生的幼仔全身被毛，睁眼，能活动，哺乳期仅有3～5 d，以后便能离开雌兽，独立生活。

　　塔里木兔没有亚种分化，是中国的特产物种，分布于新疆塔里木盆地及罗布泊地区的阿克苏、若羌、米兰、阿拉干、尉犁、库尔勒、巴楚、且末、莎车、和田、喀什等地。塔里木兔是中国国家重点保护动物，等级为二级，生效年代为1989年。中国濒危动物红皮书等级为易危（VU），生效年代为1996年。IUCN

濒危等级为近危（NT），生效年代为 2003 年。

　　由于不断地保护，加强了宣传，加之该物种繁殖能力强，适应荒漠的能力强，现存的数量还是比较庞大，局部已经对其分布地的农业种植造成了一定程度的影响，特别是春季的早些时候，对荒漠边缘开垦的土地中种植的作物种子、新栽植的防风固沙林危害严重，掏食种子，啃食树皮。

（十一）松鼠（*Sciuridae*）

　　隶属啮齿目松鼠科，泛指一大类尾巴上披有蓬松长毛的啮齿类动物，现存约有 58 属 285 种，分布遍及南极以外的各大洲（在大洋洲为引入种）。松鼠的原产地是中国的东北部、西北部，中国有 24 种。其中生活在树林里的松鼠，在中国东北和华北各地十分常见，因而又叫普通松鼠。它的身体细长，体毛为灰色、暗褐色或赤褐色，所以也称灰松鼠。松鼠一般体形细小，被柔软的密长毛反衬显得特别小，体长 20 ～ 28 cm，尾长 15 ～ 24 cm，体重 300 ～ 400 g。体形可以小至

图 75　松鼠外形

非洲侏儒松鼠 7 ～ 10 cm 长，重约 100 g，大如旱獭（土拨鼠）53 ～ 73 cm 长，重 5 ～ 8 kg。眼大而明亮，耳朵长，耳尖有一束毛，冬季尤其显著。夏毛黑褐色或赤棕色，冬毛灰色、烟灰色或灰褐色，腹毛白色。松鼠前后肢间无皮翼，四肢强健，后肢明显比前肢长，趾有尖锐的钩爪，爪端呈钩状。尾长而粗大，毛密长而蓬松，常朝背部反卷，尾长为体长的 2/3 以上，但不及体长。雌性个体比雄性个体稍重一些，个体毛色差异较大，为青灰色、灰色、褐灰色、深灰色和黑褐色等。花鼠属与松鼠属其脸颊内侧有颊囊的构造，能储存一定量的食物，带回巢周边食用。

　　松鼠多数栖息在寒温带的针叶林及针阔叶混交林区，尤其在山坡或河谷两岸的树林中最多。松鼠喜欢单独在树丛中居住，有的也在树上搭窝。白天善于在树上攀登、跳跃，蓬松的长尾起着平衡的作用。跳跃时用后肢支撑身体，尾巴伸直，一跃可达十多米远。松鼠不冬眠，但在大雪天及特别寒冷的天气，松鼠用干草把洞封起来，抱着毛茸茸的长尾取暖，可以好几天不出洞，天气暖和了再出来觅食。

　　松鼠的耳朵和尾巴的毛特别长，能适应树上生活，它们使用像长钩的爪和尾巴倒吊树枝上。在黎明和傍晚，也会离开树上，到地面上捕食。有贮藏食物的习性，松鼠在秋天觅得丰富的食物后，即会利用树洞或在地上挖洞，储存果实等食物，同时以泥土或落叶堵住洞口。松鼠一般以草食性为主，食物主要是种子、果仁、松树的嫩枝叶、树皮、菌类，也会吃水果如樱桃等。部分物种会食昆虫，其中一些热带物种更会为捕食昆虫而进行迁徙，甚至叼走山雀雏鸟。松鼠的嗅觉极为发达，它能准确无误地辨别松子果仁的空实，凡是松塔尖上被松鼠放弃的种子均无种仁。

　　松鼠的繁殖能力较强，多在春、夏季发情，发情期大约为 2 周。松鼠在茂密的树枝上筑巢，或者利用乌鸦和喜鹊的废巢，有时也在树洞中做窝。松鼠繁殖的适龄期，雌性为 8 ～ 9 周龄，雄性为 9 ～ 10 周龄。松鼠怀孕的时间为 35 ～ 40 d，每年能产 3 胎左右，1 年 2 ～ 4 窝，每窝产 4 ～ 6 仔，幼仔体重 7 ～ 8 g，体形很小，无毛，肉红色。初生松鼠看不见东西，以母体乳汁作为全部营养需求的来源。松鼠发育很慢，生下将近 30 d 时才睁开眼睛。至一个半月时，小松鼠才愿意到室外进行活动。为了"子女"的舒适、安全，雌鼠还搭筑备用"房"，发现巢穴中有虫子叮咬"子女"或不安全时，就把"子女"移到备用房去。雌鼠迁移到食物丰富的林区时，也把幼仔背着带走。寿命 8 ～ 10 年。松鼠在动物分类中属于啮齿目松鼠亚目松鼠科松鼠属。

松鼠被列入中国生物多样性红色名录——脊椎动物卷，评估级别为近危（NT）。也被列入《世界自然保护联盟濒危物种红色名录》。

（十二）棕熊（*Ursus arctos*）

亦称灰熊。是陆地上食肉目体形最大的哺乳动物之一，雄性体重 90 ～ 800 kg，雌性体重 80 ～ 250 kg，体长 1.5 ～ 2.8 m，肩高 0.9 ～ 1.5 m。最重的科迪亚克棕熊可达 800 kg，直立时高可达 3 m。最轻的叙利亚棕熊只有 90 kg。头大而圆，体形健硕，肩背和后颈部肌肉隆起。被毛粗密，冬季可达 10 cm；颜色各异，如金色、棕色、黑色和棕黑等。前臂十分有力，前爪的爪尖最长能到 15 cm。由于爪尖不能像猫科动物那样收回到爪鞘里，这些爪尖相对比较粗钝。前臂在挥击的时候力量强大，"粗钝"的爪子可以造成极大破坏。棕熊强壮的脚掌上的毛皮颜色根据其分布区域的不同而变化，从近乎全黑到巧克力棕色和灰色，再到红色和淡棕色不等。

棕熊嗅觉极佳，是猎犬的 7 倍，视力也很好，在捕鱼时能够看清水中的鱼类。棕熊肩背上隆起的肌肉使它们的前臂十分有力，棕熊的爪子虽长，却并不擅长爬树，和硕大的头颅比起来，它们的耳朵显得颇小，当它们换上厚厚的长毛冬装，那对小耳朵只能若隐若现。棕熊的吻部比较宽，有 42 颗牙齿，其中包括两颗大犬齿。和其他熊科动物一样，它们也是跖行性动物，并长有一条短尾巴。

棕熊主要栖息在寒温带针叶林中，是一种适应力比较强的动物，从荒漠边缘至高山森林，甚至冰原地带都能顽强生活。欧亚大陆上的棕熊则更喜欢居于茂密的森林之中，方便白天隐藏。多在白天活动，行走缓慢，没有固定的栖息场所，平时单独行动。食性较杂，植物性食物包括各种根茎、块茎、草籽、谷物及果实等，喜吃蜜，动物性食物包括蚂蚁、蚁卵、昆虫、啮齿类、有蹄类、鱼和腐肉等。冬眠，在冬眠时体温、心跳和排毒系统都会停止运作，以减少热量及钙质

图 76　棕熊外形

的流失，防止失温及骨质疏松。奔跑时速度可达 56 km/h。棕熊的婚配季节一般是在每年的 5—7 月。母熊的妊娠期有 6 ～ 9 个月，初春时生育，会在过冬的洞穴里产 2 ～ 4 仔，通常是两个。母熊用一年半左右的时间抚养小熊。小熊们刚出生的时候非常小，只有 300 g 重，全身无毛，眼睛紧闭，30 ～ 40 d 后才能睁开，半岁以后开始以植物和小动物为食。幼仔特别喜欢直立行走，活泼可爱，互相之间常常游戏、打闹。它们会和妈妈一起待到 2 岁半至 4 岁半，学习生存所需的一切本领，之后它们必须去寻找属于自己的领地。棕熊的雄兽并不承担养育后代的任务，有时甚至攻击幼仔，幼熊要长到 4 ～ 6 岁才会性成熟，生理成熟要到 10 ～ 11 岁左右。在野外生活的棕熊们寿命有 20 ～ 30 年，在圈养条件下，棕熊最长寿命 50 岁。

　　棕熊分布于欧亚大陆，以及北美洲大陆的大部分地区。在托木尔峰国家级自然保护区中，从有记载到现在多次被红外相机拍到，甚至出现 2 只同框，证明棕熊在保护区有增多的趋势。棕熊被列入《世界自然保护联盟濒危物种红色名录》（IUCN）2008年ver 3.1——无危（LC）。喜马拉雅棕熊和墨西哥灰熊被列入《华盛顿公约》CITES附录Ⅰ级保护动物；其余棕熊则列入附录Ⅱ。中国境内的三个亚种，喜马拉雅棕熊、东北棕熊和西藏棕熊，被列入《中国国家重点保护野生动物名录》Ⅱ级。

（十三）石貂（*Martes foina*）

是食肉目、鼬科、貂属的一种中小型哺乳动物，在它的近亲中个体相对较小，通常体长在50 cm以下，体形细长，大小与紫貂相似。棕褐色毛带有白色的大喉斑。尾长度超过头体长之半，头部呈三角形，吻鼻部尖，鼻骨狭长而中央略低凹，耳直立、圆钝，躯体粗壮，四肢粗短，后肢略长于前肢，足掌被毛，前后肢均具五趾，趾短，微具蹼，趾行性，趾垫5枚，掌垫3枚，爪尖利而弯曲，并能部分收缩。

石貂毛色为单一灰褐或淡棕褐色，绒毛丰厚，毛色洁白或淡黄，针毛稀疏，深褐或淡褐色，不能覆盖底绒。头部呈淡灰褐色，耳缘白色，喉胸部具一鲜明的白色或茧黄色块斑（亦称貂嗉），呈"V"形或不规则的环状，有的块斑在喉胸部中央呈长条状。由于针毛较短密，至背中部针毛逐渐伸长，最长可达55 mm，褐色针毛在背脊中央集聚，因而使色调加深呈暗褐色，与四肢及尾部同色，尾蓬松而端毛尖长。体背、体侧为深褐色，腹部淡褐色。

该物种两性同色，仅雌性个体较雄性稍小些。采自中国陕西的成年雄貂样本，体重约1 500 g，体长一般在43～48 cm，尾长24～27 cm。而采自中国西藏的样本体长约46 cm，尾长31～33 cm。

石貂寿命最高可达18年。石貂栖息在亚欧大陆的森林、矮树丛、森林边缘、树篱和岩质丘陵，西欧和中欧大陆部分最高分布到海拔4 200 m，也在人类居住区附近出没。石貂是捕食鸟、鼠为主的食肉兽，食性很广，主要以各种小型兽类以及鸟类为食，也会掠食蛇、蛙、鸟卵、昆虫，除动物性食物外，有时还采食一些野浆果等。多昼伏夜出，夜间或黄昏时活动频繁；在饲养条件下仍然保持这种活动规律，遇大风、大雪等天气时，很少出来活动和采食。石貂行动敏捷，善于攀缘，在高约20 m、倾斜约90°的泥、石壁上行动迅速，在仅容体躯的垂直立洞内可依壁向上退行，但于平地行动时奔跑较慢，跑中常辅以纵跳，距离约2m，最远可达4m。在活动时，尾部扫地，故又名"扫雪"。石貂进行冬、夏毛色交替更换，夏季是咖啡色，冬季却是一色雪白，仅留下一小段漆黑的尾尖。因

图 77　石貂外形

其毛皮价值珍贵，20 世纪 80 年代以前长期遭受猎捕，数量持续下降，已经很难在野外见到。石貂广泛分布于欧亚大陆，主要分布于欧洲西部和中欧部分国家。在中国主要分布于中西部的山西、河北、内蒙古、四川、宁夏、陕西、甘肃、青海、云南、新疆、西藏等地。1998 年石貂被列入中国《国家重点保护野生动物名录》Ⅱ级保护动物，经国务院批准生效；也被列入《中国濒危动物红皮书·兽类》"易危（VU）"种；也被列入《中国物种红色名录》为濒危（EN）；2008年，在世界自然保护联盟（IUCN）红色目录中保护级别（全球）为无危（LC）。石貂中亚亚种 *Martes foina intermedia*（印度）（在中国通常称为石貂北方亚种）列入 2010 版濒危野生动植物种国际贸易公约（CITES）附录Ⅲ。石貂是中国国家Ⅱ级保护动物，被中国濒危动物红皮书列入渐危。

（十四）香鼬（*Mustela altaica*）

鼬科、鼬属的动物。香鼬体重 80 ～ 350 g，体长 20 ～ 28 cm，尾长 11 ～ 15 cm，体形较小，躯体细长，颈部较长，四肢较短，尾不甚粗，一般尾长不及体长之半，尾毛比体毛长，略蓬松。跖部毛被稍长，半跖行性。前、后足均具 5 趾，爪微曲而稍纤细。前足趾垫呈卵圆形，掌垫 3 枚，略圆，腕垫一对。

图 78-A　香鼬外形

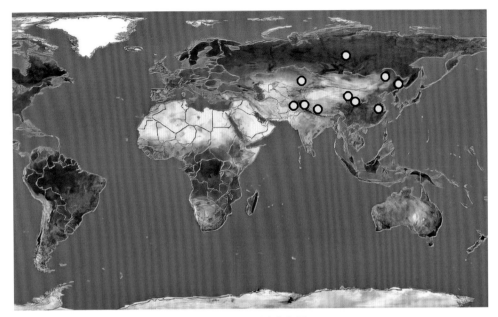

图 78-B　香鼬分布图

后足掌垫 4 枚。掌、趾垫均裸露。雄兽阴茎骨外形较不规则，基部侧扁，但末端 1/3 处急弯成钩，其右侧突出一膨大的结节。末端呈半圆"管"状。夏季上体毛色从枕部向后经脊背至尾背及四肢前面为棕褐色，上、下唇缘、颊部及耳基白色，耳背棕色。颜面部毛色暗，呈栗棕色。腹部自喉向后直到鼠鼷及四肢内侧，为淡棕色，与体背形成明显毛色分界。腹部白色毛尖带淡黄色调，冬季背腹界线不清，几乎呈一致黄褐色。雌兽有乳头 4 对。

香鼬的头骨吻部较短，脑颅部较大。两眶前孔之间的宽度显然大于吻端至眼眶前缘长度的 1/3。鼻骨略呈三角形，其前中部骨缝低凹，前颌骨呈窄条状，止于鼻骨前端。眶后突之后狭缩处较凹陷。矢状嵴、人字嵴不明显。乳突较低矮。听泡为长椭圆形，两听泡内侧几乎平行。香鼬牙齿的齿式为 3·1·3·1/3·1·3·2=34。上颌门齿横列。犬齿较长，为裂齿高度的两倍，略向后弯曲。裂齿甚发达，齿冠似刀状，前缘内侧小尖明显。臼齿窄而长，约为裂齿的 1/5，横列。内外叶小尖明显。

香鼬通常栖息在森林、森林草原、高山灌丛及草甸，分布于亚种部分地区。多单个活动，白天或夜间均活动，以晨昏时分更为活跃。穴居，但并不善于挖洞，常利用鼠类等其他动物的洞穴为巢，或者栖居于岩隙里、乱石堆或树洞中，喜欢穴居产仔的洞穴附近还常有避难洞穴、贮食洞穴等。性情机警，行动迅速、敏捷，善于奔跑、游泳和爬树。香鼬的觅食区域比较广泛，主要以小型啮齿动物为食，如鼠兔、黄鼠等，也上树捕捉小鸟，或潜水猎食小鱼。

香鼬一般每年在 3—4 月发情交配，妊娠期为 30 ～ 40 d，5—6 月生产，幼仔产在洞穴中，每胎产 6 ～ 8 仔，幼仔两个月龄时能独立生活，1 岁达到性成熟，寿命 8 ～ 10 年。

香鼬分布于不丹、中国、印度、哈萨克斯坦、吉尔吉斯斯坦、蒙古国、巴基斯坦、俄罗斯、塔吉克斯坦。中国分布在黑龙江、吉林、辽宁、内蒙古、山西、宁夏、青海、新疆、四川、甘肃、西藏等地。香鼬已被列入 2008 年《世界自然保护联盟濒危物种红色名录》。

（十五）白鼬（*Mustela erminea*）

共有 37 个亚种。体重 25 ～ 116 g，体长 170 ～ 330 mm，尾长 95 ～ 140 mm。体形似黄鼬，身体细长，四肢短小，体毛短，毛色随季节不同，夏毛身体背面和腹面颜色不同，背面自吻端向后经颊部、颈侧、体侧至四肢腕部及尾的背面为灰棕色，足背为灰白色；腹面由下唇、颔部、喉部至腹部及四肢内侧为白色；足背为灰白色；尾下基部 2/3 同于腹色，近末端 1/3 段全黑色。冬毛全身均为纯白色，只有尾端为黑色，尾端毛长。

头骨颅型较短宽。吻部短，眼眶前缘至吻端的距离小于两眶前孔间的宽度。鼻骨前端中央向上凸起，其后缘骨缝略凹。眶后突明显突出，其后面的眶间部很窄，眶间宽与眶间部宽度几乎相等。眶前孔较大。颧弓细弱，呈侧弓形。矢状嵴与人字嵴不明显。腹面、腭的后部大于听泡间宽。翼骨窝呈"U"形，听泡略呈圆柱形，两听泡内缘之间的距离等宽，乳突显著。下颌冠状突向外倾斜，角突显然外翘。耳壳略呈椭圆形。四肢短小，跖行性，四足掌被短毛，趾、掌垫半裸露，在冬季则被丰厚的长毛所掩盖。前、后足均具 5 趾，爪长而尖，但不坚硬，呈白色。前掌垫 3 枚，中间垫形类似梨形。腕垫较小。后掌垫同于前足。雄兽阴

图 79 白鼬外形

茎骨细弱，中段向前略弯曲，略呈"S"形，近末端略膨大，类似勺形。雌兽乳头4对。尾短，约为体长的1/3。

白鼬牙齿的齿式为：3·1·3·1/3·1·3·2=34。上颌门齿列成弧形，第三上门齿较粗。下颌第一门齿很小，第二门齿位于第一、第三门齿之后。犬齿长而尖锐，向内弯曲。第二下前臼齿齿冠斜形，前高后低。裂齿发达，齿冠呈薄刀形。上臼齿狭长而横列，内叶略呈圆形，中央具一小尖。外叶小尖明显，后具一凹痕。前后叶中部凹陷，形如哑铃。第一下臼齿由三叶组成，前两叶刃部峰形，后叶低平，后臼齿很小。

白鼬不善于挖洞，大多在岩石裂缝、树根或倒木下、乱石堆、草垛、树洞以及占据鼠洞等为巢。巢的结构较为简陋，以干草、苔藓、细枝或猎物的毛及羽毛等为铺垫。每年2—4月发情，持续几乎整个春天（有些地方会持续到夏天），交配季节在初夏，初夏开始交配，怀孕期9～10个月，有缓期着床现象。翌年3—4月产仔，每胎产仔4～9只，多达13只。刚生下的幼仔没毛，眼睛看不见，体重3～4 g。幼仔在生下来时未发育完全，要比其他小型鼬科类动物发育得慢，幼仔在1个月大时才睁开眼睛，能开始活动了，能走出洞穴和同伴们一起玩耍。幼白鼬在60～70 d大时开始捕猎，直到夏末它们都待在一起。幼年白鼬的哺乳期 42 d，3 个月至 1 岁达到性成熟。寿命 5～8 年。

白鼬适应力很强，草原草甸、沼泽地、河谷地、森林以及半荒漠的沙丘及耕作地均有分布。栖息于山地森林等地带。多栖息于沼泽、林地、农田，主要以鸟类和小型哺乳动物为食，食肉动物，消灭鼠类能力强。白鼬为夜行性动物，从黄昏开始活动，但有时白天也能见到，活动范围大多与捕食对象的活动有密切关系。一般单独活动，有自己固定的游猎区。在领域内的石头、树桩、树枝上留有标记，由肛门腺分泌物，涂擦在活动领域的显著物体上以表示其领域。动作十分敏捷，视觉和听觉也极敏锐。出外觅食的时候，通常是观察、试探着前进，若横越开阔地带或逃跑时，像飞跑一样，背部同时迅速曲成弓形。若在常态情况下采用碎步急走的方式，遇到猎物则紧贴地面匍匐着前进。

白鼬分布于欧洲、俄罗斯、亚洲远东地区、日本、北美北部，以及中国东北和西北等地。白鼬被列入《世界自然保护联盟濒危物种红色名录》（IUCN）2013年 ver 3.1——无危（LC）。在中国，该物种已被列入国家林业局 2000 年 8 月 1日发布的《国家保护的有益的或者有重要经济、科学研究价值的陆生野生动物名录》。

（十六）艾鼬（*Mustela eversmanni*）

又称作艾虎、地狗、两头乌、黑脚鼬，是鼬科鼬属的小型毛皮动物，体形像黄鼬，体重 500～1 000 g，身长 30～50 cm，尾长 11～20 cm。鼬科中它的体形较大。身体呈圆柱形。吻部短而钝，颈稍粗，足短。被毛的长度不同，前肢间毛短，背中部毛最长，尾基毛次之，略为拱曲形。体侧淡棕色。尾长近体长之半，尾毛稍蓬松。四肢较短，跖行性。脚掌被毛，掌垫发达，爪粗壮而锐利。阴茎骨较直，基部粗、末端细，形若侧扁，两边具浅沟，末端向背面弯曲，略呈直角形，类似"铲"状。它的身体背面为棕黄色，自肩部沿背脊向后至尾基之大部为棕红色，后背黑尖毛较多，臀部稍暗。体侧为淡棕色。鼻周和下颌为白色。鼻中部、眼周及眼间为棕黑色。眼上前方具卵圆形白斑。头顶棕黄色，额部棕黑色，具一条白色宽带。颊部、耳基灰白色，耳背及外缘为白色。颏部、喉部棕褐色，胸部、鼠鼷部淡黑褐色。尾毛稍蓬松，近基部的大半段与前背毛色一致，末端 1/3 为黑色。

艾鼬头骨颅型略扁而宽，粗大而坚实。吻部短宽，近似方形。鼻骨狭长，略呈三角形。鼻骨中央低凹。眶后突粗钝，其后方的眶间部显著狭缩。矢状嵴和人

图 80　艾鼬外形

字嵴明显。泪骨钩状突明显。颧弓粗壮有力，腭骨较宽，翼间孔前端圆形。乳突发达，向外伸出。听泡的轮廓略呈三角形。下颌底缘直平，角突不显。

艾鼬牙齿的齿式为：3·1·3·1/3·1·3·2=34。上门齿成一横列，后缘斜向内方。犬齿尖而长，如锥形。第一前臼齿斜置，其后缘向内，略为第二前臼齿的一半。裂齿宽厚，前缘外叶粗大，内叶略小，为外叶的 1/2，齿冠略呈峰形，但切缘较钝。臼齿横列，外叶略高，具二小尖，内叶较低，仅一小尖。

艾鼬栖息于海拔 3 200 m 以下的开阔山地、草原、森林、灌丛及村庄附近。喜近栖生活，洞居。艾鼬通常单独活动。夜行性，有时也在白天或晨昏活动。性情凶猛，行动敏捷。善于游泳和攀缘。视觉和听觉都很发达。主要以鼠类等啮齿动物为食，也吃鸟类、鸟卵、小鱼、蛙类、甲壳动物，以及一些植物浆果、坚果等。

艾鼬每年 2—3 月发情交配。自己挖掘洞穴筑巢，或侵占鼠类、旱獭等动物的窝为巢。洞穴一般由洞口、洞道、膨大部、巢窝和盲洞组成。巢内比较简陋，略有铺垫。洞口附近常有恶臭的气味。怀孕期为 35 ～ 41 d。通常在 4—5 月产仔。每胎产 3 ～ 5 仔。哺乳期为 40 ～ 45 d。初生的幼仔身体被有稀薄的绒毛，双眼紧闭。2 月龄能独立生活。9 月龄达到性成熟。

艾鼬分布于欧洲大部、亚洲的西伯利亚南部、蒙古国、克什米尔地区和中国吉林、辽宁、内蒙古、河北、山西、陕西、青海、新疆、四川、西藏、江苏。艾鼬是鼠类的天敌，在控制农、林、牧业的鼠害方面有很大益处。被列入中国国家林业局 2000 年 8 月 1 日发布的《国家保护的有益的或者有重要经济、科学研究价值的陆生野生动物名录》。也被列入《世界自然保护联盟濒危物种红色名录》（IUCN）2012 年 ver 3.1——无危（LC）。

（十七）亚洲狗獾 （*Meles meles*）

是鼬科、狗獾属的动物。狗獾在鼬科中体形较大，肥壮，体重 5 ～ 10 kg，大者达 15 kg，体长在 500 ～ 700 mm，体形肥壮，吻鼻长，颈部粗短，鼻端粗钝，具软骨质的鼻垫，鼻垫与上唇之间被毛，耳壳短圆，眼小。四肢短健，前后足的趾均具粗而长的黑棕色爪，体背褐色与白色或乳黄色混杂，四肢内侧黑棕色

或淡棕色。前足的爪比后足的爪长。尾短，肛门附近具腺囊，能分泌臭液。

　　狗獾从头顶至尾部遍被以粗硬的针毛，背部针毛基部 3/4 为灰白色或白色，中段为黑褐色或淡黑褐色，毛尖白色或乳黄色。体侧针毛黑褐色部分显然减少，而白色或乳黄色毛尖逐渐增多，有的个体针毛黑褐色逐渐消失，几乎呈现乳白色，绒毛白色或灰白色，约为体背针毛长度的 1/4。在颜面两侧从口角经耳基到头后各有一条白色或乳黄色纵纹，中间一条从吻部到额部，在 3 条纵纹中有 2 条黑褐色纵纹相间，从吻部两侧向后延伸，穿过眼部到头后与颈背部深色区相连。耳背及后缘黑褐色，耳上缘白色或乳黄色，耳内缘乳黄色。从下颌直至尾基及四肢内侧黑棕色或淡棕色。尾背与体背同色，但白色或乳黄色毛尖略有增加。

　　狗獾头骨颅形窄长而高。矢状嵴发达，前端在额骨接缝处分叉向两侧延伸。人字嵴显著，与矢状嵴的汇合处超出枕大孔的位置。眶后突与上颌臼齿的后缘在同一水平，颧弓粗壮，腭骨向后延伸到关节窝水平之前，翼骨钩状突呈一细棒状，超过关节窝几乎与听泡相连。听泡扁平呈三角形，听道短。下颌骨底缘较平

图 81-A　亚洲狗獾外形

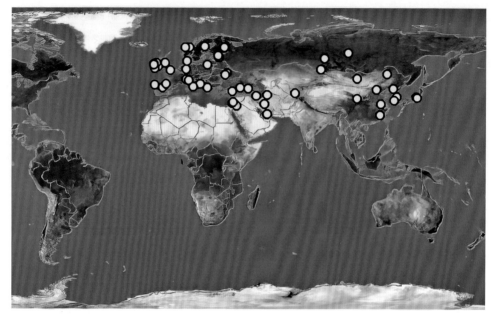

图 81-B 狗獾分布图

直，关节窝与齿列几乎在同一直线。

狗獾的齿式为：3·1·3·1/3·1·3·2=34。上门齿略呈弧状排列，犬齿圆锥状，前臼齿 3 枚，裂齿呈三角形，后内缘中央有一个低的齿尖，内侧顶端有 2 个小齿尖。第一臼齿宽大呈矩形，外缘短于内缘，外侧有发达的前尖和后尖，内侧有一个后小突，组成齿的后外角，中央由 3 个小齿尖构成一纵走的低嵴，内缘与低嵴间为一深槽。下颌犬齿长而向外斜，齿冠向后弯曲，裂齿长度超过宽度的三倍，有发达的下原尖、下前尖和下后尖，但其中下后尖不与下原尖在同一线上，而位于后内侧，后缘凹陷如盆状，边缘由 2 个外尖和 3 个内尖构成，第二臼齿较小，圆形。

狗獾栖息环境比较广泛，如森林、灌丛、田野、湖泊等各种生境。狗獾活动以春、秋两季最盛，一般以夜间 8—9 时后开始，至拂晓 4 时左右回洞。出洞时头慢慢试伸出洞，四方窥视，若无音迹，则缓缓而出，在田野中行走甚速，它在回洞之际，行走较慢，进洞前，先在洞口略为憩息，并使头爪清洁后方入洞。在出洞后，若发现音迹，就暂不回原洞，而搬至临时洞穴居住。活动范围小而固定，为 2～3 km，往返都沿一定路径。狗獾有冬眠习性，挖洞而居，洞道长达几米至十余米不等，其间支道纵横。冬洞复杂，是多年居住的洞穴，每年整修挖掘而成，有 2 ～ 3 个进出口。狗獾性情凶猛，但不主动攻击家畜和人，当被人或猎犬紧逼时，常发出短促的"哺、哺"声，同时能挺起前半身以锐利的爪和犬齿回击。狗獾杂食性，以植物的根、茎、果实和蛙、蚯蚓、小鱼、沙蜥、昆虫（幼虫及蛹）和小型哺乳类等为食，在草原地带喜食狼吃剩的食物，在作物播种期和成熟期危害刚播下的种子和即将成熟的玉米、花生、马铃薯、甘薯、豆类及瓜类等。

狗獾每年繁殖 1 次，9—10 月雌雄互相追逐，进行交配，翌年 4—5 月间产仔，每胎 2 ～ 5 仔，幼仔 1 个月后睁眼，6—7 月幼兽跟随母兽活动和觅食，秋季仔獾离开母兽营独立生活，3 年后性成熟。雌兽乳头 3 对，前一对接近胸部，每对乳头相距 75 mm，内充满乳汁。幼兽除头部白色外，周身均被灰白色绒毛，而背部及四肢稍黑，常发出"叽、叽"的叫声。

狗獾分布于亚欧大陆大多数地区。已被列入 2008 年《世界自然保护联盟濒危物种红色名录》。

（十八）野猫（*Felis silvestris*）

是一种小型猫科动物，该物种有多达 27 个亚种被确认，不同的亚种体型大小、毛色和花纹各不相同。雌性体重平均 2.7 ～ 4 kg（指名亚种平均 3.5 kg、中东亚种平均 2.7 kg、北非亚种平均 4 kg），雄性为 4 ～ 5 kg（指名亚种平均 5 kg、中东亚种平均 4 kg，北非亚种平均 5 kg），个别猫的重量幅度在一年四季各不相同，体长为 500 ～ 750 mm，尾长为 210 ～ 350 mm。后足长 120 ～ 160 mm；耳长 60 ～ 70 mm；颅全长 80 ～ 106 mm；在干燥的地区，猫的皮毛短而柔软，通常呈灰棕色，往往比较苍白和色浅，斑纹也较模糊。而来自湿润地区的往往较黑暗，斑点或条带状更深。皮毛颜色相当多变，从浅灰黄色到红色，并有很多不规则的黑色或红褐色斑点，颊部有 2 条小的褐色条纹。体被小的实心斑点，有时融合成条纹。喉部和腹面经常呈浅白到淡灰色。前额有 4 条十分显著的黑带，与浅底色形成鲜明对比，眼和鼻吻部通常突出有白色到淡灰色斑。耳边缘有白色或浅色毛，耳内侧毛呈淡黄白色。耳后毛色从与底色相似到暗褐色。尾毛蓬松，尾尖黑色，尾上有一些黑色横环纹。尾长超过头体长的 50%。有 4 对乳头。

野猫栖息于草原、沼泽地和海拔 1 000 m 以下的盆地或低地山区森林地带，对环境的适应性较强。但一般不进入冬季严寒和积雪覆盖地区，活动偏向于较干旱地带。是独居动物，夜行性。一般在清晨和黄昏时分捕猎。吃啮齿动物、昆

图 82-A　野猫外形

虫、鸟类和一些小的哺乳动物。行动敏捷，善于攀爬，潜行隐蔽接近猎物，突然捕食。领域性也很明显，通常每个个体占据 3 ～ 4 km^2 的领地，但当领地内食物不足或者寻找配偶时，也常到领地以外游荡。在中国西北部的草地和干旱地区，野猫是在野外唯一与家猫相似的物种。它很容易与兔狲区分，兔狲矮胖，且耳位较低，或与荒漠猫区分，荒漠猫体型相当大，有红的耳簇毛。野猫的头骨很难与家猫和野化的家猫区分。

野猫繁育发生在一年的不同时间，这取决于当地的气候。欧洲野猫交配发生在晚冬（1—3 月），在春季生育，通常在 5 月。亚洲野猫常年可以繁殖，非洲野猫繁殖期在 3—9 月。在岩石或在植被茂密的受保护的洞穴中产仔。妊娠期 56 ～ 63 d，每产 1 ～ 8 仔，平均为 3.4 只。幼仔出生 10 d 后才睁开眼睛，5 个月后离开母亲独自生活。欧洲的许多野猫都是一夫一妻制动物。野猫生存的最大威胁来自于和家猫的杂交，使它们的种群趋于弱势。雌性性成熟 10 ～ 11 个月大，雄性 9 ～ 22 个月大。寿命为 15 年以上。

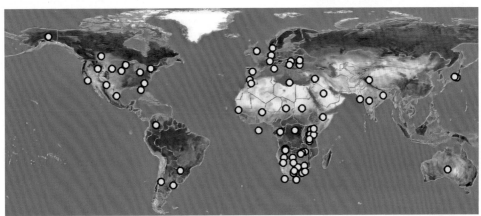

图 82-B　野猫分布

　　野猫主要分布于欧洲、非洲及亚洲西部，分布范围广。被列入《世界自然保护联盟濒危物种红色名录》（IUCN）2014 年 4 月 20 日 ver 3.1——无危（LC）。也被列入《华盛顿公约》CITES 附录 II 级保护动物。

（十九）马鹿（*Cervus elaphus*）

　　是仅次于驼鹿的大型鹿类，体长 180 cm 左右，肩高 110 ～ 130 cm，成年雄性体重约 200 kg，雌性约 150 kg，雌兽比雄兽略小。由于产地不同，马鹿的形态也有一些差异，在全世界共分化为 24 个亚种，中国的马鹿有 7 ～ 9 个亚种，大多是中国的特产亚种。因为体形似骏马而得名（鉴定性特征）。头与面部较长，

有眶下腺，耳大，呈圆锥形。鼻端裸露，其两侧和唇部为纯褐色。额部和头顶为深褐色，颊部为浅褐色。颈部较长，四肢也长。蹄子很大，尾巴较短。身体呈深褐色，背部及两侧有一些白色斑点。马鹿的角很大，只有雄兽才有，而且体重越大的个体，角也越大。雌兽仅在相应部位有隆起的嵴突。雄性的角一般分为 6 叉，最多 8 个叉，个别可达 9 ～ 10 个叉。茸角的第二叉紧靠于眉叉，斜向前伸，与主干几乎成直角。主干较长，向后倾斜，第二叉紧靠眉叉，因为距离极短，称

图 83-A 马鹿外形

为"对门叉"。并以此区别于梅花鹿和白唇鹿的角。第三叉与第二叉的间距较大，以后主干再分出 2～3 叉。各分叉的基部较扁，主干表面有密布的小突起和少数浅槽纹。夏毛较短，没有绒毛，一般为赤褐色，背面较深，腹面较浅，故有"赤鹿"之称。冬毛厚密，有绒毛，毛色灰棕。臀斑较大，呈褐色、黄赭色或白色。马鹿川西亚种，背纹黑色，臀部有大面积的黄白色斑，几盖整个臀部，与马鹿其他亚种不同，故亦称"白臀鹿"。

马鹿属于北方森林草原型动物，但由于分布范围较大，栖息环境也极为多样。马鹿生活于高山森林或草原地区。平时常单独或成小群活动，群体成员包括雌兽和幼仔，成年雄兽则离群独居，或几只一起结伴活动。马鹿性情机警，奔跑迅速，听觉和嗅觉灵敏，而且体大力强。夏季多在夜间和清晨活动，冬季多在白天活动。善于奔跑和游泳。以各种草、树叶、嫩枝、树皮和果实等为食，喜欢舔食盐碱。马鹿随着不同季节和地理条件的不同而经常变换生活环境，但一般不作远距离的水平迁徙，选择生境的各种要素中，隐蔽条件、水源和食物的丰富度是最重要的指标。它特别喜欢灌丛、草地等环境，不仅有利于隐蔽，而且食物条件和隐蔽条件都比较好。但如果食物比较贫乏，也能在荒漠、芦苇草地及农田等生境活动。马鹿在白天活动，特别是黎明前后的活动更为频繁，以乔木、灌木和草本植物为食，种类多达数百种，也常饮矿泉水，在多盐的低湿地上舔食，甚至还吃其中的烂泥，夏天有时也到沼泽和浅水中进行水浴。

马鹿的发情期集中在每年 9—10 月，此时雄兽很少采食，常用蹄子扒土，频繁排尿，用角顶撞树干，将树皮撞破或者折断小树，并且发出吼叫声，初期时叫

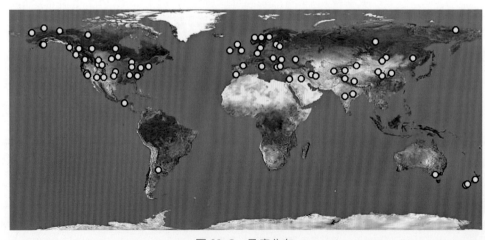

图 83-B　马鹿分布

声不高，多半在夜间，高潮时则日夜大声吼叫。发情期间雄兽之间的争偶格斗也很激烈，几乎日夜争斗不休，但在格斗中，通常弱者在招架不住时并不坚持到底，而是败退了事，强者也不追赶，只有双方势均力敌时，才会使一方或双方的角被折断，甚至造成严重致命的创伤。取胜的雄兽可以占有多只雌兽，发情期一般持续 2～3 d，性周期为 7～12 d。雌兽的妊娠期为 225～262 d，在灌丛、高草地等隐蔽处生产，每胎通常产 1 仔。

初生的幼仔体毛呈黄褐色，有白色斑点，体重为 10～12 kg，头 2～3 d 内软弱无力，只能躺卧，很少行动。5～7 d 后开始跟随雌兽活动。哺乳期为 3 个月，1 月龄时出现反刍现象。12～14 月龄时开始长出不分叉的角，到第三年分成 2～3 个枝叉。3～4 岁时性成熟，寿命为 16～18 年。

马鹿分布于亚洲、欧洲、北美洲和北非。有人饲养，以取茸和发情期的血为商业产品，马鹿的鹿茸产量很高，是名贵中药材，鹿胎、鹿鞭、鹿尾和鹿筋也是名贵的滋补品。被列入《世界自然保护联盟濒危物种红色名录》（IUCN）2008年 ver 3.1 ——无危（LC）。也是中国国家 II 级保护动物。

（二十）狍（*Capreolus pygargus*）

又称矮鹿、狍子，属偶蹄目鹿科空齿鹿亚科，中国国家 II 级保护动物。体长 100～120 cm，尾长仅 2～3 cm，体重 25～45 kg。颈和四肢长，后肢略长于前肢，蹄狭长，有敖腺，尾极短，隐于体毛内。公狍生茸长角，母狍无角。雄性具角，角短，仅有三叉，无眉叉，主干离基部约 9 cm 分出前后二枝，前枝尖向上，后枝再分歧成二小枝，其中一枝尖向上，一枝向后而偏内，角基部有一圈表面粗糙的节突，主干上同样有许多小节突。狍身草黄色，尾根下有白毛，夏为栗红色短毛，冬为均一的灰白色至浅棕色的厚长毛。冬毛为均一的灰白色至浅棕色。吻部棕色，鼻端黑色，两颊黄棕色，耳基黄棕色，耳背灰棕色，耳内淡黄而近于白色，耳尖黑色。额、颈和体背为暗棕而稍带棕黄色，下颌淡黄，喉灰棕，腹部淡黄色。四肢外侧沙黄色。内侧较淡。尾淡黄色，臀部有明显的白色块斑。夏毛短而薄。从咀到尾以及四肢的背侧都是纯黄棕色，背中线附近较深，腹面从胸部、鼠鼷部以至四肢内侧均为淡黄色。鼻吻裸出无毛，眼大，有眶下腺，耳短宽而圆，内外均被毛。

矮鹿肉可食用，鹿茸可入药，矮鹿皮可制成皮制品。狍是经济价值比较高的兽类之一，也是东北林区最常见的野生动物之一。狍肉质纯瘦，全身无肥膘，

图 84　狍外形

肉营养丰富、细嫩鲜美，是瘦肉之王。肝、肾等均可食，有温暖脾胃、强心润肺、利湿、壮阳及延年益寿之功能。其皮加工后是有名的狍皮"绸"，已经广泛养殖。

分布于中国的东北、西北等北方森林中，为中国国家 II 级保护动物，已被列入国家林业局 2000 年 8 月 1 日发布的《国家保护的有益的或者有重要经济、科学研究价值的陆生野生动物名录》。

（二十一）天山黄鼠（*Spermophilus relictus*）

为松鼠科、黄鼠属的动物。体型中等，尾较长，后足掌裸露，体背毛基黑色、次端灰色、毛尖黄色或浅棕黄色，体侧及腹面毛色均为浅黄色（鉴定性特征）。体背无淡色斑点，但可见浅黄色波纹。头顶及前额毛色较暗，呈浅灰，或灰黄色；双颊、眼周及耳周均无棕黄或棕色斑。尾毛蓬松，三色，毛基浅棕黄，次端黑色，毛尖黄白，至尾的后 2/3 段形成黑色与黄白两色环。后足掌裸露，只跖部被毛。四肢内侧、前后足背、体侧及腹面毛色均为浅黄色。天山黄鼠体型大小与赤颊黄鼠相似，体长可达 250 mm，但尾较赤颊黄鼠为长，其长为体长的 26.1%～35.1%（平均 31%）。

天山黄鼠头骨宽大。眶间较宽，成体眶间宽绝大多数超过 10 mm，为颅基长的 20.9%～24.2%（平均 22.2%）。前颌骨鼻吻部短而窄，取门齿孔中横线测得之宽度一般不超过 9 mm。上臼齿列较长，其长略大于齿隙长。上门齿后方之硬腭窝甚浅，须仔细观察方可看出其轮廓。腭长略大于后头宽。听泡较长，其长大于其宽。前颌骨额突后 1/3 处的最大宽度，等于或略超过同一横线上的一块鼻骨的宽度，但其超过部分不大于此块鼻骨宽的 1/3。左右二条顶脊，略呈直线向后内方收拢，与后头部相交成一锐角。上下门齿唇面釉质白色，或微染乳黄色。

天山黄鼠主要栖息于海拔 1 000～1 500 m 的山地草原中的山前丘陵缓坡、山间小盆地以及河谷两侧较为干燥地段，栖息地的植被以羽茅 - 灰蒿群丛为主，偶可见于农田附近。天山黄鼠的洞穴和他种黄鼠一样，亦有居住洞与临时洞之分。居住洞的洞口多为 1 个，个别亦有 2～3 个，洞道弯曲且长，具窝巢。临时洞较简单，无巢。夏季居住洞比较分散，多配置在植物多样而且青翠繁茂的沟谷处，冬季居住洞比较集中，多位于春季积雪消融较快，植物萌发较早的温暖背风的向阳山坡。天山黄鼠以灰蒿和多种禾本杂草的绿色部分为食。但在蝗虫密度较高地区，则以蝗虫为主要食物来源。

图 85 天山黄鼠外形

　　天山黄鼠具冬眠习性，天山黄鼠于 3 月中、下旬开始出蛰，7 月初幼鼠分居，8 月末至 9 月初开始冬眠。营昼间活动，但以日出后 3～4h，日落前 2～3h，最为活跃，炎热的中午时分多在洞内休息。天山黄鼠于生后第二年，即经过一次冬眠即达性成熟。年产 1 窝，每窝仔鼠多为 4～8 只。

　　天山黄鼠分布于中国、哈萨克斯坦、吉尔吉斯斯坦、乌兹别克斯坦。在中国仅分布于新疆境内。被列入《世界自然保护联盟濒危物种红色名录》（IUCN）2008 年 ver 3.1——无危（LC）。

（二十二）灰旱獭（*Marmota baibacina*）

别名天山旱獭、阿尔泰旱獭，属于啮齿目、松鼠科、旱獭属的一种大型地栖啮齿类哺乳动物。体短身粗，毛长而松软，体背部毛色沙黄或沙褐色，并在此色调背底上露出大量细针毛的黑色，或黄褐色毛尖，背腹毛色差别十分明显。口围白色，前额、头顶、耳下及颊部的具黑色或棕黄、淡褐色毛尖的细针毛短而密，致整个色调较体背为深暗，但与其周围无明显界限。体侧及四肢外侧毛色与体背相似，或较之略微浅淡。整个腹面及四肢内侧均为纯深棕黄色，或铁锈色。尾上面毛色同体背，下面毛色同腹面，尾端毛黑褐色或浅棕黄色。成兽体长400～580 mm，体重3 000～7 500 g；后足长74～87 mm；四肢短，足较宽大，爪粗而短小，拇指退化。尾耳相对都短，尾长90～130 mm，不及体长的

图86　灰旱獭外形

253

1/4，耳长小于 30 mm。雌体乳头 6 对。

灰旱獭颅骨较宽，颅全长小于 95 mm，颧弓后部明显扩张，宽约颅长的 63%，鳞骨的眶后突起十分发达，明显突向前方，是区别于其他种旱獭的最重要头骨特征。颅上面略呈弧形，鼻骨内缘比外缘短，故后端中间形成一尖楔状缺刻，鼻骨后端约与前颌后端在同一水平线或稍有超出。上颌骨眶突较大，其前缘与整个泪骨后缘形成骨缝，眶突前孔较大，呈扁圆形。下颌骨之关节突起的关节面向前探出，如屋檐状，喙突明显后钩，喙突与关节突之间的切迹浅而宽。左右上齿齿列之间距离前端较后端宽。

灰旱獭栖息于高山草甸、森林草原和山地草原中植被生长茂密的地方。喜栖居在向阳的山坡和开阔的山间平地。在海拔较低的地区，则主要栖息于较湿润的

迎风坡。灰旱獭营家族式的群落穴居生活，一个洞系为一个家族，一个家族有数目不等的旱獭。营白昼活动。临时洞进一步加工可以改造成为居住洞。居住洞分夏季洞（浅洞）与冬季洞（深洞）两种。居住洞地下结构比较复杂，洞道弯曲，分支较多。洞道第 1 拐点多位于距洞口 1～1.5 m 处，洞道长 18.4～50.4 m，有巢室 1～4 个，容积 0.61～1.51 m^3，窝巢卵圆形，容积 0.08～0.38 m^3。巢底垫以杂草茎叶，厚 7～10 cm。居住洞的地面洞口数以单洞口和双洞口的洞系最多。在 2～5 个洞口的洞系中，主要洞口与最远洞口之间的距离大多数不超过 10 m。

灰旱獭均 1 年繁殖 1 次，年产 1 窝幼仔。性成熟较晚，需经 2 次或 3 次冬眠方达性成熟。出蛰后即开始进入交配期，4 月中下旬大批分娩，妊娠期 35～40 d，每胎 1～13 只，其中 4～9 只的最多，平均 6.15 只，雌雄比为 1:1.15。哺乳期约 30 d，幼獭于 5 月初（山地草原带）或

5月末或6月初（高山及亚高山草甸带）开始出现于地面。

灰旱獭为典型的真正冬眠动物。1年中有半年以上的时间深眠于洞穴中，只有5～5.5个月营地面活动。其出蛰和入蛰未见有明显的外界信号。一般说来，积雪消融，植物萌发和气温稳定在0℃以上时开始出蛰，入蛰时间则与植物枯黄、落雪、气温接近0℃时大体一致。灰旱獭的食物较为单纯，夏季主要食禾本科和莎草科及豆科多种草类的绿色部分。早春出蛰时挖食草根，秋季也食少量昆虫。在人笼养条件下喜食蒲公英花及各种蔬菜。灰旱獭食量较大，进食后胃重可达200～300 g。

主要分布于中国新疆，是新疆天山山地的优势鼠种。垂直分布的上限为海拔3 700 m，下限为1 200 m。灰旱獭是一种益害兼备的兽类，破坏植被，同牲畜争夺饲草，又是鼠疫的自然宿主。

（二十三）天山䶄（*Clethrionomys frater*）

又称山老鼠，为仓鼠科、䶄属的动物。外形与老鼠相似，体型较粗胖，与棕背䶄体型大小相似，主要区别在背部毛色，天山䶄背部毛色是灰色，棕背䶄则是棕色。体长约100 mm。四肢短小，毛长而蓬松，背部灰色，体侧灰黄色，腹毛污白色，背及体侧均无黑毛，毛色明显比棕背䶄的浅。后足长18～20 mm，跖

图87 天山䶄外形

下被毛，足垫 6 个。尾约为体长的 1/3，与尾毛较短，与棕背䶄的粗尾相比明显地较为纤细，长约 35 mm。栖息林区，以植物绿色部分和草根为食，也盗吃粮食。

天山䶄夜间活动频繁，不冬眠，杂食性，且食性存在着明显的季节变化，年产 2 ～ 4 胎，每胎 4 ～ 13 只，栖息于针阔混交林、阔叶疏林、杨桦林、落叶松林、栎林、沿河林、台地森林及坡地林缘等生境中。

天山䶄分布于中国（黑龙江、新疆）、芬兰、日本、朝鲜、蒙古国、挪威、俄罗斯、瑞典。在我国主要分布于东北和华北山区，对林业有害。

（二十四）欧亚野猪（*Sus scrofa*）

是哺乳纲偶蹄目猪科猪属的动物，是一种中型哺乳动物，共有 20 个亚种。体重 90 ～ 200 kg，体长为 1.5 ～ 2 m，尾长 21 ～ 38 cm，耳长 24 ～ 26 cm，肩高 90 cm 左右。不同地区所产的大小也有不同。欧亚野猪躯体健壮，整体毛色呈深褐色或黑色，顶层由较硬的刚毛组成，为刚硬而稀疏的针毛，冬天的毛会长得较密。底层下面有一层厚厚的柔软的细毛。年老的背上会长白毛，但也有地区性差异，在中亚地区曾有白色的欧亚野猪出现。例如，在西欧发现的欧亚野猪个体往往是棕色的，那些居住在东欧森林中的则可能是完全黑色的。欧亚野猪耳背脊鬃毛较长而硬。皮毛颜色有棕色、黑色、红色或深灰色不同，通常取决于个体的位置，因地区而略有差异。头部和前端较大，后部较小。四肢粗短，头较长，耳小并直立，吻部突出似圆锥体，其顶端为裸露的软骨垫（也就是拱鼻），每脚有 4 趾，且硬蹄，仅中间 2 趾着地。尾巴细短。由于它的眼睛非常小，欧亚野猪的视力极差，但它们有一个长而直的鼻子，使它们具有令人难以置信的敏锐嗅觉。背上披有刚硬而稀疏的针毛，毛粗而稀，亚种间和亚种内核型都有一些差异，染色体数（2n）在 36 ～ 38，如西欧野猪 2n=36 或 37，日本野猪 2n=38，但彼此间没有繁殖障碍。

犬齿发达，雄性欧亚野猪有两对不断生长的犬齿，外露，并向上翻转，呈獠牙状，可以用来作为武器或挖掘工具，犬齿平均长 6 cm，其中 3 cm 露出嘴外。雌性欧亚野猪的犬齿较短，不露出嘴外，但也具有一定的杀伤力。齿序为 I 3/3，C 1/1，P 4/4，M 3/3 = 44。

幼猪的毛色为浅棕色，有黑色条纹。大约在 4 个月内消失成均匀的颜色。

欧亚野猪环境适应性极强，栖息环境跨越温带与热带，从半干旱气候至热带

图 88　欧亚野猪（自拍）

雨林、温带林地、半沙漠和草原都有分布。除了青藏高原与戈壁沙漠外，它们广布在中国境内。杂食性，植物物质占食物约90%，以嫩叶、坚果、浆果、草叶和草根为食，并用坚硬的鼻子从地面挖掘根和球茎。也吃部分动物性食物，经常冒险进入农田耕地寻觅食物，破坏庄稼，造成损害极大。会吃几乎任何适合进入嘴巴的东西，如鸟卵、老鼠、蜥蜴、蠕虫、腐肉，甚至也会吃野兔、鹿崽和蛇来补充自己的饮食。也会因为兴奋将另一种动物杀戮并不食用而废弃，如新疆多处发现，在冬季缺乏食物时，会主动偷袭羊群。

欧亚野猪雌性是合群的，是相对社会性动物，即使是孤独的雄性也可能加入觅食群，根据地点和季节形成不同大小的畜群，每个族群包括6～20只个体，4～10只为一群较为常见。小群由一个或多个繁殖雌性和它们的最后一窝的幼仔组成，雄性在一年中的大部分时间是单独的，只在繁殖季节可以在族群和其他雄性的近距离发现。雄性欧亚野猪通过争取与雌性交配的机会相互竞争。

欧亚野猪是夜行性动物，通常在清晨和傍晚最活跃，在受干扰的地区变成夜间活动，通常在日落前不久开始并持续整个晚上。白天要花费大约12 h的时间在密集的树叶丛中睡觉，然后醒来在夜晚的掩护下外出觅食。觅食或前往饲养区共花费4～8 h。白天通常不出来走动。一般早晨和黄昏时分活动觅食，中午时分进入密林中躲避阳光。欧亚野猪喜欢泥浴。雄兽还要花好多时间在树桩、岩石和坚硬的河岸上摩擦它的身体两侧，这样就把皮肤磨成了坚硬的保护层，可以避免在发情期的搏斗中受到重伤。欧亚野猪的鼻子十分坚韧有力，可以用来挖掘洞穴或推动40～50 kg的重物，与獠牙配合当作攻击或防卫的武器。它们的嗅觉特别灵敏，可以用鼻子分辨食物的成熟程度，甚至可以搜寻出埋于厚度达2 m的积雪之下的一颗核桃。雄兽还能凭嗅觉来确定雌兽所在的位置。欧亚野猪自幼奔跑于森林之中，受攻击时可以连续奔跑15～20 km而逃离受攻击的区域。

欧亚野猪是"一夫多妻"制。发情期雄兽之间要发生一番争斗，胜者自然占据统治地位。雌兽通常在将要分娩的几天前就开始寻找合适的位置做"产房"。巢穴的位置一般选在隐蔽处，它们叼来叶子、软草和苔藓，铺垫成一个松软舒适的"产床"，以便为幼仔遮风挡雨。幼仔刚出生的时候就有4个长牙，两周后便能够咬吃东西。母亲在最初的几周内与仔猪待在一起，以保护它们免受饥饿和捕食者的伤害。出外活动时，雌兽在前面开路，幼仔紧跟在它的后面，在雌兽挖成的沟里寻找食物。在幼仔尚小的时候，雌兽单独照顾幼仔猪。这时的雌兽攻击性很强，甚至连雄兽也害怕它。幼仔生长几个星期以后，雌兽的脾气才有所改变。雌兽总是很小心地照看幼仔，仔细为它们准备睡觉的地方，以避免风吹雨打，更重要的是把它们藏起来不让食肉动物发现。欧亚野猪的繁殖率和幼仔的存活率都很高，雌兽的怀孕期是4个月，一胎产4～12头，而且在繁殖旺盛期的雌兽，一年能生两胎，一般4—5月间生一胎，秋季又有另一胎出生。

幼仔出生后，身上的颜色随年龄而变化。从出生到6个月期间，身上有土黄色条纹，这是为了更好地伪装自己，以后身上的条纹开始逐渐褪去。在2个月到1岁期间，它的身上是红色的，而1岁以后，便进入成年期，身上的颜色也变成了黑色。

欧亚野猪分布范围极广泛。由于近些年的保护，加之繁殖能力强，适应能力强，在不同地方均造成不同程度的损害，现已排除"三有"动物名单。

（二十五）鹅喉羚（*Gazella subgutturosa*）

为偶蹄目，牛科，羚羊亚科。属典型的荒漠、半荒漠区域生存的动物。体型大小中等，体形似黄羊，颈细而长，因雄羚在发情期喉部肥大，颈下有甲状腺肿，状如鹅喉，故得名"鹅喉羚"。上体毛色沙黄或棕黄，吻鼻部由上唇到眼平线白色，有的个体略染棕黄色调，额部、眼间至角基及枕部均棕灰，其间杂以少许黑毛，耳外面沙黄，下唇及喉中线亦为白色，而与胸部、腹部及四肢内侧之白色相连。腹部毛色明显比背部颜色浅，四肢内侧白色接近下腹毛色。头部有角，角上有突出的圆环，黑色。

鹅喉羚多白天活动，常结成几只至几十只的小群活动，善于奔跑，栖息在海拔300～6 000 m的干燥荒凉的沙漠和半沙漠地区，但鹅喉羚仍然能依靠生长在荒漠上的红柳、梭梭草、骆驼刺和极少量的水存活下来并繁衍着后代。夏季主要选择半滩、下坡位，海拔910 m以上、与水源距离较远、远离道路、远离居民点、高隐蔽级、中低植被密度和中高草本密度的区域作为卧息地，冬季鹅喉羚主要选择山坡、阳坡和半阴半阳坡、中上坡位和下坡位、900～1 000 m的高度范围、离道路501～1 000 m以及大于2 000 m的距离、靠近居民点、中低隐蔽级、中等雪深1～3 cm、中高植被密度和中高草本密度的区域作为卧息地。植食性动物，藜科、禾本科植物是鹅喉羚全年的主要食物来源。

鹅喉羚冬季发情交配，怀孕期约半年，胎产1～2仔，幼仔1～2年性成熟，寿命约10年。雄羚发情期采食时间比例明显下降，发情期卧息时间比例与

图 89　鹅喉羚外形

发情后期相似，明显低于发情前期。发情前期至发情后期采食卧息时间比显著增加。发情期雄羚站立和移动时间比例明显升高，采食行为时间占非发情行为主要部分，且采食行为与发情行为显著相关。相比之下，雌羚不同发情阶段采食行为时间分配比例相似。因此，除必须投入的发情行为外，发情期雄羚最大化能量摄入。

鹅喉羚主要分布于伊朗、阿富汗、巴基斯坦。中国新疆的准噶尔盆地、叶尔羌河流域至罗布泊的荒漠，是鹅喉羚的栖息地。也分布于中国内蒙古自治区及西北地区。该物种被列入《世界自然保护联盟濒危物种红色名录》（IUCN）2013 年 ver3.1——濒危（EN）。也被列入中国《国家重点保护野生动物名录》China Key List – II级。被列入《华盛顿公约》（CITES）附录 I。为我国 II 级保护动物。

（二十六）棕背䶄（*Myodes rufocanus*）

又称山鼠、红毛耗子，为仓鼠科、䶄属的动物。棕背䶄的体型较粗胖，体长约 100 mm。耳较大，且大部分隐于毛中。四肢短小，毛长而蓬松，背部红棕色，体侧灰黄色，腹毛污白色。后足长 18 ～ 20 mm，跖下被毛，足垫 6 个。尾约为体长的 1/3，尾毛较短，与红背䶄的粗尾相比明显地较为纤细，但与天山䶄比较就显得粗壮了许多。棕背䶄额、颈、背至臀部均为红棕色，毛基灰黑色，毛尖红棕色。体侧灰黄色，背及体侧均杂有少数黑毛，毛色明显比天山䶄的深。吻端至眼前为灰褐色。腹毛污白色。颏和四肢内侧毛色较灰，腹部中央略微发黄。尾的上面与背色相同，下面灰白色。冬毛和夏毛的颜色相似，但有的个体变异呈褐棕色。幼鼠毛色普遍较深。

棕背䶄头骨较粗短，颅全长一般超过 25 mm。鼻骨短，后端很窄。眶尖中央有一下陷纵沟可与红背䶄相区别。眶后突也比红背䶄明显。顶间骨狭长，中间部向前突出。腭骨后缘中央无下伸的 2 条小骨。颧弓中央部分明显增宽，与红背䶄迥然不同。

图 90-A　棕背䶄外形

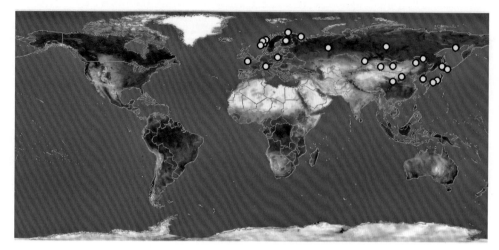

图 90-B 棕背䶄分布

棕背䶄臼齿比红背䶄略大，第 1、第 2 上臼齿各有 5 个封闭的三角形，第 3 上臼齿有 4 个，但最后 1 个齿叶常与前方的三角形相通，并向后稍微突出，故内、外侧各构成 3 个突出角，此点可与红背䶄相区别。棕背䶄的臼齿在幼年无齿根。

棕背䶄是典型的森林鼠类之一，栖息于针阔混交林、阔叶疏林、杨桦林、落叶松林、栎林、沿河林、台地森林及坡地林缘等生境中。棕背䶄夜间活动频繁，不冬眠，杂食性，除植物外还采食小型动物和昆虫，其食性存在着明显的季节变化，春夏两季，棕背䶄最喜食植物的绿色鲜嫩部位，此外，对纤维成分较高的植物，如胡枝子、北悬钩子的茎叶也都喜食，特别是在早春季节，棕背䶄还喜欢采食一些小型动物，如蛙类和鞘翅目的某些昆虫。入秋以后，棕背䶄所喜食的植物绿色部分大多枯萎或枯黄，纤维化程度加大。因此，它们除采食一些残余的绿色部分外，多改变为采食营养成分较高的植物种子。冬季及早春除了吃种子以外，往往啃食树皮。采食时常攀登小枝啃食树皮和植物的绿色部分，有时还把种子等食物拖入洞中。

棕背䶄一般 4—5 月开始繁殖，5—7 月为繁殖高峰期。年产 2 ~ 4 胎，每胎 4 ~ 13 只，平均 6 ~ 8 只。在中国东北柴河地区，3 月开始交配，4—6 月有 80% ~ 90% 的雌鼠妊娠。到 4 月下旬有一大半进入第 2 次繁殖，一小半进入第 3 次繁殖，到 6 月就出现进入第 4 次繁殖期的个体。在一般情况下，4 月开始繁殖，5—6 月繁殖力最高，到 8 月繁殖基本停止，9 月仅能发现极少数的孕鼠，春季出生的幼鼠能在当年参加繁殖。因此，在棕背䶄的种群中，5月以前以隔年鼠为主体，7月则以当年鼠为主体，9、10月几乎全是当年鼠。

棕背䶄的天敌有香鼬、白鼬、伶鼬、长耳鸮、短耳鸮、乌林鸮、猛鸮等。分布于中国、芬兰、日本、朝鲜、蒙古国、挪威、俄罗斯、瑞典。在中国大陆，主要分布于新疆（天山）、黑龙江等地，一般生活于各种森林、林地、林绿生境。该物种的模式产地在新疆天山。列入《世界自然保护联盟濒危物种红色名录》（IUCN）2013年ver3.1——无危（LC）。

参 考 文 献

国家林业局中南林业调查规划设计院，2012. 新疆托木尔峰国家级自然保护区综合科学考察报告.

钱燕文，等，1965. 新疆南部的鸟警. 北京：科学出版社.

钱燕文，等，1974. 珠穆朗玛峰地区科学考察报告. 北京：科学出版社.

汪松，解焱. 2004. 中国物种红色名录. 北京：高等教育出版社.

袁国映，1991. 新疆脊椎动物简志. 乌鲁木齐：新疆人民出版社.

张荣粗，1979. 中国自然地理，动物地理. 北京：科学出版社.

赵正阶，2001. 中国鸟类志（上卷　非雀形目）. 长春：吉林科学技术出版社.

赵正阶，2001. 中国鸟类志（下卷　雀形目）. 长春：吉林科学技术出版社.

郑作新，张荣祖，1959. 中国动物地理区划. 北京：科学出版社.

郑作新，1976. 中国鸟类分布名录. 2 版. 北京：科学出版社.

Baker, E. C. Stuan, 1922. The fauna of British India, including Ceylon and Burma Birds. Vol. 1-8, Taylor and Francis, London.

Large-billed Crow Corvus macrorhync. birdlife. 2017.7.17-18

Salim Alt, S. Dillon Ripley, 1968. Handbook of the Birds of India and Pakistan. Oxford University Press, Bombay.

附录 I

《国家 I 级野生动物保护名单》

哺乳纲

灵长目：蜂猴、倭蜂猴、台湾猴、北豚尾猴、喜山长尾叶猴、印支灰叶猴、黑叶猴、菲氏叶猴、戴帽叶猴、白头叶猴、肖氏乌叶猴、滇金丝猴、黔金丝猴、川金丝猴、怒江金丝猴、西白眉长臂猿、东白眉长臂猿、高黎贡白眉长臂猿、白掌长臂猿、西黑冠长臂猿、东黑冠长臂猿、海南长臂猿、北白颊长臂猿

鳞甲目：印度穿山甲、马来穿山甲、穿山甲

食肉目：豺、马来熊、大熊猫、紫貂、貂熊、大斑灵猫、大灵猫、小灵猫、熊狸、小齿狸、缟灵猫、荒漠猫、丛林猫、金猫、云豹、豹、虎、雪豹、西太平洋斑海豹

长鼻目：亚洲象

奇蹄目：普氏野马、蒙古野驴、藏野驴

偶蹄目：野骆驼、威氏鼷鹿、安徽麝、林麝、马麝、黑麝、喜马拉雅麝、原麝、黑鹿、豚鹿、梅花鹿、西藏马鹿（包括白臀鹿）、塔里木马鹿、坡鹿、白唇鹿、麋鹿、驼鹿、野牛、爪哇野牛、野牦牛、蒙原羚、普氏原羚、藏羚、高鼻羚羊、秦岭羚牛、四川羚牛、不丹羚牛、贡山羚牛、赤斑羚、喜马拉雅斑羚、塔尔羊、西藏盘羊、台湾鬣羚、喜马拉雅鬣羚

啮齿目：河狸

海牛目：儒艮

鲸目：北太平洋露脊鲸、灰鲸、蓝鲸、小须鲸、塞鲸、布氏鲸、大村鲸、长须鲸、大翅鲸、白鱀豚、恒河豚、中华白海豚、长江江豚、抹香鲸

鸟　纲

鸡形目：四川山鹧鸪、海南山鹧鸪、斑尾榛鸡、黑嘴松鸡、黑琴鸡、红喉雉鹑、黄喉雉鹑、黑头角雉、红胸角雉、灰腹角雉、黄腹角雉、棕尾虹雉、白尾梢

虹雉、绿尾虹雉、蓝腹鹇（蓝鹇）、褐马鸡、白颈长尾雉、黑颈长尾雉、黑长尾雉、白冠长尾雉、灰孔雀雉、海南孔雀雉、绿孔雀

雁形目：青头潜鸭、中华秋沙鸭、白头硬尾鸭

鸽形目：小鹃鸠

鸨形目：大鸨、波斑鸨、小鸨

鹤形目：白鹤、白枕鹤、赤颈鹤、丹顶鹤、白头鹤、黑颈鹤

鸻形目：小青脚鹬、勺嘴鹬、黑嘴鸥、遗鸥、中华凤头燕鸥、黄嘴河燕鸥

鹱形目：黑脚信天翁、短尾信天翁

鹳形目：彩鹳、黑鹳、白鹳、东方白鹳

鲣鸟目：白腹军舰鸟

鹈形目：黑头白鹮、白肩黑鹮、朱鹮、彩鹮、黑脸琵鹭、海南鸦、白腹鹭、黄嘴白鹭、白鹈鹕、斑嘴鹈鹕、卷羽鹈鹕

鹰形目：胡兀鹫、白背兀鹫、黑兀鹫、秃鹫、乌雕、草原雕、白肩雕、金雕、白腹海雕、玉带海雕、白尾海雕、虎头海雕

鸮形目：毛腿雕鸮、四川林鸮

犀鸟目：白喉犀鸟、冠斑犀鸟、双角犀鸟、棕颈犀鸟、花冠皱盔犀鸟

隼形目：猎隼、矛隼

雀形目：黑头噪鸦、灰冠鸦雀、金额雀鹛、黑额山噪鹛、白点噪鹛、蓝冠噪鹛（靛冠噪鹛）、黑冠薮鹛、灰胸薮鹛、棕头歌鸲、栗斑腹鹀、黄胸鹀

爬行纲

龟鳖目：缅甸陆龟、凹甲陆龟、四爪陆龟、红海龟、绿海龟、玳瑁、太平洋丽龟、棱皮龟、鼋、斑鳖

有鳞目：大耳沙蜥、鳄蜥、孟加拉巨蜥、圆鼻巨蜥、西藏温泉蛇、香格里拉温泉蛇、四川温泉蛇、莽山烙铁头

蛇鳄目：扬子鳄

两栖纲

有尾目：安吉小鲵、中国小鲵、挂榜山小鲵、猫儿山小鲵、普雄原鲵、辽宁爪鲵、镇海棘螈

硬骨鱼纲

鲟形目：中华鲟、长江鲟、鳇、白鲟
鲱形目：鲥
鲤形目：北方铜鱼、扁吻鱼
长丝鲑形目：川陕哲罗鲑
鲈形目：黄唇鱼

肠鳃纲

柱头虫目：多鳃孔舌形虫、黄岛长吻虫

昆虫纲

蜚蠊目：中华蛩蠊、陈氏西蛩蠊
鳞翅目：金斑喙凤蝶

双壳纲

帘蛤目：大砗磲

头足纲

鹦鹉螺目：鹦鹉螺

珊瑚纲

软珊瑚目：红珊瑚科所有种

附录Ⅱ

《中华人民共和国野生动物保护法》

《中华人民共和国野生动物保护法》已由中华人民共和国第十三届全国人民代表大会常务委员会第三十八次会议于 2022 年 12 月 30 日修订通过，现予公布，自 2023 年 5 月 1 日起施行。

2022 年 12 月 30 日第十三届全国人民代表大会常务委员会第三十八次会议第二次修订。

第一章　总　则

第一条　为了保护野生动物，拯救珍贵、濒危野生动物，维护生物多样性和生态平衡，推进生态文明建设，促进人与自然和谐共生，制定本法。

第二条　在中华人民共和国领域及管辖的其他海域，从事野生动物保护及相关活动，适用本法。

本法规定保护的野生动物，是指珍贵、濒危的陆生、水生野生动物和有重要生态、科学、社会价值的陆生野生动物。

本法规定的野生动物及其制品，是指野生动物的整体（含卵、蛋）、部分及衍生物。

珍贵、濒危的水生野生动物以外的其他水生野生动物的保护，适用《中华人民共和国渔业法》等有关法律的规定。

第三条　野生动物资源属于国家所有。

国家保障依法从事野生动物科学研究、人工繁育等保护及相关活动的组织和个人的合法权益。

第四条　国家加强重要生态系统保护和修复，对野生动物实行保护优先、规范利用、严格监管的原则，鼓励和支持开展野生动物科学研究与应用，秉持生态文明理念，推动绿色发展。

第五条 国家保护野生动物及其栖息地。县级以上人民政府应当制定野生动物及其栖息地相关保护规划和措施，并将野生动物保护经费纳入预算。

国家鼓励公民、法人和其他组织依法通过捐赠、资助、志愿服务等方式参与野生动物保护活动，支持野生动物保护公益事业。

本法规定的野生动物栖息地，是指野生动物野外种群生息繁衍的重要区域。

第六条 任何组织和个人有保护野生动物及其栖息地的义务。禁止违法猎捕、运输、交易野生动物，禁止破坏野生动物栖息地。

社会公众应当增强保护野生动物和维护公共卫生安全的意识，防止野生动物源性传染病传播，抵制违法食用野生动物，养成文明健康的生活方式。

任何组织和个人有权举报违反本法的行为，接到举报的县级以上人民政府野生动物保护主管部门和其他有关部门应当及时依法处理。

第七条 国务院林业草原、渔业主管部门分别主管全国陆生、水生野生动物保护工作。

县级以上地方人民政府对本行政区域内野生动物保护工作负责，其林业草原、渔业主管部门分别主管本行政区域内陆生、水生野生动物保护工作。

县级以上人民政府有关部门按照职责分工，负责野生动物保护相关工作。

第八条 各级人民政府应当加强野生动物保护的宣传教育和科学知识普及工作，鼓励和支持基层群众性自治组织、社会组织、企业事业单位、志愿者开展野生动物保护法律法规、生态保护等知识的宣传活动；组织开展对相关从业人员法律法规和专业知识培训；依法公开野生动物保护和管理信息。

教育行政部门、学校应当对学生进行野生动物保护知识教育。

新闻媒体应当开展野生动物保护法律法规和保护知识的宣传，并依法对违法行为进行舆论监督。

第九条 在野生动物保护和科学研究方面成绩显著的组织和个人，由县级以上人民政府按照国家有关规定给予表彰和奖励。

第二章 野生动物及其栖息地保护

第十条 国家对野生动物实行分类分级保护。

国家对珍贵、濒危的野生动物实行重点保护。国家重点保护的野生动物分为一级保护野生动物和二级保护野生动物。国家重点保护野生动物名录，由国务院野生动物保护主管部门组织科学论证评估后，报国务院批准公布。

有重要生态、科学、社会价值的陆生野生动物名录，由国务院野生动物保护主管部门征求国务院农业农村、自然资源、科学技术、生态环境、卫生健康等部门意见，组织科学论证评估后制定并公布。

地方重点保护野生动物，是指国家重点保护野生动物以外，由省、自治区、直辖市重点保护的野生动物。地方重点保护野生动物名录，由省、自治区、直辖市人民政府组织科学论证评估，征求国务院野生动物保护主管部门意见后制定、公布。

对本条规定的名录，应当每五年组织科学论证评估，根据论证评估情况进行调整，也可以根据野生动物保护的实际需要及时进行调整。

第十一条 县级以上人民政府野生动物保护主管部门应当加强信息技术应用，定期组织或者委托有关科学研究机构对野生动物及其栖息地状况进行调查、监测和评估，建立健全野生动物及其栖息地档案。

对野生动物及其栖息地状况的调查、监测和评估应当包括下列内容：

（一）野生动物野外分布区域、种群数量及结构；

（二）野生动物栖息地的面积、生态状况；

（三）野生动物及其栖息地的主要威胁因素；

（四）野生动物人工繁育情况等其他需要调查、监测和评估的内容。

第十二条 国务院野生动物保护主管部门应当会同国务院有关部门，根据野生动物及其栖息地状况的调查、监测和评估结果，确定并发布野生动物重要栖息地名录。

省级以上人民政府依法将野生动物重要栖息地划入国家公园、自然保护区等自然保护地，保护、恢复和改善野生动物生存环境。对不具备划定自然保护地条件的，县级以上人民政府可以采取划定禁猎（渔）区、规定禁猎（渔）期等措施予以保护。

禁止或者限制在自然保护地内引入外来物种、营造单一纯林、过量施洒农药等人为干扰、威胁野生动物生息繁衍的行为。

自然保护地依照有关法律法规的规定划定和管理，野生动物保护主管部门依法加强对野生动物及其栖息地的保护。

第十三条 县级以上人民政府及其有关部门在编制有关开发利用规划时，应当充分考虑野生动物及其栖息地保护的需要，分析、预测和评估规划实施可能对野生动物及其栖息地保护产生的整体影响，避免或者减少规划实施可能造成的不利后果。

禁止在自然保护地建设法律法规规定不得建设的项目。机场、铁路、公路、航道、水利水电、风电、光伏发电、围堰、围填海等建设项目的选址选线，应当避让自然保护地以及其他野生动物重要栖息地、迁徙洄游通道；确实无法避让的，应当采取修建野生动物通道、过鱼设施等措施，消除或者减少对野生动物的不利影响。

建设项目可能对自然保护地以及其他野生动物重要栖息地、迁徙洄游通道产生影响的，环境影响评价文件的审批部门在审批环境影响评价文件时，涉及国家重点保护野生动物的，应当征求国务院野生动物保护主管部门意见；涉及地方重点保护野生动物的，应当征求省、自治区、直辖市人民政府野生动物保护主管部门意见。

第十四条 各级野生动物保护主管部门应当监测环境对野生动物的影响，发现环境影响对野生动物造成危害时，应当会同有关部门及时进行调查处理。

第十五条 国家重点保护野生动物和有重要生态、科学、社会价值的陆生野生动物或者地方重点保护野生动物受到自然灾害、重大环境污染事故等突发事件威胁时，当地人民政府应当及时采取应急救助措施。

国家加强野生动物收容救护能力建设。县级以上人民政府野生动物保护主管部门应当按照国家有关规定组织开展野生动物收容救护工作，加强对社会组织开展野生动物收容救护工作的规范和指导。

收容救护机构应当根据野生动物收容救护的实际需要，建立收容救护场所，配备相应的专业技术人员、救护工具、设备和药品等。

禁止以野生动物收容救护为名买卖野生动物及其制品。

第十六条 野生动物疫源疫病监测、检疫和与人畜共患传染病有关的动物传染病的防治管理，适用《中华人民共和国动物防疫法》等有关法律法规的规定。

第十七条 国家加强对野生动物遗传资源的保护，对濒危野生动物实施抢救性保护。

国务院野生动物保护主管部门应当会同国务院有关部门制定有关野生动物遗传资源保护和利用规划，建立国家野生动物遗传资源基因库，对原产我国的珍贵、濒危野生动物遗传资源实行重点保护。

第十八条 有关地方人民政府应当根据实际情况和需要建设隔离防护设施、设置安全警示标志等，预防野生动物可能造成的危害。

县级以上人民政府野生动物保护主管部门根据野生动物及其栖息地调查、监测和评估情况，对种群数量明显超过环境容量的物种，可以采取迁地保护、猎捕等种群调控措施，保障人身财产安全、生态安全和农业生产。对种群调控猎捕的野生动物按照国家有关规定进行处理和综合利用。种群调控的具体办法由国务院野生动物保护主管部门会同国务院有关部门制定。

第十九条 因保护本法规定保护的野生动物，造成人员伤亡、农作物或者其他财产损失的，由当地人民政府给予补偿。具体办法由省、自治区、直辖市人民政府制定。有关地方人民政府可以推动保险机构开展野生动物致害赔偿保险业务。

有关地方人民政府采取预防、控制国家重点保护野生动物和其他致害严重的陆生野生动物造成危害的措施以及实行补偿所需经费，由中央财政予以补助。具体办法由国务院财政部门会同国务院野生动物保护主管部门制定。

在野生动物危及人身安全的紧急情况下，采取措施造成野生动物损害的，依法不承担法律责任。

第三章 野生动物管理

第二十条 在自然保护地和禁猎（渔）区、禁猎（渔）期内，禁止猎捕以及其他妨碍野生动物生息繁衍的活动，但法律法规另有规定的除外。

野生动物迁徙洄游期间，在前款规定区域外的迁徙洄游通道内，禁止猎捕并严格限制其他妨碍野生动物生息繁衍的活动。县级以上人民政府或者其野生动物保护主管部门应当规定并公布迁徙洄游通道的范围以及妨碍野生动物生息繁衍活动的内容。

第二十一条 禁止猎捕、杀害国家重点保护野生动物。

因科学研究、种群调控、疫源疫病监测或者其他特殊情况，需要猎捕国家一级保护野生动物的，应当向国务院野生动物保护主管部门申请特许猎捕证；需要猎捕国家二级保护野生动物的，应当向省、自治区、直辖市人民政府野生动物保护主管部门申请特许猎捕证。

第二十二条 猎捕有重要生态、科学、社会价值的陆生野生动物和地方重点保护野生动物的，应当依法取得县级以上地方人民政府野生动物保护主管部门核发的狩猎证，并服从猎捕量限额管理。

第二十三条 猎捕者应当严格按照特许猎捕证、狩猎证规定的种类、数量或者限额、地点、工具、方法和期限进行猎捕。猎捕作业完成后，应当将猎捕情况向核发特许猎捕证、狩猎证的野生动物保护主管部门备案。具体办法由国务院野生动物保护主管部门制定。猎捕国家重点保护野生动物应当由专业机构和人员承担；猎捕有重要生态、科学、社会价值的陆生野生动物，有条件的地方可以由专业机构有组织开展。

持枪猎捕的，应当依法取得公安机关核发的持枪证。

第二十四条 禁止使用毒药、爆炸物、电击或者电子诱捕装置以及猎套、猎夹、捕鸟网、地枪、排铳等工具进行猎捕，禁止使用夜间照明行猎、歼灭性围猎、捣毁巢穴、火攻、烟熏、网捕等方法进行猎捕，但因物种保护、科学研究确需网捕、电子诱捕以及植保作业等除外。

前款规定以外的禁止使用的猎捕工具和方法，由县级以上地方人民政府规定并公布。

第二十五条 人工繁育野生动物实行分类分级管理，严格保护和科学利用野生动物资源。国家支持有关科学研究机构因物种保护目的人工繁育国家重点保护野生动物。

人工繁育国家重点保护野生动物实行许可制度。人工繁育国家重点保护野生动物的，应当经省、自治区、直辖市人民政府野生动物保护主管部门批准，取得人工繁育许可证，但国务院对批准机关另有规定的除外。

人工繁育有重要生态、科学、社会价值的陆生野生动物的，应当向县级人民政府野生动物保护主管部门备案。

人工繁育野生动物应当使用人工繁育子代种源，建立物种系谱、繁育档案和个体数据。因物种保护目的确需采用野外种源的，应当遵守本法有关猎捕野生动物的规定。

本法所称人工繁育子代，是指人工控制条件下繁殖出生的子代个体且其亲本也在人工控制条件下出生。

人工繁育野生动物的具体管理办法由国务院野生动物保护主管部门制定。

第二十六条 人工繁育野生动物应当有利于物种保护及其科学研究，不得违法猎捕野生动物，破坏野外种群资源，并根据野生动物习性确保其具有必要的活动空间和生息繁衍、卫生健康条件，具备与其繁育目的、种类、发展规模相适应的场所、设施、技术，符合有关技术标准和防疫要求，不得虐待野生动物。

省级以上人民政府野生动物保护主管部门可以根据保护国家重点保护野生动

物的需要，组织开展国家重点保护野生动物放归野外环境工作。

前款规定以外的人工繁育的野生动物放归野外环境的，适用本法有关放生野生动物管理的规定。

第二十七条 人工繁育野生动物应当采取安全措施，防止野生动物伤人和逃逸。人工繁育的野生动物造成他人损害、危害公共安全或者破坏生态的，饲养人、管理人等应当依法承担法律责任。

第二十八条 禁止出售、购买、利用国家重点保护野生动物及其制品。

因科学研究、人工繁育、公众展示展演、文物保护或者其他特殊情况，需要出售、购买、利用国家重点保护野生动物及其制品的，应当经省、自治区、直辖市人民政府野生动物保护主管部门批准，并按照规定取得和使用专用标识，保证可追溯，但国务院对批准机关另有规定的除外。

出售、利用有重要生态、科学、社会价值的陆生野生动物和地方重点保护野生动物及其制品的，应当提供狩猎、人工繁育、进出口等合法来源证明。

实行国家重点保护野生动物和有重要生态、科学、社会价值的陆生野生动物及其制品专用标识的范围和管理办法，由国务院野生动物保护主管部门规定。

出售本条第二款、第三款规定的野生动物的，还应当依法附有检疫证明。

利用野生动物进行公众展示展演应当采取安全管理措施，并保障野生动物健康状态，具体管理办法由国务院野生动物保护主管部门会同国务院有关部门制定。

第二十九条 对人工繁育技术成熟稳定的国家重点保护野生动物或者有重要生态、科学、社会价值的陆生野生动物，经科学论证评估，纳入国务院野生动物保护主管部门制定的人工繁育国家重点保护野生动物名录或者有重要生态、科学、社会价值的陆生野生动物名录，并适时调整。对列入名录的野生动物及其制品，可以凭人工繁育许可证或者备案，按照省、自治区、直辖市人民政府野生动物保护主管部门或者其授权的部门核验的年度生产数量直接取得专用标识，凭专用标识出售和利用，保证可追溯。

对本法第十条规定的国家重点保护野生动物名录和有重要生态、科学、社会价值的陆生野生动物名录进行调整时，根据有关野外种群保护情况，可以对前款规定的有关人工繁育技术成熟稳定野生动物的人工种群，不再列入国家重点保护野生动物名录和有重要生态、科学、社会价值的陆生野生动物名录，实行与野外种群不同的管理措施，但应当依照本法第二十五条第二款、第三款和本条第一款的规定取得人工繁育许可证或者备案和专用标识。

对符合《中华人民共和国畜牧法》第十二条第二款规定的陆生野生动物人工繁育种群，经科学论证评估，可以列入畜禽遗传资源目录。

第三十条　利用野生动物及其制品的，应当以人工繁育种群为主，有利于野外种群养护，符合生态文明建设的要求，尊重社会公德，遵守法律法规和国家有关规定。

野生动物及其制品作为药品等经营和利用的，还应当遵守《中华人民共和国药品管理法》等有关法律法规的规定。

第三十一条　禁止食用国家重点保护野生动物和国家保护的有重要生态、科学、社会价值的陆生野生动物以及其他陆生野生动物。

禁止以食用为目的猎捕、交易、运输在野外环境自然生长繁殖的前款规定的野生动物。

禁止生产、经营使用本条第一款规定的野生动物及其制品制作的食品。

禁止为食用非法购买本条第一款规定的野生动物及其制品。

第三十二条　禁止为出售、购买、利用野生动物或者禁止使用的猎捕工具发布广告。禁止为违法出售、购买、利用野生动物制品发布广告。

第三十三条　禁止网络平台、商品交易市场、餐饮场所等，为违法出售、购买、食用及利用野生动物及其制品或者禁止使用的猎捕工具提供展示、交易、消费服务。

第三十四条　运输、携带、寄递国家重点保护野生动物及其制品，或者依照本法第二十九条第二款规定调出国家重点保护野生动物名录的野生动物及其制品出县境的，应当持有或者附有本法第二十一条、第二十五条、第二十八条或者第二十九条规定的许可证、批准文件的副本或者专用标识。

运输、携带、寄递有重要生态、科学、社会价值的陆生野生动物和地方重点保护野生动物，或者依照本法第二十九条第二款规定调出有重要生态、科学、社会价值的陆生野生动物名录的野生动物出县境的，应当持有狩猎、人工繁育、进出口等合法来源证明或者专用标识。

运输、携带、寄递前两款规定的野生动物出县境的，还应当依照《中华人民共和国动物防疫法》的规定附有检疫证明。

铁路、道路、水运、民航、邮政、快递等企业对托运、携带、交寄野生动物及其制品的，应当查验其相关证件、文件副本或者专用标识，对不符合规定的，不得承运、寄递。

第三十五条 县级以上人民政府野生动物保护主管部门应当对科学研究、人工繁育、公众展示展演等利用野生动物及其制品的活动进行规范和监督管理。

市场监督管理、海关、铁路、道路、水运、民航、邮政等部门应当按照职责分工对野生动物及其制品交易、利用、运输、携带、寄递等活动进行监督检查。

国家建立由国务院林业草原、渔业主管部门牵头，各相关部门配合的野生动物联合执法工作协调机制。地方人民政府建立相应联合执法工作协调机制。

县级以上人民政府野生动物保护主管部门和其他负有野生动物保护职责的部门发现违法事实涉嫌犯罪的，应当将犯罪线索移送具有侦查、调查职权的机关。

公安机关、人民检察院、人民法院在办理野生动物保护犯罪案件过程中认为没有犯罪事实，或者犯罪事实显著轻微，不需要追究刑事责任，但应当予以行政处罚的，应及时将案件移送县级以上人民政府野生动物保护主管部门和其他负有野生动物保护职责的部门，有关部门应当依法处理。

第三十六条 县级以上人民政府野生动物保护主管部门和其他负有野生动物保护职责的部门，在履行本法规定的职责时，可以采取下列措施：

（一）进入与违反野生动物保护管理行为有关的场所进行现场检查、调查；

（二）对野生动物进行检验、检测、抽样取证；

（三）查封、复制有关文件、资料，对可能被转移、销毁、隐匿或者篡改的文件、资料予以封存；

（四）查封、扣押无合法来源证明的野生动物及其制品，查封、扣押涉嫌非法猎捕野生动物或者非法收购、出售、加工、运输猎捕野生动物及其制品的工具、设备或者财物。

第三十七条 中华人民共和国缔结或者参加的国际公约禁止或者限制贸易的野生动物或者其制品名录，由国家濒危物种进出口管理机构制定、调整并公布。

进出口列入前款名录的野生动物或者其制品，或者出口国家重点保护野生动物或者其制品的，应当经国务院野生动物保护主管部门或者国务院批准，并取得国家濒危物种进出口管理机构核发的允许进出口证明书。海关凭允许进出口证明书办理进出境检疫，并依法办理其他海关手续。

涉及科学技术保密的野生动物物种的出口，按照国务院有关规定办理。

列入本条第一款名录的野生动物，经国务院野生动物保护主管部门核准，按照本法有关规定进行管理。

第三十八条 禁止向境外机构或者人员提供我国特有的野生动物遗传资源。开展国际科学研究合作的，应当依法取得批准，有我国科研机构、高等学校、企业及其研究人员实质性参与研究，按照规定提出国家共享惠益的方案，并遵守我国法律、行政法规的规定。

第三十九条 国家组织开展野生动物保护及相关执法活动的国际合作与交流，加强与毗邻国家的协作，保护野生动物迁徙通道；建立防范、打击野生动物及其制品的走私和非法贸易的部门协调机制，开展防范、打击走私和非法贸易行动。

第四十条 从境外引进野生动物物种的，应当经国务院野生动物保护主管部门批准。从境外引进列入本法第三十七条第一款名录的野生动物，还应当依法取得允许进出口证明书。海关凭进口批准文件或者允许进出口证明书办理进境检疫，并依法办理其他海关手续。

从境外引进野生动物物种的，应当采取安全可靠的防范措施，防止其进入野外环境，避免对生态系统造成危害；不得违法放生、丢弃，确需将其放生至野外环境的，应当遵守有关法律法规的规定。

发现来自境外的野生动物对生态系统造成危害的，县级以上人民政府野生动物保护等有关部门应当采取相应的安全控制措施。

第四十一条 国务院野生动物保护主管部门应当会同国务院有关部门加强对放生野生动物活动的规范、引导。任何组织和个人将野生动物放生至野外环境，应当选择适合放生地野外生存的当地物种，不得干扰当地居民的正常生活、生产，避免对生态系统造成危害。具体办法由国务院野生动物保护主管部门制定。随意放生野生动物，造成他人人身、财产损害或者危害生态系统的，依法承担法律责任。

第四十二条 禁止伪造、变造、买卖、转让、租借特许猎捕证、狩猎证、人工繁育许可证及专用标识，出售、购买、利用国家重点保护野生动物及其制品的批准文件，或者允许进出口证明书、进出口等批准文件。

前款规定的有关许可证书、专用标识、批准文件的发放有关情况，应当依法公开。

第四十三条 外国人在我国对国家重点保护野生动物进行野外考察或者在野外拍摄电影、录像，应当经省、自治区、直辖市人民政府野生动物保护主管部门或者其授权的单位批准，并遵守有关法律法规的规定。

第四十四条 省、自治区、直辖市人民代表大会或者其常务委员会可以根据地方实际情况制定对地方重点保护野生动物等的管理办法。

第四章 法律责任

第四十五条 野生动物保护主管部门或者其他有关部门不依法作出行政许可决定，发现违法行为或者接到对违法行为的举报不依法处理，或者有其他滥用职权、玩忽职守、徇私舞弊等不依法履行职责的行为的，对直接负责的主管人员和其他直接责任人员依法给予处分；构成犯罪的，依法追究刑事责任。

第四十六条 违反本法第十二条第三款、第十三条第二款规定的，依照有关法律法规的规定处罚。

第四十七条 违反本法第十五条第四款规定，以收容救护为名买卖野生动物及其制品的，由县级以上人民政府野生动物保护主管部门没收野生动物及其制品、违法所得，并处野生动物及其制品价值二倍以上二十倍以下罚款，将有关违法信息记入社会信用记录，并向社会公布；构成犯罪的，依法追究刑事责任。

第四十八条 违反本法第二十条、第二十一条、第二十三条第一款、第二十四条第一款规定，有下列行为之一的，由县级以上人民政府野生动物保护主管部门、海警机构和有关自然保护地管理机构按照职责分工没收猎获物、猎捕工具和违法所得，吊销特许猎捕证，并处猎获物价值二倍以上二十倍以下罚款；没有猎获物或者猎获物价值不足五千元的，并处一万元以上十万元以下罚款；构成犯罪的，依法追究刑事责任：

（一）在自然保护地、禁猎（渔）区、禁猎（渔）期猎捕国家重点保护野生动物；

（二）未取得特许猎捕证、未按照特许猎捕证规定猎捕、杀害国家重点保护野生动物；

（三）使用禁用的工具、方法猎捕国家重点保护野生动物。

违反本法第二十三条第一款规定，未将猎捕情况向野生动物保护主管部门备案的，由核发特许猎捕证、狩猎证的野生动物保护主管部门责令限期改正；逾期不改正的，处一万元以上十万元以下罚款；情节严重的，吊销特许猎捕证、狩猎证。

第四十九条 违反本法第二十条、第二十二条、第二十三条第一款、第二十四条第一款规定，有下列行为之一的，由县级以上地方人民政府野生动物保护主管部门和有关自然保护地管理机构按照职责分工没收猎获物、猎捕工具和违法所得，吊销狩猎证，并处猎获物价值一倍以上十倍以下罚款；没有猎获物或者猎获物价值不足二千元的，并处二千元以上二万元以下罚款；构成犯罪的，依法追究刑事责任：

（一）在自然保护地、禁猎（渔）区、禁猎（渔）期猎捕有重要生态、科学、社会价值的陆生野生动物或者地方重点保护野生动物；

（二）未取得狩猎证、未按照狩猎证规定猎捕有重要生态、科学、社会价值的陆生野生动物或者地方重点保护野生动物；

（三）使用禁用的工具、方法猎捕有重要生态、科学、社会价值的陆生野生动物或者地方重点保护野生动物。

违反本法第二十条、第二十四条第一款规定，在自然保护地、禁猎区、禁猎期或者使用禁用的工具、方法猎捕其他陆生野生动物，破坏生态的，由县级以上地方人民政府野生动物保护主管部门和有关自然保护地管理机构按照职责分工没收猎获物、猎捕工具和违法所得，并处猎获物价值一倍以上三倍以下罚款；没有猎获物或者猎获物价值不足一千元的，并处一千元以上三千元以下罚款；构成犯罪的，依法追究刑事责任。

违反本法第二十三条第二款规定，未取得持枪证持枪猎捕野生动物，构成违反治安管理行为的，还应当由公安机关依法给予治安管理处罚；构成犯罪的，依法追究刑事责任。

第五十条 违反本法第三十一条第二款规定，以食用为目的猎捕、交易、运输在野外环境自然生长繁殖的国家重点保护野生动物或者有重要生态、科学、社会价值的陆生野生动物的，依照本法第四十八条、第四十九条、第五十二条的规定从重处罚。

违反本法第三十一条第二款规定，以食用为目的猎捕在野外环境自然生长繁殖的其他陆生野生动物的，由县级以上地方人民政府野生动物保护主管部门和有关自然保护地管理机构按照职责分工没收猎获物、猎捕工具和违法所得；情节严重的，并处猎获物价值一倍以上五倍以下罚款，没有猎获物或者猎获物价值不足二千元的，并处二千元以上一万元以下罚款；构成犯罪的，依法追究刑事责任。

违反本法第三十一条第二款规定，以食用为目的交易、运输在野外环境自然生长繁殖的其他陆生野生动物的，由县级以上地方人民政府野生动物保护主管部门和市场监督管理部门按照职责分工没收野生动物；情节严重的，并处野生动物价值一倍以上五倍以下罚款；构成犯罪的，依法追究刑事责任。

第五十一条　违反本法第二十五条第二款规定，未取得人工繁育许可证，繁育国家重点保护野生动物或者依照本法第二十九条第二款规定调出国家重点保护野生动物名录的野生动物的，由县级以上人民政府野生动物保护主管部门没收野生动物及其制品，并处野生动物及其制品价值一倍以上十倍以下罚款。

违反本法第二十五条第三款规定，人工繁育有重要生态、科学、社会价值的陆生野生动物或者依照本法第二十九条第二款规定调出有重要生态、科学、社会价值的陆生野生动物名录的野生动物未备案的，由县级人民政府野生动物保护主管部门责令限期改正；逾期不改正的，处五百元以上二千元以下罚款。

第五十二条　违反本法第二十八条第一款和第二款、第二十九条第一款、第三十四条第一款规定，未经批准、未取得或者未按照规定使用专用标识，或者未持有、未附有人工繁育许可证、批准文件的副本或者专用标识出售、购买、利用、运输、携带、寄递国家重点保护野生动物及其制品或者依照本法第二十九条第二款规定调出国家重点保护野生动物名录的野生动物及其制品的，由县级以上人民政府野生动物保护主管部门和市场监督管理部门按照职责分工没收野生动物及其制品和违法所得，责令关闭违法经营场所，并处野生动物及其制品价值二倍以上二十倍以下罚款；情节严重的，吊销人工繁育许可证、撤销批准文件、收回专用标识；构成犯罪的，依法追究刑事责任。

违反本法第二十八条第三款、第二十九条第一款、第三十四条第二款规定，未持有合法来源证明或者专用标识出售、利用、运输、携带、寄递有重要生态、科学、社会价值的陆生野生动物、地方重点保护野生动物或者依照本法第二十九条第二款规定调出有重要生态、科学、社会价值的陆生野生动物名录的野生动物及其制品的，由县级以上地方人民政府野生动物保护主管部门和市场监督管理部门按照职责分工没收野生动物，并处野生动物价值一倍以上十倍以下罚款；构成犯罪的，依法追究刑事责任。

违反本法第三十四条第四款规定，铁路、道路、水运、民航、邮政、快递等企业未按照规定查验或者承运、寄递野生动物及其制品的，由交通运输、铁路监督管理、民用航空、邮政管理等相关主管部门按照职责分工没收违法所得，并处违法所得一倍以上五倍以下罚款；情节严重的，吊销经营许可证。

第五十三条　违反本法第三十一条第一款、第四款规定，食用或者为食用非法购买本法规定保护的野生动物及其制品的，由县级以上人民政府野生动物保护主管部门和市场监督管理部门按照职责分工责令停止违法行为，没收野生动物及其制品，并处野生动物及其制品价值二倍以上二十倍以下罚款；食用或者为食用非法购买其他陆生野生动物及其制品的，责令停止违法行为，给予批评教育，没收野生动物及其制品，情节严重的，并处野生动物及其制品价值一倍以上五倍以下罚款；构成犯罪的，依法追究刑事责任。

违反本法第三十一条第三款规定，生产、经营使用本法规定保护的野生动物及其制品制作的食品的，由县级以上人民政府野生动物保护主管部门和市场监督管理部门按照职责分工责令停止违法行为，没收野生动物及其制品和违法所得，责令关闭违法经营场所，并处违法所得十五倍以上三十倍以下罚款；生产、经营使用其他陆生野生动物及其制品制作的食品的，给予批评教育，没收野生动物及其制品和违法所得，情节严重的，并处违法所得一倍以上十倍以下罚款；构成犯罪的，依法追究刑事责任。

第五十四条 违反本法第三十二条规定，为出售、购买、利用野生动物及其制品或者禁止使用的猎捕工具发布广告的，依照《中华人民共和国广告法》的规定处罚。

第五十五条 违反本法第三十三条规定，为违法出售、购买、食用及利用野生动物及其制品或者禁止使用的猎捕工具提供展示、交易、消费服务的，由县级以上人民政府市场监督管理部门责令停止违法行为，限期改正，没收违法所得，并处违法所得二倍以上十倍以下罚款；没有违法所得或者违法所得不足五千元的，处一万元以上十万元以下罚款；构成犯罪的，依法追究刑事责任。

第五十六条 违反本法第三十七条规定，进出口野生动物及其制品的，由海关、公安机关、海警机构依照法律、行政法规和国家有关规定处罚；构成犯罪的，依法追究刑事责任。

第五十七条 违反本法第三十八条规定，向境外机构或者人员提供我国特有的野生动物遗传资源的，由县级以上人民政府野生动物保护主管部门没收野生动物及其制品和违法所得，并处野生动物及其制品价值或者违法所得一倍以上五倍以下罚款；构成犯罪的，依法追究刑事责任。

第五十八条 违反本法第四十条第一款规定，从境外引进野生动物物种的，由县级以上人民政府野生动物保护主管部门没收所引进的野生动物，并处五万元以上五十万元以下罚款；未依法实施进境检疫的，依照《中华人民共和国进出境动植物检疫法》的规定处罚；构成犯罪的，依法追究刑事责任。

第五十九条　违反本法第四十条第二款规定，将从境外引进的野生动物放生、丢弃的，由县级以上人民政府野生动物保护主管部门责令限期捕回，处一万元以上十万元以下罚款；逾期不捕回的，由有关野生动物保护主管部门代为捕回或者采取降低影响的措施，所需费用由被责令限期捕回者承担；构成犯罪的，依法追究刑事责任。

第六十条　违反本法第四十二条第一款规定，伪造、变造、买卖、转让、租借有关证件、专用标识或者有关批准文件的，由县级以上人民政府野生动物保护主管部门没收违法证件、专用标识、有关批准文件和违法所得，并处五万元以上五十万元以下罚款；构成违反治安管理行为的，由公安机关依法给予治安管理处罚；构成犯罪的，依法追究刑事责任。

第六十一条　县级以上人民政府野生动物保护主管部门和其他负有野生动物保护职责的部门、机构应当按照有关规定处理罚没的野生动物及其制品，具体办法由国务院野生动物保护主管部门会同国务院有关部门制定。

第六十二条　县级以上人民政府野生动物保护主管部门应当加强对野生动物及其制品鉴定、价值评估工作的规范、指导。本法规定的猎获物价值、野生动物及其制品价值的评估标准和方法，由国务院野生动物保护主管部门制定。

第六十三条　对违反本法规定破坏野生动物资源、生态环境，损害社会公共利益的行为，可以依照《中华人民共和国环境保护法》、《中华人民共和国民事诉讼法》、《中华人民共和国行政诉讼法》等法律的规定向人民法院提起诉讼。

第五章　附　则

第六十四条　本法自 2023 年 5 月 1 日起施行。